챨스 다윈

Charles Darwin
The Man and His Influence
© Peter J. Bowler 1990
First published 1990 by Blackwell Publishers Oxford
Reissued by Cambridge University Press 1996
Reprinted 1996
Printed and bound in Great Britain by
Biddles Ltd, Guildford and King's Lynn
All rights reserved

찰스 다윈

Charles Darwin
The Man and His Influence

피터 J. 보울러 지음
한국동물학회 옮김

전파과학사

교양 총서의 출판에 부쳐서

찰스 다윈(Charles Darwin, 1809 ~ 1882)은 현대 생물학의 근간을 이루고 있는 진화론을 학문적으로 체계화시키고 과학적으로 증명한 위대한 생물학자이다. 그는 의사나 성직자가 되길 원하는 부모님의 뜻에도 불구하고 어릴 적부터 흥미를 갖고 있던 자연의 세계를 탐구하기 위해 생물학자가 된 사람으로, 아무런 보수도 없이 순수한 학문 탐구의 목적으로 영국 군함인 비글호를 타고 5년 동안(1831 ~ 1836) 세계 탐사 여행을 하였다. 다윈은 이 여행을 하면서 세계 각 곳의 동물과 식물 그리고 화석들을 채집하였고, 영국으로 돌아와서는 이 자료들을 자연 선택에 의한 진화론을 증명하는 증거로 정리하여 드디어 1859년『종의 기원』*Origin of Species by Means of Natural Selection*이라는 불후의 명작을 남기게 되었다.

비록 다윈은 자신의 이론에서 돌연 변이에 의한 유전적 변이의 기원과 유전의 기작은 설명하지 못했지만, 그 후에도 자연 선택의 체계적인 이론과 진화의 개념을 증명하는 자료들을 계속적으로 수집하고, 자연 선택을 입증할 실험을 함으로써 생물 진화에 관한 많은 저서를 출간하였다. 젊은 시절부터 시달려온 원인을 알 수 없는 질병의 고통 속에서도 이러한 업적을 이룬 것은 놀라운 성취라 하겠다. 오늘날 그의 진화론은 지금까지의 가장 훌륭한 과학적 업적의 하나로 평가받고 있으며, 모든 생물학 분야의 근간을 이루고 있다. 또한 생물학의 여러 분야가 발전하면 할수록 그의 이론의 과학성은 더욱더 확고해지고 있다. 따라서, 생명 과학의 시대가 될 것으로 예상되는 21세기를 조만간 맞게되는 시점에서, 우리 나라 생물과학협회의 초석이 되어 온 우리 한국동물학회가 교양 총서 발간을 위한 첫 사업으로 챨스 다윈의 인생과 그의 진화론이 현대의 사상에 미친 영향에 관한 책을 선택하여 번역 출판한 것은 매우 뜻 깊은 일이 아닐 수 없다. 아무쪼록 오직 학문적인 발전만을 목적으로 73년의 생을 살아온 다윈의 위대한 삶이 앞으로 독자들의 삶에 큰 지침이 되기를 바라마지 않는다.

끝으로, 본 학회의 발전을 위하여 이와 같은 출판 사업을 기획하고 추진하여 주신 학술위원장 박은호 교수와 직접 번역에 적극 참여하신 회원 교수 여러분께 충심으로 감사의 말씀을 드린다. 또한, 훌륭한 책을 만들어 주신 전파과학사 여러분들께도 본 학회를 대표하여 진심으로 감사를 드린다.

1998년 12월 30일
한국동물학회 회장
공주대학교 사범대학 생물교육학과 교수 박영철

원저에 대하여

이 책의 원저는 저명한 과학사학자인 북아일랜드의 벨파스트대학교 역사철학과의 피터 J. 보울러(Peter J. Bowler)교수가 저술한 Charles Darwin : The Man and His Influence이다. 다윈의 인생과 그의 진화론이 19세기 후기와 현대의 사상에 미친 영향을 역사학적, 사회학적 바탕에서 조명한 보기 드문 유형의 역작으로서, 1996년에 케임브리지대학교출판사(Cambridge University Press)에서 출판하였다.

책 이름에서 나타나는 바와 같이 책의 내용이 비록 사상적이고 난해한 부분이 없지 않으나, 한국의 생물학계를 선도해온 한국동물학회에서는 후진의 교육에 가치가 있으며, 생물학의 모든 분야의 밑바탕이 되는 진화생물학의 중요성을 후학에 일깨울 수 있다고 판단하여 이를 번역 출판하게 되었다. 학회의 방침에 따라서 29명의 회원이 분담하여 번역한 후 내용의 통일성을 기하기 위하여 이를 학술위원회에서 가필 정정하였다. 모든 생물학 용어는 『교육부 편수 자료』와 한국생물과학협회에서 지난 3년간 심의 제정하여 1999년에 출판 예정인 『생물학 용어집』에 따랐다.

1998년 12월 30일
한국동물학회 학술위원장
한양대학교 자연과학대학 생물학과 교수 박은호

번역하신 분들 (가나다순)

김경진 교수 (서울대학교 자연과학대학 분자생물학과)
김도한 교수 (광주과학기술원 생명과학과)
김동수 교수 (부경대학교 수산과학대학 양식학과)
김 욱 교수 (단국대학교 자연과학대학 생물과학부 생물학 전공)
김원선 교수 (서강대학교 자연과학부 생명과학과)
김윤택 교수 (서강대학교 자연과학부 생명과학과)
김일회 교수 (강릉대학교 자연과학대학 생물학과)
김철근 교수 (한양대학교 자연과학대학 생물학과)
김학열 교수 (고려대학교 이과대학 생물학과)
김현섭 교수 (공주대학교 사범대학 생물교육학과)
남궁용 교수 (강릉대학교 자연과학대학 생물학과)
박동은 교수 (서울대학교 자연과학대학 분자생물학과)
박상대 교수 (서울대학교 자연과학대학 분자생물학과)
박영철 교수 (공주대학교 사범대학 생물교육학과)
박은호 교수 (한양대학교 자연과학대학 생물학과)
서동상 교수 (성균관대학교 생명자원과학대학 유전공학과)
성노현 교수 (서울대학교 유전공학연구소)
송은숙 교수 (숙명여자대학교 이과대학 자연과학부 생명과학 전공)
안태인 교수 (서울대학교 사범대학 생물교육학과)
양서영 교수 (인하대학교 이과대학 생물학과)
양재섭 교수 (대구대학교 자연과학대학 분자생물학과)
이병주 교수 (울산대학교 자연과학대학 화학·생명과학부 생명공학 전공)
이정주 교수 (서울대학교 자연과학대학 생물학과)
이준호 교수 (연세대학교 이과대학 자연과학부 생물학 전공)
이해풍 교수 (동국대학교 생명자원과학대학 응용생물학과)
전상학 교수 (건국대학교 이과대학 생물학과)
정영란 교수 (이화여자대학교 사범대학 과학교육학과)
정진하 교수 (서울대학교 자연과학대학 분자생물학과)
조철오 교수 (한국과학기술원 생물과학과)
최재천 교수 (서울대학교 자연과학대학 생물학과)

편집진

한국동물학회 학술위원장
박은호 교수 (한양대학교 자연과학대학 생물학과)

한국동물학회 학술간사
이준호 교수 (연세대학교 이과대학 자연과학부 생물학 전공)

차 례

교양 총서의 출판에 부쳐서 5
원저에 대하여 7
책 머리에 11

제1장 다윈의 업적을 어떻게 평가해야 할까? 13
　인물과 편견 14
　진화론의 출현 과정에 대한 새로운 견해 24

제2장 『종의 기원』 출간 이전의 진화론 33
　급진적 진화주의 36
　변이론에 대한 반대 이론들 45

제3장 다윈의 젊은 시절 53
　다윈의 가계 56
　대학 생활 61

제4장 다윈의 비글호 항해기 71
　경이로운 남아메리카 75
　태평양 횡단 87

제5장 다윈의 일생에서 가장 결정적인 시기
　(1837~42, 런던) 93
　도시 생활 94
　자연선택설의 기원 102

제6장 진화론의 정립을 향하여 ····················· 119
다운에서의 생활 ························· 121
과학적 작업 ··························· 130

제7장 대중에게로 ···························· 141
엔터 월러스 ··························· 142
『종의 기원』에 대한 논쟁 ·················· 148

제8장 다윈설의 출현 ························· 163
정원 가꾸기 ··························· 165
다윈주의자 ··························· 177

제9장 역풍을 헤치고 ························· 193
유신론적 진화론 ························· 197
라마르크설의 발흥 ······················ 209

제10장 인류의 기원 ························· 223
인류의 기원 ··························· 227
사회적 진화론 ························· 240

제11장 현대 사상에 미친 다윈의 영향 ·············· 255
다윈의 죽음 ··························· 257
다윈설의 재발견 ························ 262

■찾아보기 ···························· 277
■부록 ······························ 283

책 머리에

　이 책은 통념적이고 일반적인 다윈(Darwin)의 전기가 아니다. 본인은 수 년 동안 진화학사에 관하여 연구했지만 다윈이란 인물을 전문적으로 연구하지는 않았으며, 또한 다윈의 업적을 연구하는 학자들과 겨루기를 바라지도 않는다. 다윈의 논문을 토대로 보다 새롭고 깊이 있는 그의 전기가 출판되기를 본인은 진심으로 바라고 있었다. 그러나 다윈의 업적에 관해서 매우 상세한 지식을 지닌 학자를 찾으려 노력하였지만 결국 찾지 못하여 나는 다른 방도를 택하였다. 사실, 매우 상세한 전기를 출판하려고 든다면 필연적으로 비전문가들은 감당하지 못할 엄청난 분량이 될 것이다. 그래서 나는 이와는 다른 유형의 전기를 구상해 본 적이 있다. 즉, 전문 역사학자들이 분석하고자 하는 문제점들을 일반 대중과 생물학도들이 이해할 수 있는 수준으로 엮은 학문적이면서도 대중적인 전기말이다.

　만약 내가 다윈의 진화론에 관한 전문가가 아니었다면 나는 다윈의 학설에 대한 중요성을 이해하기 위해서 내 생애의 중요한 한 시절을 바쳐야만 했을 것이다. 다윈의 업적 그 자체는 그 시대의 많은 편견을 뒤엎었으며, 진화론이 사회에 미친 영향은 매우 크다. 사학자들은 현대 사상의 발전에 기여한 다윈의 영향이 왜곡됐다고 느끼기 시작했다. 다윈은 19세기초에 진화의 개념을 발견했을 뿐만 아니라, 후기 빅토리아 시대에 자연선택설로 진화 사상을 주도하였다. 따라서 진화론의 발전에 있어서 다윈이 담당한 역할을 현대사적 관점에서 새롭게 해석할 필요가 있다. 진화론을 제창하여 자연 과학 뿐만 아니라 인문·사회 과학에도 지대한 영향을 미친 한 인간의 인생과 학문을 독자들 스스로 이 책을 읽으면서 평가할 수 있기를 바란다.

벨파스트에서

보울러

제1장
다윈의 업적을 어떻게 평가해야 할까?

다윈이 논쟁의 여지가 많은 그의 진화론으로 현대 과학의 발전과 현대 가치관의 성장에 중요한 역할을 했다는 것은 누구도 의심하지 않을 것이다. 그럼에도 불구하고 다윈은 여전히 그 어떤 위대한 과학자보다 더 많은 논쟁을 불러일으키고 있다. 많은 생물학자들이 다윈을 현대 진화론의 창시자로 떠받들고 있지만 그가 현대 사상을 막다른 골목으로 이끌어서 서구 문명의 전통 가치관을 손상시켰다고 주장하는 반다윈주의자들 또한 많다. 몇몇 과학자들조차도 현대 진화론 즉 다윈의 진화론은 잘못된 길을 가고 있다고 믿는다. 비과학 분야에서는 다윈설의 물질주의가 모든 가치관을 말살시키는 비인간적인 사회적 다윈주의(Social Darwinism)가 나타날 수 있도록 길을 열어놓았다는 한가지 사실만큼은 다양한 계층의 종교, 정치 사상가들의 동의를 얻고 있다. 그럼, 그렇게 강렬한 영향을 일으킨 인물의 삶에 우리는 어떻게 다가갈 것인가? 그의 경력에 대해 세밀하게 연구하는 것은 분명히 불가능하다. 다윈의 생애가 우리에게 그의 사상을 이해하는데 어떤 의미가 있다면, 먼저 우리는 우선 그의 학설이 제기된 까닭과 사회적 반향을 불러일으킨 연유를 살펴봐야 할 것이다. 다윈은 현대 문화가 형성되는 동안 신화적인 존재가 되었다. 그리고 그의 연구에 대한 우리의 판단에 영향을 주기 위해 많은 해석들이 나왔고 그의 업적은 옳고 그른 여러 해석들로 세인들의 입에 오르내리고 있다. 모든 전기물과 마찬가지로, 첫째 단계로 다윈설에 대해 그렇게 다양한 평가들을 내리게 했던 복잡한 동기들을 하나하나 풀어보기로 하자.

인물과 편견

다윈이란 이름은 그의 살아 생전에도 갖가지 목적 아래 여러 사람의 입에 오르내렸다. 합리주의자들은 그를 종교적 교리에 어긋난다고 핍박받으며 미치광이로 매도되고있는 과학자들을 구원한 인물로 평가했다. 자유주의자들에게 있어서 그의 이론은 낙관적 진보 철학을 뒷받침하여, 자연과 사회가 그들 자신의 힘으로 발전하도록 내버려두기만 해도 세상이 계속 발전할 것이라는 개념을 제공했다. 보수 신학자들은 그의 이론이 인류를 동물 수준으로 격하시킴으로써 도덕적 가치관과 사회 질서를 손상시켰다고 주장했다. 양쪽의 극단주의자들은 『종의 기원』*Origin of Species*을 인간 정신을 지배하기 위한 과학과 종교의 치열한 결전장으로 보았다.

그러나 전투는 예상외로 빨리 끝났다. 다윈이 1882년에 사망했을 때 그는 위대한 발견을 한 국가적 영웅으로서 웨스트민스터 대수도원에 안장되었다. 그를 과학적 발견의 영웅으로 받아들임으로써 빅토리아 시대의 영국인들은 그가 중대한 문화적 변화를 주도했다는 점에 동의하였다. 다윈이 이 명예를 얻음으로써 그의 이론을 전통적인 종교와 도덕의 기반에 대한 위협으로 보았던 보수 성향의 사상가들의 우려는, 그것이 비록 일시적이었지만, 일축되었다. 과학과 종교사이의 전쟁에서 휴전이 선언되었고, 진화론과 물질주의의 연결고리가 풀렸다. 사실 진화는 완벽을 향한 우주의 필연적 등반에 동참할 수 있는 자신들의 능력에 대한 그 시대 사람들의 신념을 상징하게 되었다.

오늘날에도 다윈의 진화론은 우리의 생각을 지배하고 있긴 하지만 서로 상반되는 이미지를 불러일으킨다. 대부분의 생물학자들은 다윈의 적자 생존에 의한 진화론이 의심할 여지없이 입증되었고, 생물의 진화를 이해하려는 현대적 시도의 토대를 마련했다고 믿는다. 이러한 현대 다윈주의자들의 뒷받침 속에 과학사 학자들은 다윈의 발견 과정을 재현하기 위해 유례없는 캠페인을 시작하였다. 그래서 많은 학자들이 현재 다윈이 출판하지 않고 남겨둔 논문들을 수집해서 출판하며 분석하고 있다. 우리는 이런 일들을 관례적으로 다윈 산업이라 일컫는데, 이 다윈 산업은 진화가 적자 생존에 의해 이루어진다는 이론의 발견이 현대 과학의 발전에 중요한 역할을 했다는 가정에 근거를 두고 있다. 그러나 일부 전문 생물학자들조차도 다윈의 생각이 그릇되고 과학이 더욱 발전하기 위해선 다윈설을 수정하거나 폐기하여야 한다고 생각하는 사람들이 있다. 로브트럽(Lovtrup) 같은 반다윈주의 생물학자들은 생물학계가 어떻게 그런 잘못된 길을 오랫동안 따를 수 있었는지 의아해한다. 그러므로 과학사를 전공하는 역사가의 관점에서도 다윈의 업적을 평가하기 위해서는 나름대로 가치 판단 기준이 필요하다.

과학계 외에서 다윈의 이름은 종교적, 철학적, 관념적 상징으로 사용되고 있다. 다윈을 발견의 영웅으로 떠받드는 과학자들도 현

그림1. 1871년 9월 30일자 『배니티 훼어』*Vanity Fair*지에 실린 다윈의 캐리캐춰

대 과학과 합리주의 그리고 전문기술의 가치를 강조할 때는 그를 이용한다. 이러한 견해를 두고 다양한 적대적인 그룹들이 반대하고 나선다. 근본주의적 종교 사상가들은 다윈주의가 우리를 신과 그의 말씀으로부터 멀어지게 하는 요인들 중 첫째라고 여전히 생각한다. 미국에서는 진화론과 진화론의 물질주의적 사고 방식의 확산을 막기 위해 대대적인 캠페인을 벌이고 있다. 그 캠페인의 토론회를 살펴보면 오늘날까지도 일반 대중들은 다윈설의 기초적인 원리조차 이해하지 못하고 있음을 알 수 있다. 극단적 종교사상가들 만큼 격렬하게 주장하지는 않지만 반물질주의 사상가들도 다윈설을 비판한다. 그들은 창세기에 대해 별로 관심이 없으면서도 현대 생물학의 추세에 대해 걱정한다. 그들은 현대 생물학이 인간을 자연의 힘으로부터 벗어날 수 없는 꼭두각시에 불과한 존재로 추락시킨다고 생각한다. 그들은 우리가 우리의 창조성과 도덕적 존재로서의 지위에 대해 경의를 잃을 것을 두려워한다. 그들은 해결 방안으로 자연 선택에 의한 진화론을 창조설은 아니지만 보다 합목적적인 진화론으로 대체하고자 한다.

다윈설은 정치적 의미도 지니고 있는 듯 하다. 좌파 정치인들은 인간 행위가 생물학적 속성에 의해 결정된다는 주장을 정당화하기 위해 '사회적 다윈주의'라는 말을 여전히 사용한다. 보수주의자들이 현대 사회는 우리들의 생물학적 특성이 반영된 '자연발생적' 사회라고 주장할 때, 사회주의자들은 다윈과 '생존 경쟁'을 들먹이며 과학도 정치 환경에 영향받을 수 있다고 말한다. 사회주의자들은 다윈이 경쟁 사회의 자본주의 모델을 자연에 적용시켰을 뿐이라고 주장하고, 보수주의자들은 사회적 가치가 진실로 자연 발생적이라고 주장하기 위해 다윈의 이론을 수 세대에 걸쳐 이용해 왔다. 사실 보수 윤리주의자들은 그들의 가치관을 정당화하기 위해 다윈설 외의 다른 생물학 이론도 끌어쓰긴 하지만 오

늘날의 주된 논쟁거리는 다윈주의적 통찰을 인류사회에 적용시키
는 데서 연유한 것이다. 사회 생물학자가 인간의 행위를 적자 생
존에 의해 빚어진 본능으로 설명하는 것에 대해 사회과학자들과
정치적 급진주의자들은 격렬히 반대하였다. 인간의 본성을 교육
으로 순화할 수 없다고 주장하는 새로운 사회적 다윈론자들이 개
혁을 막을지 우려되고 있다.

위에서 언급하였듯이 그의 이론에 대한 이미지들은 서로 매우
다르다. 이러한 여러 가지 이미지와 사상적 경향을 살펴보지 않
고서는 다윈의 이론과 삶을 분석하는 것은 의미가 없다. 관념론
의 상징으로 불리는 인물을 편견 없이 설명한다는 것은 불가능하
다. 전기 작가들이 편견 없이 인물을 기술하고 싶어한다는 것 자
체도 의심스럽다. 작가들이 자신의 편견을 사실로 내세우지 않을
것을 어떻게 독자들이 확신할 수 있겠는가? 이런 상황에서는 단
한가지 희망밖에 없다. 전통적인 전기물처럼 인물의 출생과 어린
시절에 대한 서술로 시작하는 것이 아니라 이름의 상징적 의미로
부터 완전히 자유로울 수 없는 인물들을 이해하려고 하는 사람이
면 누구나 직면할 그런 문제들에 대한 포괄적인 설명으로 시작하
는 것이다. 독자들이 그런 부대적 의미가 무엇인지 알게 된다면
한가지 해석 이상을 가질 수 있는 주제들에 대해 독자 스스로가
결정할 필요가 있다는 사실에 주의해야 할 것이다.

다윈이 무엇을 하였고 무엇을 말했는지에 대한 개요는 확실히
쓰도록 하겠지만 이 책은 전통적 관점에서 말하는 전기는 아니
다. 대신 다윈의 삶의 다양한 측면이 오늘날 우리에게 어떤 의미
를 가지는지 재고하는 기회를 독자에게 주고자 쓴 것이다. 나는
역사가들이 왜 다윈의 저서의 가장 기본적인 내용에 대해 그 중
요성을 재평가 할 수밖에 없었는지 보여줌으로써 다윈과 함께 붙
어 다니는 편견에 도전해 보고 싶다. 그 결과는 다윈의 삶에 대

한 일관되고 재미있는 설명이 아닐지도 모른다. 그러나 그에 대한 선입관을 당연하게 받아들이는데 존재하는 위험에 대해 사람들에게 경각심을 불러일으키기 위해 아낌없이 노력할 것이다. 나의 방식이 전기작가 식이 아니라 역사가 식이라고 반대하는 사람들에게 역사학자인 나로선 전통적인 다윈의 전기는 필요하지도 않고 가능치도 않다는 것을 말해두고 싶다. 세상은 더 이상 다윈의 삶에 대한 또 하나의 흔히 말하는 '객관적' 설명을 요구하지 않는다. 그러나 현대 과학과 현대 사상의 형성에 있어 그의 위치는 과연 어떠한지 재평가해둘 필요가 절실하다.

어쨌든 다윈의 업적을 폭 넓게 재평가할 시기가 무르익었다는 데는 이론의 여지가 없겠다. 다윈 산업 덕분에 그의 노트와 서신들의 방대한 콜렉션이 공개되었고 서둘러 출판되고 있다. 그 많은 자료가 그의 삶에 대해 포괄적이고 통일된 설명을 하려고 하는 사람들에게 큰 부담이 되는 것 같다. 주어진 모든 자료를 충분히 이해하고 심혈을 기울여 쓴 전기는 1963년 드비어경(De Beer, Gavin)의 것이 마지막이었다. 그는 다윈이 남긴 논문의 발굴과 간행을 선도했던 생물학자였다. 대부분의 사학자들은 그의 한계를 알고 있지만 전기 작가로서의 그의 노력을 존중한다. 그후 전문 전기작가들이 다윈의 삶에 대해 쓰려고 꾸준히 시도했지만 역사가들이 제기했던 재해석의 문제를 다루는데는 실패했다. 다윈의 논문에 깊이 열중해 있는 사람들이 세부적인 연구에서 한걸음 물러나 하나의 개관을 내놓을 때가 되었다. 그러나 한편, 진화론의 발전에 미친 다윈의 역할에 대해 공평한 관심을 가진 이가 다윈의 업적에 대한 재평가를 내어놓는다면 그도 유익할 것이다.

논쟁의 여지가 다소 덜한 인물의 경우라도, 창조적인 사상가의 전기를 올바로 쓴다는 것은 매우 힘든 일이다. 창조적이라 추앙

받는 인물이 어떻게 그러한 통찰을 얻게 되었는지 제대로 설명하기 위해서는 입수할 수 있는 모든 증거를 검토할 필요가 있다. 전기 작가는 모든 걸 가능케 했던 그 생각의 진행과정을 재현하기 위해 심리학적으로 그의 '인생 속으로 들어가야' 한다. 이 작업은 그 인물이 어떻게 그의 사회적, 문화적 환경과 상호작용 했는지, 어떤 사건들이 창조적 생각을 불러일으켰는지, 그 새로운 아이디어가 어떻게 세계에 소개되었는지에 대한 세심한 평가로 이루어진다. 다윈의 경우, 공개되지 않았던 논문들이 이제 공개되었으므로 그의 자서전과 저서에 대한 현재의 해석에서 누락되어 있는 내용들을 채울 수 있을 것이다. 그가 생각하기에 종의 기원에 대한 질문과 관계가 있을 법한 다양한 종류의 증거물들을 평가할 때, 어떤 연구 과정을 거쳤는지 정확히 알 수 있을 것이다. 그의 가족 관계가 어떻게 그의 창조적 활동을 도왔는지, 다윈의 부인은 다윈의 연구에 어떻게 일조했는지, 그리고 그가 어떻게 학회를 만들 수 있었는지도 알 수 있다. 이 조직망, 즉 학회는 그에게 많은 정보를 제공했을 뿐만 아니라 당시 편견에 물든 대중과 싸우는 첨병이 되기도 했다.

다윈의 이론은 생물학 영역 밖에서도 여러 의미를 가지고 있다. 이 사실은 그의 업적을 평가하는데 특별한 문제들이 있음을 암시한다. 일반인들은 과학자들이 인류의 지식에 영원히 공헌하는 진리를 찾는다고 생각한다. 또, 그들은 이 일이 객관적 연구를 통해 이루어진다고 믿는다. 예술인들과는 달리, 과학자들은 가치에 대해 의심할 여지가 없는 무언가를 생산한다. 예를 들면, 문화의 유행이 바뀐다고 해서 그 가치가 떨어지거나 오르지 않는다. 과학자는 단지 자연을 주의 깊게 바라보고 그가 본 것을 정확히 기록하지만 자신의 주관적 설명을 부가하지 않기 때문에 예술가와 비교해 과학자는 창조적이지 않다고 말하는 이들도 있을 것이다. 그러나 다시 생각해보면 이러한 평가가 잘못되었다는 것을 알게된다. 물론 과학의 가정은 관찰과 실험을 통해 확인되어야 하지만 모든 위대한 이론들은 비약적인 상상으로부터 나왔고, 또 이 상상은 자연에 대한 새로운 추측으로부터 나왔음이 분명하다. 사실적 타당성에 대한 확인 즉 실험은 이 상상의 비약 후에야 행해진다. 과학자는 자신이 관찰한 것과 잘 맞아떨어지고 추가 연구에 필요한 새로운 계획을 생각해 내야 한다. 다윈 논문의 중요성 때문에 심리학자들은 적자 생존에 대한 그의 발견을 창조적 사고를 이해할 수 있는 중요한 테스트케이스로 간주한다.

그렇지만 다윈의 자연선택설의 핵심에는 논쟁의 소지가 다분한 문제가 존재한다. 과학자들은 그들이 수행한 사실적 연구로부터 얻은 아이디어에만 의존해 이론체계를 세운다고 보는 것이 전통적인 관점이다. 비평가들은 드비어경이 이러한 전통적 관점에서 다윈의 전기를 썼고 이것이 그가 쓴 전기의 가장 큰 잘못이 되었다고 주장한다. 드비어경에게는 다윈이 본질적으로 생물학자였고 그의 발견에 대한 이야기는 생존 경쟁이 어떻게 자연 선택에 의한 유전적 다양성에 영향을 줄 수 있는지를 알게 해준 생물학적 연구 선상의 이야기였다. 다윈의 과학외적 삶은 단지 그의 일을 위해 필요한 도움을 제공했을 뿐이고 그의 사고에 어떤 식으로도 영향을 줄 수 없었다. 적자 생존에 의한 진화론의 출현은 전통적 종교관을 약화시켰으며 확실히 빅토리아 시대의 문화에 영향을 주었다. 그러나 과학과 종교의 관계는 일방적인 것이다. 즉, 자연 과학의 새로운 발견은 문화적 효과를 낳을 수 있지만, 문화는 과학 발견의 방향을 결정지을 수 없다.

순수하고 객관적인 방법으로 자연을 연구하는 과학의 이미지를 비판하는 사람들은 과학이 어떻게 외부 요인에 의해 영향받을 수 있는지를 보여주는 전형적인 예로 다윈을 이용한다. 그리고 자연을 계속되는 투쟁으로써 묘사하는 이 이론이 빅토리아의 자유방임주의 및 자유주의의 전성기에 나왔음을 우연의 일치로 보기는 힘들다고 주장한다. 토마스 맬더스(Malthus, T. R.)의 인구 증가와 식량 생산의 관계에 관한 원칙으로부터 영감을 얻었다고 다윈 자신이 인정함으로써 알 수 있듯이 그는 그 시대의 사회철학과 유기적인 교류를 하고 있었다. 자본주의의 경쟁 원리를 자연에 도입하고 그의 모든 관찰을 나름대로의 사고 패턴으로 해석하였다. 다윈은 적자 생존의 원리를 발견한 것이 아니라 그는 그것을 발명했고 세계에 팔았다. 세상은 오직 '자연'을 멋지게 설명한 그 이론의 가치에만 정신이 팔렸다. 온전히 객관적인 연구원으로 다윈을 묘사하는 과학자들의 노력은 단지 과학의 관념적 기반을 숨기려는 방책일 뿐이다. 극단적으로 따지자면 과학자들과 그들의 이론에 반대하는 사람들의 다윈에 대한 평가는 창조적 사상가로서의 다윈의 위상을 위협한다. 한 쪽은 그를 단지 사실을 기록한 사람으로만 보고 다른 쪽은 그의 생각을 단지 그가 처해있던 문화적 환경이 반영된 결과로만 보기 때문이다.

일부 현대 생물학자들은 다윈이 창조적 사상가가 아니었다고 주장할 뿐만 아니라 적자 생존에 관한 그의 이론이 틀린다고 까지 생각한다. 그들은 모든 과학이 관념론에 의해 영향받는다는 것을 인정하고 싶어하지 않지만 왜 잘못된 과학이 때때로 대중의 상상력을 사로잡는지 설명하기 위해 사회적 요인에 호소해야 한다. 역사는 반다윈주의자들의 아이디어가 항상 그들 자신의 정치적이고 관념적 생각에 얽매여 있음을 보여주지만, 그들은 다윈설을 대신하는 그들의 생각이 진실로 객관적이라고 생각하는 것 같다. 다윈 같은 사람을 이해하기 위해 우리는 이 모든 흑백론을 초월할 준비가 되어있어야 한다. 다윈 논문의 큰 이점은 그의 사고 과정과 그것을 세계에 알리는데 필요했던 사회 교류의 복잡함 모두를 우리가 살펴볼 수 있다는 것이다.

현대 사학자들은 과학을 지식을 발견하기보다는 창조하는 과정으로 본다. 명백히 사실에 입각한 정보가 있었으나 자신의 생각과 그와 생각을 달리하는 생물학자들의 관찰을 복합시키기 위해 다윈은 많은 문제에 봉착했던 것으로 보인다. 동시에 당시 가치관에 비추어 그의 생각이 야기할 일파만장의 결과에 대해 알고 있었던 것이 분명하다. 그는 이 결과들에 대해 깊이 생각했고 다른 이들이 더 넓은 이슈를 위해 채택했던 다양한 접근법에 대해서도 정통했다. 그의 생각을 조정하고 표현하는 방법을 결심하는데 당시의 사회과학 이론들이 그가 발견한 자연의 사실들과 함께 중요한 역할을 했으리라는 것은 의심할 여지가 없다. 다른 과학자들과의 교제는 더 폭넓은 인정을 받기 위한 사회적 교류로 간주할 수 있다. 그는 과학적 뿐만 아니라 철학적으로도 인정받기 위해 자신의 생각을 사회가 인정할 경우 다른 이들의 견해를 수정하고자 했다. 과학자들이 현실과는 동떨어진 아이디어들을 창조하는 무한한 자유를 지니고 있다고 단언하지는 않겠다. 그러나 우리의 현실에 대한 지각이 어느 정도 사회적 과정이고 과학자 또한 이 사실을 피할 수 없다는 것을 받아들여야 한다. 다윈의 진화론이 빅토리아 시대의 과학과 생각에 어떤 영향을 끼쳤으며, 현대 세계에 남긴 유산은 무엇인가? 이 폭 넓은 질문을 생각해 볼 때 우린 다시 한번 그의 이론에 대한 우리의 태도를 결정해야 하는 문제에 부딪친다. 드비어경의 전기는 적자 생존 이론이 생물학에 비약적 발전을 가져왔다는 가정 아래 쓰여졌다. 드비어경 자신도 다윈설과 유전학이 통합된 '현대 종합론(Modern Synthesis)'의 형성에 참여했다. 이 통합을 통해 적자 생존 이론은 진화에 결부된 1940년대와 1950년대 과학자들의 생각을 지배할 수 있었다. 그의 전기는 그 현대적 통합의 타당성에 대한 논쟁이 있기 전에 쓰여졌다. 이런 논쟁들로 인해 일부 생물학자들은 적자 생존 이론의 타당성에 대해 질문하게 되었다. 그러므로 그가 다윈을 영원한 가치를 가지는 발견을 한 과학자로서 묘사한 것은 의외가 아니다. 드비어경이 그 이론의 영향을 다룬 범위에서 『종의 기원』의 발표가 현대 진화론 출현의 분기점이 되었다고 추정하는 것 같다. 물론 나중에 생물학자들은 다윈의 이론을 다소 수정했다. 특히, 유전에 관한 다윈의 다소 원시적인 아이디어들이 그러하였다. 그러나 다윈의 이론은 그 분야에 대한 현재 견해의 기본 토대를 이루었다.

진화론의 출현 과정에 대한 새로운 견해

다윈에서 시작하여 현대의 다윈설에 이르는 흐름이 곧 진화론의 발전 과정이라는 관점에서 드비어경은 다윈의 일생을 분석하였다. 드비어경이 시도했던 접근 방법은 1958년에 출간한 『다윈의 세기』 *Darwin's Century*를 아이즐리(Eiseley, Loren)가 저술할 때 이미 적용했던 방법으로서, 아이즐리는 20세기 중반에 이르기까지의 진화론의 변화와 해석에 대한 연구를 연차적으로 설명하였다. 아이즐리는 다윈이 진화론을 정립할 때 몇 가지 오류를 범했다는 것을 인정하면서도, 다윈 이후의 진화론의 발전은 고작해야 다윈이 대부분을 완성한 진화론의 밑그림에 덧칠한 몇 개의 부분적인 첨가물에 지나지 않는다고 평하였던 것이다. 최근에 현대 종합론[1]의 주창자이며 진화학의 권위자인 마이어(Mayr, Ernst)도 이와

---

1) 현대 종합론 : 변형 진화, 급변 주의, 정향 진화 등을 포함하는 어느 정도 수정된 다윈식 패러다임으로, 자연 선택, 적응 그리고 다양성에 대한 연구에 역점을 두고 있다. 이 패러다임은 1930년대와 1940년대에 도브잔스키를 비롯하

같은 해석을 지지하였다. 마이어는 19세기에 진화론에 관한 여러 가설들이 제기되었다는 것을 인정하면서도, 그의 저서에서 이들을 거의 언급하지 않았으며 그 가치조차 인정하지 않으려는 태도를 취하였다. 이것은 마이어가 다윈설을 제외한 다른 이론들을 경시하는 성향을 잘 나타낸 것으로, 이와 같은 경향은 이른바 교조적인 다윈주의자들의 공통적인 특성이라고 할 수 있다. 결론적으로 말해서, 현대의 다윈주의자들이 이룩한 방대한 양의 연구결과들은 현대 진화론의 탄생에 미친 다윈의 중심적 역할에 관한 견해를 다양한 시각으로 설명하는데서 출발한다.

이런 관점에서 진화론이 서구 사회에 미친 영향을 고려해본다면, 자연선택설로 말미암아 19세기 후반에 창조설에서 사회적 다윈주의로의 전환이 이루어졌다고 생각하는 것은 아주 자연스런 일이다. 이러한 견해는 다윈설의 영향을 인정하기 싫어하는 상당수의 역사학자들조차 받아들이고 있다. 하지만, 로브트럽 (Lovtrup)과 같은 생물학자들은 다윈설이 물질적인 가치를 우선하는 자본주의 시대의 이데올로기에 따른 유물론적 이론에 불과하다고 여기고 있다. 심지어 바준(Barzun, Jacques)과 힘멜파르프 (Himmelfarb, Gertrude) 등의 문화역사학자들은 다윈의 『종의 기원』이 유물론의 시대를 초래했으며 인간으로 하여금 야만적인 본능을 숭배하게 해서 20세기의 심각한 사회 문제들을 만들어냈다는 비판을 하고 있다. 다윈설에 대한 이들 부정적인 견해들은 물질 과학과 전통적인 종교관에 기초한 정신적 가치사이의 논쟁을 반영하고 있는 것이다. 과학에 미친 다윈의 혁명적 업적이 사회 전반에 걸쳐 많은 변화를 초래했다는 주장은 다윈의 진화론이 단순히 그 시대의

여 마이어, 렌쉬, 심프슨, 스테빈스, 티모티프-렙소브스키 등이 연구하였다. 이 패러다임을 진화의 종합설이라고도 부른다.

이데올로기를 반영한 것이라는 견해를 역설적으로 뒷받침하기도 한다. 만약 다윈의 업적을 이렇게 평가한다면 현대 사회의 여러 문제점들은 '생존 경쟁'과 '적자 생존'의 개념을 일반화시킨 이들에게 그 책임이 있다고 할 것이다. 그러나 다윈의 학설을 싫어하든 좋아하든 간에 다윈이 전통적인 기독교적 세계관을 바꾸는 데에 일익을 담당했다는 사실을 부인할 수는 없을 것이다.

최근 들어 다윈의 이론이 과학 세계와 서구 사회의 전체 문화에 끼친 영향을 분석하고자 활발하게 연구가 진행되고 있는데, 이러한 작업은 간단치 않은 매우 복잡한 주제라 할 수 있다. 19세기에는 진화에 관한 매우 다양한 이론들이 등장하였지만 어느 이론도 현대의 진화론과 완벽하게 일치하지는 않는다. 진화가 물질 중심적 사고에서 기인했다는 과학계와 종교계 사이의 해묵은 논쟁은 서로의 심각한 오해에서 비롯된 것이다. 이러한 고찰을 토대로 해서 나는 다윈이 이룩한 혁명은 현대의 다윈주의자들이 만들어낸 지나친 신화주의적 결론이라고 생각한다. 신화의 수준으로 둔갑된 다윈 혁명은 반다윈주의자들에게 다윈설의 위험성을 과장할 때 공격의 대상으로 삼게 한 빌미를 제공하는 결과를 초래하였던 것이다. 다윈의 자연선택설이 19세기 후반에 걸쳐 계속된 논쟁 거리였음은 확실하지만, 19세기 대다수의 사람들은 다윈설에 반대했고 자연선택설을 부차적인 것으로 치부했었다. 단지 소수의 생물학자들만이 다윈의 이론을 심각하게 고려하였던 것이 사실이다. 자연선택설은 환경에 부적합한 생물의 소멸을 설명하기는 했지만 멸종하는 생물을 대체하는 생물의 기원은 설명하지 못했던 것이다. 심지어는 저명한 사회적 다윈주의자들조차 현재 우리가 다윈의 이론에서 가장 중요하다고 여기는 내용들을 무시하거나 곡해하는 우를 범했던 것이다. 이로써 다윈의 이론은 19세기 진화론의 본류에 서지 못하는데, 그의 이론은 당시 사람들의 사고 수준으로는 정확히 이해하기 어려운, 이른바 한 시대를 앞선 이론이었기 때문이다. 멘델이 유전 법칙을 발견하여 생물학의 혁명적인 발전이 이루어지고 나서야, 다윈의 이론이 널리 받아들여졌다는 것을 고려해 볼 때 다윈은 시대를 뛰어넘은 선각자라 할 수 있을 것이다.

다윈설에 관해서 널리 퍼져있는 오류를 고려해 볼 때, 현대 생물학자들이 이해하고 있는 것처럼 다윈이 제기한 이론이 갖는 혁명적인 성격을 명확히 파악하는 것은 매우 중요한 일이라 하겠다. 다윈이 주장하는 자연선택설의 핵심은 진화가 집단과 환경사이에서 일어나는 상호 작용에 의해 전적으로 일어난다는 것이다. 집단의 구성원인 개체는 하나하나 구별할 수 있을 정도로 조금씩 차이가 있다. 이러한 개체간의 차이가 자연 선택이 작용할 수 있는 바탕인 셈이다. 현대 생물학에서는 개체간의 차이를 유전적 변이라는 용어로 설명하고 있다. 자연 선택은 차별적인 생존을 가져오며, 따라서 특정 지역의 환경에 잘 적응한 변이를 지닌 개체가 보다 잘 번식하게 되는 것이다. 환경에 보다 적합한 개체는 생존과 동시에 보다 왕성히 번식하게 된다. 따라서 다음 세대에서는 이들의 특성이 더욱 많은 빈도로 나타나게 되어 우세한 종으로 발전하게 되는 것이다. 오랜 기간동안 환경에 보다 적응한 특성이 전 집단 내에 퍼지게 되면 결과적으로 한 종의 기본적인 특성으로 자리잡게 되는 것이다. 다윈과 현대의 다윈주의자들은 이런 방식으로 형성된 미세한 차이들이 쌓여서 지구의 역사를 통해 새로운 형태의 생물 즉 종을 탄생시킨 커다란 발전으로 이어진다고 가정했던 것이다.

여기에서 가장 핵심적인 개념은 자연 선택이 작용하는 개체간의 변이가 기본적으로 무작위적이라는 점이다. 즉, 개체의 유전적 변이는 어떤 방향으로도 가능해서 변이 자체가 어떤 목적성을 가지고 진화를 이끌 수는 없다는 것이다. 다윈설은 하나의 종을 특정한 방향으로 진화시키는 내재적인 성향이 없다는 것을 역설하고 있다. 다시 말해 이미 예정한 계획에 따라서 하나의 종을 더욱 복잡한 단계로 나아가게 하는 절대적인 힘은 없으며, 모든 생물종이 걸어가야 할 정해진 진화의 단계란 존재하지 않는다는 것이다. 집단이 서식하는 지역 환경의 요구에 따라서 진화의 방향성이 결정되기 때문에 진화는 하나의 목적을 향해 나아가는 방향성이 정해져 있지 않은 '열린 과정'이라고 할 수 있는 것이다. 만약 원래의 표본 집단이 대양의 섬과 같은 고립된 지역으로 이주해 간다면, 그 집단은 최대한의 역량을 발휘하여 바뀐 환경에 적응할 것이다. 다윈이 갈라파고스 제도에서 면밀히 관찰한 바와 같이, 어떤 종이 서로 다른 여러 지역에 옮겨졌을 때 각각의 지역에서 독립적으로 종은 진화하게 된다. 그리하여 진화를 거침에 따라 각 종의 차이는 분명하지만 서로 유연 관계가 깊은 종으로 분화하게 된다. 이와 같은 자연 선택에 의한 진화 과정을 놓고 보았을 때, 인간과 같은 현대의 어떤 종을 다른 종들이 도달해야 할 궁극적인 목표라고 말하기는 어려울 것이다. 따라서 개개의 종은 서로 다를 뿐이며, 생물학자가 여러 분류군의 가치를 평가해서 고등 또는 하등 생물로 구분해서 말하는 것은 지극히 비합리적인 것이다.

앞서 얘기한 다윈의 진화론이 포함하고 있는 무지향적이고 단계주의적인 이론은 다윈설에 반대하는 이들에게는 수용되기 어려운 부분이라 할 수 있다. 19세기 후반에 소위 다윈주의자들은 자연 선택을 소리 높여 부르짖곤 했는데, 그들은 다윈이 주장했던 바와는 달리 모든 진화는 인간과 같은 고등 생물로 진보해 가는 것이라는 믿음을 가지고 있었던 것이다. 그래서 다윈설에 반대하는 이들은 변이가 왜 어떤 목적을 향해 예정된 경로를 따라 진행되어 나아가는지를 설명할 수 있는 진화론이 아닌 다른 대안을 찾으려고 했다. 그리고 종이 진보한다는 개념도 그 신뢰성을 잃어가고 있었지만, 그 시대의 생물학자들은 생물 자체에 내재된 경향에 따라 고정된 단계를 밟아서 진화가 일어나고 있다는 생각에서 여전히 벗어나지 못하고 있었다. 현재에도 로브트럽과 같은 극단적인 반다윈주의자들은 환경 요인이 아니라 생물에 내재된 힘이 진화의 방향을 결정한다는 주장을 계속하고 있다. 또한 다윈이 말하는 '생존 경쟁'의 역할에 대해서 찬성하지 않는 생물학자와 사회학자들도 줄을 잇고 있다. 그러나 이런 현상은 단지 진화론의 본질을 외면한 논쟁 거리에 지나지 않는 것이라 하겠다. 다윈설 외에도 생존 경쟁의 역할에 관한 많은 이론들이 있었는데, 이런 이론들은 종종 다윈설의 한 갈래들로 오인되기도 했다. 자연선택설을 반대하는 이론들은 진화가 무목적적인 시행 착오 과정이라는 개념에 대한 반발에 그 뿌리를 두고 있다. 즉, 진화가 신의 의지에 의해서거나 개체의 노력에 의해서 혹은 내재된 유전적 요인에 의해 일어나는지에 대해서는 각기 다른 입장이지만 진화는 특정한 목적을 가지며 그 목적을 달성하려는 방향으로 진행한다고 믿고 싶었던 것이다.

진화에 대한 잘못된 믿음이 팽배했던 다윈 시대의 상황을 이해해야만 현재 우리가 인식하고 있는 다윈 이론의 중심적 개념이 왜 당시에는 정확히 전달되지 않았는지를 알 수 있게 된다. 『종의 기원』이 당대 서구 사회의 사조를 진화론으로 바꾸기는 했지만, 그 시대의 사람들에게 자연선택설이 진화를 설명하는 최적의 설명이라는 확고한 신념을 심어주는 데는 결과적으로 실패했다고도 할 수 있다. 유전적인 돌연 변이에 대한 현대적 개념이 정립되면서 개체의 유전적 변이가 무작위적이라는 사실이 확인된 이후에야 비로소 생물학자들은 다윈이 이미 간파한 진화의 무목적성을 인정하기 시작했다. 그렇다면 이제 이 시점에서 과연 다윈의 이론은 당시의 사람들에게 어떠한 영향을 미쳤느냐가 중요한 문제로 부각된다. 드비어경이나 현대의 다윈주의자들은 『종의 기원』에 담긴 논리가 너무나 확고해서 다윈이 사람들의 사고를 진화론으로 전환시켰다고 단정하는 반면에 반다윈주의자들은 다윈이 어떤 독창적인 이론이 아니라 그 시대의 가치관들을 종합적으로 반영했기 때문에 성공했다고 말하고 있다. 그렇지만 다윈이 자신의 주요 논점을 명확히 설명하지 못했다고 하더라도 『종의 기원』이 진화론의 보급에 중요한 역할을 했다는 것을 간과할 수는 없다. 따라서 『종의 기원』이 무슨 역할을 했는지 그리고 다윈은 어떻게 『종의 기원』을 완성하고 자신의 주장을 설파할 수 있었는지를 알아보는 것이 매우 중요하다. 과학적 발견이 사회적인 산물이라는 명제가 잘 적용되는 다윈의 기법들을 살펴보는 것이 진화론만큼이나 중요하기 때문이다.

여기에서 제기하는 새로운 다윈의 위상은, 『종의 기원』이 19세기의 많은 사상가들을 진화론을 인정하는 진보론자로 바꾸는 촉매의 역할을 하였다고 보는 것이다. 하지만 지금 얘기한 진보론자는 현대적인 의미의 다윈주의자와는 구별되는 이들이라는 것이다. 따라서 그 동안 구분 없이 사용했던 다윈설이라는 용어는 두 가지로 분리해서 사용해야 할 것이다. 즉, 19세기 빅토리아 시대와 현대의 다윈설은 다르게 구분해야 하는 것이다. 역사학자들은 특히 자연선택설의 발견이 현대 생물학에 지대한 영향을 주었다는 점 때문에 흥미를 가지고 있지만, 이것은 다윈이 그 시대에 끼친 영향을 분석하는 일이 불필요하다는 것을 의미하지는 않는다.

자연선택설을 처음으로 발표하였을 때 동시대에 산재했던 모든 의문점을 해결하지 못했음에도 불구하고 다윈이 다른 사람들과 어떻게 의견 교환을 했는지 알아볼 필요가 있겠다. 『종의 기원』이 출간되기 이전, 19세기 서구 사회의 과학과 문화는 어느 정도나 진화라는 사조에 접근해 나아가고 있었을까? 왜 그런 과학과 문화의 점진적인 접근은 중단되고 급진적인 신진 사상을 담고 있는 『종의 기원』이라는 단 한 권의 책이 진화론으로의 사고 전환을 가져오게 하였을까? 다윈이 자신의 이론을 과학계나 일반인에게 소개할 때 당시의 기존 가치관을 얼마나 반영했을까? 당시 다윈의 이론은 사회진보론의 논리를 가장 위태롭게 한다고 여겼음에도 불구하고, 왜 다윈이라는 이름은 진보주의적 진화론의 상징처럼 되었을까? 이런 물음에 답하기 위해서 우리는 다윈이 옳았다거나 틀렸다거나 하는 낡은 논쟁의 틀에서 일단 벗어나야 한다. 다윈이 현재 우리의 과학과 사고에 왜 중요한지를 다시 재평가해야만 하는 것이다. 현재의 과학적인 다윈설은 19세기의 다윈설보다 비교할 수 없을 정도로 진보되어 있다. 따라서 당시의 지적 수준을 뛰어 넘었던 다윈의 이론이 현재에 만연하고 있는 무신론의 시대를 선도하지는 못했다는 것만은 명백한 사실인 것이다.

의미로 가득찬 다윈의 삶이 위에서 열거한 질문에 답할 수 있는 근거가 되리라 여겨진다. 우리는 그의 이론과 저서들을 백지 상태에서 설명할 수는 없다. 다윈의 업적을 그 시대의 척도로 이해하여야 한다는 것이다. 그가 여러 사실들과 연구결과들을 어떻게 받아들여서 종합했는지, 당시에는 단지 진보론의 표상으로만 여겨지던 그가 사후에야 진정으로 그 가치를 평가받은 자신의 이론을 정립하면서 시대적 가치관을 어떻게 초월할 수 있었는지를 살펴보아야 하는 것이다. 우리는 다윈이 타협해야만 했던 당시의 과학적, 문화적 환경을 염두에 두면서 다윈이 어떻게 자신의 이론을 확립시켜 나아갔는지를 살펴보아야 할 것이다.

현재 우리는 다윈의 업적을 잘 이해하고 그를 경외하고 있지만, 당시에는 그의 업적을 제대로 인식하지 못하고 있음에도 불구하고 다윈을 생전에 영웅으로 대접하였다. 이런 일은 과학사 전체를 통틀어서도 극히 드문 일이라고 할 수 있다. 다윈을 제대로 평가하기 위해서는 다윈 시대와 현재의 서로 다른 그의 위상을 새롭게 재조명해야 할 것이다. 그리고 현대 생물학자들이 존경해 마지않는 다윈의 발견과 19세기 사고 방식의 발전에 다윈설이 미친 영향에 대해 똑같은 중요성을 부여해야 할 것이다. 단적으로 말해 다윈의 일생은 두 가지의 의미를 우리에게 시사한다고 하겠다. 그는 아주 중요한 과학적 발견의 선구자였을 뿐만 아니라, 자신에게 영향을 준 시대적 조류를 극복한 사람이었다. 더구나 그는 단순히 미래를 예측하기만 한 것이 아니라 미래지향적 가치관 자체를 형성하는 데에 지대한 공헌을 했던 인물이다. 이런 연유로, 이 책에서는 다윈의 탄생이나 유년 시절을 살펴보기에 앞서 다윈이 자신의 이론을 은밀하게 발전시키고 있을 무렵 당시 사회는 어떤 시각으로 진화 문제를 파악하고 있었는지 먼저 살펴보기로 하겠다.

제2장
『종의 기원』 출간 이전의 진화론

다윈은 탐사선 비글호를 타고 1931년에 영국을 출발하여 세계 일주를 하게 되는데, 이 여행을 통하여 그는 처음으로 진화의 증거를 얻을 수 있었다. 그는 5년 후 귀환하였으며, 곧 '변이' transmutation의 원리를 설명하기 위한 일련의 연구를 시작하였다. 그리하여 1838년에 이미 자연 선택의 기본 개념을 정립하였고, 그 후 약 20년에 걸쳐 이 이론에 대하여 꾸준히 연구하는 동안, 몇몇 절친한 친구에게만 그의 이론을 알려주었다. 그는 1850년대에 그 이론에 대한 방대한 논문을 쓰기 시작하였는데, 이 작업은 자신의 원고와 매우 유사한 내용을 담은 월러스(Wallace, Alfred Russel)의 원고가 도착하면서 중단되었다. 다윈과 그의 친구들은 다윈 이론의 요약본과 월러스의 원고를 함께 린네 학회에 발표하고자 정리하였다. 이와 거의 동시에 다윈은 그의 진화 이론에 대한 책을 집필하기 시작하여 1859년 말에 『종의 기원』*On the Origin of Species*이라는 제목으로 출판하였다.

다윈의 발견에 대한 전통적 평론을 근거로 보면 1859년까지 수십 년 동안 다른 생물학자들은 진화 개념에 대하여 주목하지 않았음을 알 수 있다. 당시 대부분의 사람들은 고지식하게 창조설을 수용하고 있었으며, 대부분의 생물학자들은 각 종이 환경에 적응하는 것은 현명하고 자비로운 창조주의 존재를 증명하는 것이라고 생각하고 있었다. 1802년에 나온 팔리(Palley, William)의 『자연 신학』*Natural Theology*은 이 창조주의 설계에 대한 논거를 제공하는 고전이었으며, 이 책은 시계가 시계 제작자에 의하여 설계되고 만들어지는 것처럼 종(種)은 전지전능한 창조주가 설계하였다고 주장하고 있다. 자연주의자들은 진화를 다른 방법으로 설명할 수 없었기에 이 주장을 받아들일 수밖에 없었으며, 다윈조차도 팔리의 설명에 근거하여 적응에 관한 문제를 해결하고자 하였다.

반다윈주의자들은 다윈의 이론이 최초의 진화론은 아니라고 비평한다. 자연 선택 이론을 지극히 싫어한 소설가 버틀러(Butler, Samuel)는 다윈이 진화론을 발전시킨 최초의 사람은 결코 아니라고 주장하기 위하여 1879년에 『진화론 – 과거와 현재』*Evolution, Old and New*라는 책을 출판하였다. 버틀러는 과거에 많은 자연과학자들이 이미 기관 변화의 자연적 과정에 대한 이론을 제시해왔다고 지적하였다. 이 자연주의자들 중에는 프랑스의 뷰퐁(Buffon, Georees)과 라마르크(Lamarck J. B.)도 있고, 다윈의 할아버지인 에라스므스 다윈(Erasmus Darwin)도 있다. 에라스므스 다윈(Erasmus Darwin)이 1794~1796년에 쓴 『쥬노미아』*Zoonomia*에는 변이에 관한 단원이 있다. 1844년 저자 미상의 책 『창조의 자연사적 흔적』*Vestiges of the Natural History of Creation*에는 인류가 보다 하등한 동물에서 생겨났다고 기술되어 있는데, 이로 인해 이 책은 사회적 파문을 일으켰다.

다윈에게 동정적인 작가들은 과거에도 진화론이 있긴 했지만 다윈처럼 폭넓은 지지를 받은 진화론은 없었다고 주장하였다. 1809년에 출판된 『동물 철학』 *Zoological Philosophy*에서 생물의 발달에 관한 이론을 제시한 라마르크는 당대의 유명한 해부학자인 큐비에(Cuvier, Geotges)의 조소를 받았고, 라이엘(Lyell, Charles)의 『지질학 원론』 *Principle of Geology* 제2권에서도 큰 비판을 받았다. 챔버스(Chambers, Robert)의 책은 진화의 원리는 설명하지 않고 사람을 동물과 연관시켰기 때문에 더욱 상황을 악화시켰다. 그 결과 논란이 일어나게 되는데 다윈의 『종의 기원』은 이 논란의 기폭제가 되었다.

오늘날의 역사적 고증에 의하면 자연선택설에 대한 서로 상반된 입장은 19세기 초반의 정치 사회적 계층사이에 복잡하게 얽힌 이념과 이해 관계가 진화 개념을 통하여 풍자적으로 나타난 결과임을 알 수 있다. 만약 당시의 학자들이 라마르크의 관점을 완전히 무시하였다면 왜 라이엘과 많은 과학자들이 그를 반박하는 이러한 대소동을 일으켰을까하는 의문이 생긴다. 다윈이 은밀하게 수행한 연구와 함께 주변에서 여러 가지 중요한 발전이 이루어지고 있었음이 분명하다. 이러한 발전 중에서 어떤 것은 진화 개념과는 무관한 것이었지만, 다윈이 참고하여 보다 훌륭한 자연관을 이루는데 하나의 길을 열어준 것도 있었다. 1800년에서 1850년까지의 반세기 동안에 화석 기록에 대한 근대적 해석이 종합되고, 생물의 조상이 원시적인 어류나 무척추동물에서 파충류 시대를 거쳐 포유류의 시대와 현대로 내려왔음이 알려졌다. 생물의 진화에 관한 지식의 홍수에 대항하여 창조설도 더욱 복잡하고 세련될 수밖에 없었다.

더불어, 라마르크의 이론을 아직 완전히 부정하지는 않았으며, 유물론적 관점이 침투하기 쉬운 과학의 영역 주변에서 급진적인 운동이 일어났다. 다윈은 급진주의적 운동으로부터 거리를 두고

자 했음이 분명하다. '진화주의'evolutionism를 공격하는 사람들은 마음속에 분명한 표적을 가지고 있었고, 어느 정도 더 세련된 창조론적 해석으로 급진주의의 위협에 대항하고 있었다. 쳄버스의 책에 대한 격론을 볼 때 1840년대 중반까지는 다소 비이상주의적인 유형의 진화론이 싹트고 있었음을 알 수 있다. 따라서 다윈의 이론은 변이의 의미를 이해할 수 있는 문화적 배경 아래 제기되었고, 다윈 자신도 그의 이론을 제시하기 위해서는 적절한 시기가 필요하다는 것을 알고 있었다. 따라서 과거의 이러한 논란을 참고하지 않고 다윈 이론의 발전 과정과 탄생을 올바르게 이해하기는 어렵다.

급진적 진화주의

데스몬드(Desmond, Adriam)의 저술을 보면 19세기초의 생물학적 격론이 얼마나 정치적이었는가를 알 수 있다. 과학과 상류 사회의 영역 밖에서는 프랑스 혁명으로 고무된 정치적 급진주의와 혁명주의가 일어났고, 영국의 귀족 정치는 파멸의 길로 접어들고 있었다. 그들은 국가의 보루처럼 여겨지던 교회에 대항하기 위하여 유물론자들의 논지를 이용하여 불법적인 유인물과 대자보를 만들었다. 그들은 인간은 단지 고도로 발달한 동물일 뿐이라는 주장을 지지하기 위하여 '변이주의'transmutationism을 채택하였으며, 그 결과 인간은 현존하는 사회적 계급을 타파해야 한다는 관념을 암암리에 주장하였다. 선정적인 저급 잡지 작가들은 라마르크의 이론을 정확히 이해하지는 못하였을지라도 그 이론을 자신들의 입장에 유리하게 이용할 수 있다는 것 정도는 알고 있었다.

라마르크설은 수많은 가정에 근거를 두고 있으며, 다윈은 이러한 가정들을 인정하지 않았는데, 이러한 부정은 부분적으로나마 자신이 유물론자로 낙인찍히지 않기 위한 하나의 수단이었다. 애당초 라마르크는 생물의 발달에 대한 그의 이론을 최초의 생명이 자연발생, 즉 무생물에서 생물이 자연적으로 나타났다는 주장과 적극적으로 연관시켰다. 보수적인 사람들은 이 주장을 생명은 신성한 창조자의 선물이라는 전통적인 믿음에 대한 도전으로 받아들였다. 이와 함께, 라마르크는 가장 단순한 형태의 생물이 점차 복잡도의 단계를 높여가면서 발달하여 결국 인간과 같은 생물이 생겼다고 보았다. 이러한 점진적 발달의 개념은 사람도 단지 고도로 발달한 동물에 지나지 않는다는 의미를 내포하는 것이었다. 자연발생설이나 단계적 발달의 개념은 빅토리아 시대 영국 과학계에서 유물론적 진화주의의 핵심으로 자리잡았다.

그러나 그 후의 생물학자들에게 라마르크라는 이름은 그의 이론 중 일부분에 지나지 않는 획득 형질의 유전 기작만을 연상시키게 된다. 이 가설적인 적응적 진화 기작은 다 자란 동물의 몸의 변화는 자손에게 영향을 주고, 따라서 종의 분화가 이 획득 형질로부터 이루어진다는 가정에 근거를 두고 있다. 라마르크가 제시한 가장 잘 알려진 예로서 여러 세대 동안 나뭇잎에 도달하기 위해 목을 길게 뻗고자 하는 노력으로 기린의 목은 점차 길어지게 되었고 결국 오늘날의 기린과 같은 종이 생겼다는 설명을 들 수 있다. 다윈 자신은 이 기작을 자연선택설의 영역 안에 포함시키고, 어느 정도 수용하고 있었다. 19세기 후반에 일부 반다윈주의자들은 그들 자신을 라마르크주의자들이라고 부르기 시작하였으나, 이 때 획득 형질의 유전은 라마르크의 이론이나 그들에게 붙여졌던 유물론자 딱지로부터 분리되고 있었다. 사실, 오늘날의 유전학 원리에 따르면 성체가 얻은 획득 형질은 후손에게 결코 유전되지 않는 사실은 자명하다.

변이론은 19세기초의 일부 혁명주의자들이 개척하였기 때문에 온건한 급진주의자들도 이 이론을 헛점 없이 이용하기는 어려웠다. 그럼에도 불구하고 이 위험을 무릅쓰고자 준비하고 있던 일부 급진적 성향의 생물학자들이 있었다. 에딘버러에서 의학도였던 때를 회고하던 다윈은 절친했던 젊은 강사 그랜트(Grant, R. E.)와의 일을 이렇게 회상한다. 어느 날 다윈과 함께 걷던 그랜트는 라마르크를 찬양하고 진화에 대한 그의 견해를 피력하였다. 다윈은 자서전에서 "나는 그의 말을 듣고 저으기 놀랐으나, 나에게 큰 영향을 주지는 않았던 것 같다"고 밝힘으로써, 당시 그가 그랜트를 멀리하고자 했음을 알 수 있다. 그리하여 역사가들은 그랜트를 다윈에게 영향을 주지는 못한 사람으로 평가 절하했고, 결과적으로 그는 주목받지 못한 불행한 진화론의 선구자로 남고 말았다. 최근의 연구로 그의 위상은 재평가되고 있다. 한창일 때의 그랜트는 자기 분야에서 지도자가 될 소지를 갖추고 있었으며 그의 급진적 견해가 널리 알려지고 있었다. 그가 1826년에 젊은 다윈으로 하여금 진화주의에 젖어들게 하지는 못했을지라도 중요한 연구 분야를 소개함으로써 다윈의 사고에 영향을 주었을 가능성이 크다.

그랜트는 에딘버러에서 의학을 공부했고, 나폴레옹 몰락 이후 파리에서 잠시 공부했다. 파리에서 그는 라마르크를 만나거나 그의 가르침을 받았을 가능성이 있다. 그는 주기적으로 파리를 방문하였고 1823년에 에딘버러대학에서 외래 수강생들을 지도할 무척추동물학의 강사로 초빙되었다. 그가 강의를 하거나 플리니학회(Plinian Society)에서 자연사에 대하여 토론할 때면 변이주의자로서의 견해를 조금도 감추지 않았다는 증거가 있다. 『에딘버러 신철학 잡지』*Edinburgh New Philosophical Journal*에 라마르크 지지 논문을 기고한 무명인은 그랜트였음이 거의 틀림없다. 데스몬드가 암시한 바에 의하면 1820년대의 에딘버러에서는 과학과 정치 분야에서 급진적 유물론자들의 견해가 자유롭게 나돌았고, 이러한 분위기는 남부지방에서만 국한되지 않고 있었다.

1827년, 그랜트는 새로 설립된 런던대학의 해부학 및 동물학 교수로 초빙되었다. 이는 그가 상당한 과학적 명성을 얻었음을 말해주는 것이지만, 그는 이 대학에서 급진적인 견해를 피력하는 일은 자제해야만 했다. 그럼에도 불구하고 그는 강의 시간에 하고 싶은 말을 다했다. 그는 또한 의업을 개혁하고자 했던 집단과도 동맹 관계를 맺을 수 있었다. 왕립의과대학(Royal College of Surgeons)을 위시한 의학 기관은 사람을 포함한 생물의 종은 전지전능한 신이 창조하였다는 과거의 신학적 자연관을 지탱하는 보루였다. 사립 의학교의 탄생으로 인하여 이러한 움직임은 더욱 확대될 상황이었다. 비기독교도들과 정치적 급진주의자들이 의학 기관의 독점적 위치에 대한 도전을 준비하고 있었다. 그들은 의학 기관에서 주장하는 과학을 구시대적인 것이라고 무시하고, 대륙적 사고 방식에서 벗어나 새로운 급진적 자연사관을 선호하였다. 의학적 수정주의자들은 그랜트의 신학에 대한 도전과 생물의 역사를 통해 나타난 발달의 단계적 양상에 대한 그의 강의를 조용히 경청하였다.

따라서 그랜트는 의학 기관의 이해와 충돌하게 되었으며, 1830년대 당시에 잠재해 있던 과학적 논제에 대한 논란에 뛰어들었다. 보수적 생물학자들은 자신들의 입지를 다시 추스리고 전통적 관념을 위협하는 라마르크설을 격하시키기 위하여 새로운 방안을 찾고 있었다. 그랜트는 상류 사회에서는 허용할 수 없는 이단자로 점차 낙인찍혀가고 있었다. 철학적 유물론은 도덕적 유물론을 의미하고 있었으며, 따라서 당시에 사회를 지탱하고 있던 도덕적 질서의 위협이 되었다. 정치적으로 불안정한 시기였던 1830년대와 1840년대의 유물론자를 사회적 혁명주의자라 단정하기는 어렵고, 대학에서의 그랜트의 위치 역시 말하기 어렵다. 그는 돈이 없어서 많은 강의를 해야만 했고, 따라서 연구할 시간이 부족했다. 1840년대에는 직업적으로나 사회적으로나 그의 입지는 축소되었다. 그는 빈민가에서 삶을 마쳤고, 그의 삶은 사회적 질서를 지탱하는 지적 기둥에 도전하는 과학적 견해를 가진 사람들이 어떠한 종말을 맞이하는지 보여 주는 하나의 경고로 이용되었다.

1840년대 중반에는 진화론의 의미에 대한 논란이 폭넓은 관심의 대상이 되기 시작하였다. 이러한 관심이 폭발하는데 기폭제가 된 것은 1844년에 무명인이 쓴 『창조의 자연사적 흔적』이라는 책이었다. 저자의 이름은 완전히 비밀에 부쳐졌고 과연 누가 범인일까 하는 추측만 무성했다. 사실 그 책은 에딘버러의 한 과학자가 저술하였는데 발행인은 쳄버스(Chambers, Robert)였으며, 그 책의 발행을 유도한 사람은 세커드(Secord, James)였다. 진화론을 역사적으로 다룬 책들은 예외 없이 『창조의 자연사적 흔적』을 다윈설을 제시하는데 실패한 한 예라고 무시하였다. 과학적 지식이 부족했던 쳄버스는 진화론을 지지하는데는 부적절한 방법으로 계몽을 주도하였고, 진화론이 인류의 기원과 위상에 대하여 의미하는 바를 너무 직설적으로 표현했기 때문에 그 계몽은 당연히 실패하게 되어 있었던 것 같다. 『창조의 자연사적 흔적』을 정독해 보면 이 책이 『종의 기원』의 선구자가 될 수 없음을 잘 알 수 있다. 이 책은 생물의 발달에 대한 매우 색다른 기작을 제시하고 있는데, 신의 의지는 생물이 점진적 단계를 거쳐 높은 지능을 가진 동물에 이르도록 한다는 것이다. 이 책은 에딘버러에서 이미 폭넓게 다루었던 주제를 남부 사람들처럼 보다 보수적 분위기에 젖어 있던 사람들에게 소개하기 위한 하나의 시도로 볼 수 있다. 『창조의 자연사적 흔적』은 종의 기원을 포함한 앞으로 다가올 진화론에 대한 논란을 위한 의제를 설정하게 만들었다.

쳄버스의 목적은 진화론과 급진적 이미지를 분리시키고, 당시에 점증하고 있던 중산층에게 이를 수용하도록 하는 것이었다. 그의 『쳄버스의 에딘버러 잡지』*Chambers' Edinburgh Journal*는 대중들이 개혁의 자유를 얻을 수 있다면 사회적 진보가 당연히 이루어질 것이라는 메시지를 전달하였다. 개인의 성공은 귀족적 특권 때문에 얻어지는 것이 아니라 노력과 창의력으로 결실을 맺는 것이며, 개인에게 자유가 부여되기만 하면 사회 전체가 경제적, 기술적 이익을 얻을 수 있다는 것이다. 이는 신생 상업가와 기업가들이 믿는 사회 철학이었다. 지구 역사의 과정 중에 자연적으로 생명이 발달하였다는 생각이 확산되고 있었기 때문에, 장기적으로 볼 때 사회도 자연적으로 발달할 수밖에 없다는 것을 말하고자 하는 것이 『창조의 자연사적 흔적』의 목적이었다. 이를 위하여 쳄버스는 변이설이 내포하고 있는 인간과 동물 사이의 관계를 노골적으로 표현하였다. 그는 스코틀랜드의 골상학자인 콤브(Combe, George)의 아이디어를 채택하였는데, 콤브의 1828년판 저서 『인간의 구조에 대하여』*Of the Constitution of Man*는 뇌의 물리적 구조가 모든 정신적 기능의 근간이라고 주장하였다. 골상학은 사람의 두개골 형상을 보고 개인의 성격을 읽을 수 있다고 보았기 때문에 결국 사이비 과학으로 평가되었다. 그러나 초기에는 유물론적 가치를 증진시키는 강력한 요인이었다. 쳄버스는 이를 동물의 진보적 진화로 뇌의 확대가 일어나고 그 결과 인간과 같은 지적 능력이 필연적으로 탄생하게 되었다고 주장하는데 이용했다.

쳄버스는 창조의 신이 지속적인 영향을 미치기 때문에 생물의 발달이 일어나게 된다고 주장함으로써 반대파의 역풍을 잠재우려 하였다. 신은 발달의 법칙을 만들었고, 이 법칙은 단계적으로 고등한 종의 출현을 유도하였으며, 각 단계마다 새로운 종을 새로이 만든 것은 아니라고 하였다. 따라서 『창조의 자연사적 흔적』은 과거의 신학을 수정하여 인간이 직접적인 신의 창조물이어서가 아니라 모든 자연 발달의 종착점이기 때문에 인간의 독자적 위상이 돈독해진다는 논지를 펼치고 있다. 쳄버스는 사람의 배아(태아)의 생장은 지구상의 생물 발달의 축소판이라고 주장하여, 다윈 시대 이후에 유행한 '진화재현설'recapitulation theory을 예언한 셈이 되었다. 쳄버스에게는 진화와 발생 사이의 관계는 자연계의 모든 발달의 특징에 대한 기본적 단서가 되었다. 배아가 꾸준히 자라서 성체로 되듯이 진화는 필연적으로 그 종착점을 향해 진행한다는 것이다.

보수적인 사람들은 『창조의 자연사적 흔적』에 대하여 강력하게 항의하였다. 케임브리지대학교의 지질학 교수 세즈위크(Sedgwick, Adam)는 85쪽 짜리 논설문을 통하여 우아한 소녀들과 부인들을 이러한 유독한 몰상식으로부터 보호해야 한다고 항의하였다. 그러나 이러한 분위기가 변화할 조짐도 있었다. 1830년대에 그랜트를 공격하는데 앞장섰던 천문학자 오웬(Owen, Richard)은 『창조의 자연사적 흔적』에 대하여 아무런 반응도 보이지 않았다. 그는 1849년에 쓴 『사지(四肢)의 본질에 대하여』*On the Nature of the Limbs*에서 창조주의 계획은 자연의 법칙을 따른 이차적인 원인을 통하여 전개될 수 있다고 공개적으로 기술하였다. 여기에서, 오웬은 그의 보수적인 성향으로부터 크게 후퇴하였으며, 1850년대에 있었던 『종의 기원』과 관련된 논란에도 끼어들지 않았다. 그는 스스로 변이의 가능성을 염두에 두게 되었는데, 이는 『종의 기원』의 출간을 유도한 시대적 분위기의 한 예라 할 수 있다. 사람들은 이제 급진적인 유물론에 빠져들지 않고도 단순한 창조설을 타파할 수 있게 되었으며, 진화를 통하여도 신의 목적이 구현될 수 있다는 점을 수용할 태세를 갖추게 되었다. 그러나 보수적인 과학자들이 이러한 생각을 표출할 수는 없었는데, 이는 그들의 지지자들이 당대가 요구하고 있는 전통적 가치를 재평가하는 일에 끼어들고 싶어하지 않았기 때문이다.

보다 진보적인 정치적 성향을 보이던 자들은 쳄버스의 생각을 하나의 돌파구로 여기게 되었다. 극렬했던 반발이 수그러들자 옥스포드의 수학자이자 철학자인 파웰(Powell, Baden)같은 자유주의적인 국교도들은 『창조의 자연사적 흔적』이 제시한 방향으로 마음을 돌리게 되었다. 파웰이 1855년에 쓴 『귀납적 철학의 정신에 대한 소론』*Essays on the Spirit of the Inductive Philosophy*에는 우주를 다스리는 신의 정부와 그 제도는 아주 명확하고 애매모호하고 불가사의한 혼란이 존재하지 않는다고 기술되어 있다. 파웰은 이 관점을 지구상의 생물의 발달에 관한 의문과 결부시키는데, 이러한 관점은 그가 앞으로 나타날 『종의 기원』에 대한 가장 일반적인 반응을 대변하는 것으로 볼 수 있다. 즉 다윈이 나중에 그랬던 것과는 달리, 변화의 기작 안에 신학적 요소를 유지한다면 진화론이 수용될 수 있음을 알려주는 것이었다. 어떤 의미에서는 『창조의 자연사적 흔적』의 출판 이후 『종의 기원』이 출간될 때까지의 기간 동안 잠재하고 있었던 신학적 진화론으로의 점진적 움직임이 그 주도권을 『종의 기원』에 넘기게 되는 과정으로 볼 수 있다.

급진주의적인 사람들 중에는 쳄버스가 그 목적을 채 달성하지 못했다고 느끼는 사람들이 있었다. 젊은 사회철학자인 스펜서(Spencer, Herbert)는 장차 그에게 주어질 '사회적 다윈주의자' social Darwinist로서의 위치를 서서히 닦아가고 있었다. 1851년에 출간한 『사회적 논란』*Social Statics*에서 스펜서는 개인이 변화무쌍한 사회에 적응하기 위해서는 자유로운 진취적 정신이 필요하다고 강조했다. 그는 한 개인이 장래에 보다 나은 삶을 영위하도록 고무하는 최선의 자극은 실패 후에 오는 고통이라고 역설하였다. 스펜서의 진보주의적, 자유방임적 개인주의의 중요성에 대한 강조는 직접적으로 자연 선택의 기대를 불러 일으키지는 않았다. 그는 환경의 도전에 대한 개체의 적극적 반응에 더 관심을 가졌고, 이러한 반응들이 유전되고, 나아가 그 종의 생물학적 특성으로 구체화될 가능성을 생각하였다. 1851년의『발달 가설』*The Development Hypothesis*에 대한 기고문에서 스펜서는 라마르크가 제시한 획득 형질의 유전 기작에 대한 지지를 선포했다. 쳄버스와 마찬가지로, 그는 생물학적, 사회적 진보를 한 종의 발달 과정과 연관시켰다. 그러나 그의 라마르크주의는 그로 하여금 이 두 수준의 변화 기작이 신의 불가사의한 계획이 아니라 환경에 반응하는 개체의 누적적인 노력이라고 주장하게 만들었다.

스펜서는 라마르크설이 기업가의 이상적 가치에 어떻게 잘 적용되는지를 보여주었지만, 아직도 라마르크설을 다시 고려해보고자 하는 과학자들은 많지 않았다. 대부분의 직업적 자연과학자들은 그 이론이 이미 전 세대에서 너무나 불신을 받아왔음을 느꼈고, 유물론자라는 낙인이 찍힐까 여전히 두려워하고 있었다. 라마르크설의 붕괴로 과학에 닥친 교착 상태가 나중에 다윈설의 선두 주자가 될 헉슬리(Huxley, T. H.)의 태도에서 극명하게 나타났다. 1850년대 중반의 헉슬리는 직업적 과학자로서 자신의 지위를 찾고자 필사적으로 노력하는 영리한 젊은이였다. 그는 창조설의 공허함을 느꼈고, 신학자들이 오랫동안 주장하여 온 이 영역에 과학이 조만간 침투하기를 희망하였다. 그러나 그는 라마르크설을 중요하게 생각하지 않았고, 창조설에 대항하는 것은 과학적으로 무의미한 것이라고 하여『창조의 자연사적 흔적』을 무시하였다. 나중에 그는『종의 기원』에 대한 자신의 반응을 기록하면서『종의 기원』이 창조주의자들이나 변이주의자들이라는 "두 집안에 닥친 전염병"이라고 말했다. 『종의 기원』은 하나의 돌파구가 되었는데, 이는 헉슬리가 진화론의 잠재적 가치를 몰라서였기 때문이 아니라, 변이가 어떻게 작용하는지에 대한 새로운 접근 방법을 고려할 수 없었기 때문이었다.

따라서 우리는 다윈이 자신의 이론을 공포한 당시의 미묘한 시대적 상황을 알 수 있다. 일부 보수적인 과학자들마저 자연계의 모종의 진화 과정을 숙고할 필요성을 느끼고 있었으나, 인간이 단지 고도로 발달한 유인원이라는 가정이 끼어들어 종교적 문제를 야기하고 싶지는 않았기 때문에 자신들의 생각을 조용히 감추고 있었다. 보다 급진적인 사람들은 생명의 기원에 대한 교회의 독단적 해석에 도전하고자 하였고, 피할 수 없는 우주적 경향으로서 미래의 재편(reform)이 일어난다는 진보적 주장을 펼칠 수 있는 명망있는 철학자를 필요로 하였다. 그러나 여기에서도 돌파구는 막혔는데, 이는 라마르크주의자로 블랙리스트에 오르는 일 자체가 빅토리아 시대 문화의 진보주의적 세계관에 합당하면서도 시대의 사조에 역행한다는 것을 의미하기 때문이다. 그러므로 존경받는 어떠한 자연과학자가 새로운 주도권을 갖고 구 시대의 사조를 과감히 타파하기를 그 시대가 바라고 있었는지 모른다. 즉 덕망있는 어떤 과학자가 총대를 메고 나서기를 그 시대는 기대하고 있었다.

변이론에 대한 반대 이론들

다윈이 태어나기 전부터 대두한 급진적 진화론은 다윈의 사고에 영향을 미쳤을 뿐만 아니라 급진적 진화론에 반대해 왔던 자들의 사고에도 새로운 기운을 불어넣어 다윈의 이론에 대한 궁극적 수용이 가능할 정도로 심대한 영향을 미치게 된다. 팔리(Paley, William)가 저술한 『자연신학』의 기조를 이룬 바 있는 단순한 창조설은 너무나 시대에 뒤떨어지게 되었으므로, 하나님의 섭리와 생물계를 연관지어온 전통적인 연결고리가 유지될 수 있는 새로운 이론이 필요하였다. 다윈의 이론이 발표된 후에는 창조론자조차도 새로운 종의 출현에 대한 설명이 가능하고, 경우에 따라서는 새로운 종의 출현방식이 변이가 유전되었다고 설명하는 진화론자들의 설명과 확실히 비슷하다고 인정하기에 이르렀다.

　『자연신학』의 저자, 팔리 자신은 에라스므스 다윈 등이 내놓은 진화론에 반대하였을 것이다. 그는 생명체의 복잡한 유기적 구조가 자연히 생성될 수는 없다고 주장했다. 그러므로 자연에 존재하는 다양한 모든 생물들은 그 하나 하나가 신의 창조의 결과일 수밖에 없다는 것이다. 그러나 팔리가 이 책을 출간했을 때에도 창조 활동이 태초에 한 기간동안 이루어 졌다는 생명기원론을 주장하기는 어려웠다. 프랑스의 생물학자인 큐비에(Cuvier, Georges)는 여러 화석에 대한 주의 깊은 연구 결과 그것들이 현재 살아 있는 어떠한 종과도 닮지 않았다는 것을 밝힘으로써, 지구의 역사가 진행되는 중에 어떤 생물 종이 멸종하게 되었다고 주장하였다. 그와 그의 추종자들은 지질학적 연대가 진행됨에 따라 이미 존재하고 있던 개체군들이 이전과는 다른 일련의 상이한 개체군들로 대체되어왔음을 주장했다. 그렇기 때문에 신에 의한 창조라는 개념을 유지하자면, 지구에 원래 살던 생물 종들이 멸종하게 될 때마다 창조주는 계속해서 새로운 개체를 새로 창조하고 있다고 할 수밖에 없었다.

　창조설의 모순들을 해결하는 가장 좋은 방법은 지질학적인 대격변기 때마다 거의 모든 종들이 주기적으로 사라지고, 그때마다 창조주가 지질학적으로 변화된 환경에 적응할 일련의 새로운 종들을 창조한다고 가정하는 것이다. 이런 관점을 주장한 대표적인 학자인 옥스포드대학의 지질학 교수 버클랜드(Buckland, William)는 화석 기록에 대한 폭넓은 관심을 유발하는 인기 있는 강의로 유명하였다. 그러나 그는 자신의 종교적인 선입견을 만족시키기 위해서 과학의 후퇴도 불사하는 옳지 않은 사상가라고 매도되곤 하였다. 그는 지구의 역사에 대한 윤곽을 잡는 연구의 추진에 매우 열성적이었는데 그 개략이 요즘도 받아들여지고 있다. '천변지이설'catastrophism은 신의 창조와 노아의 홍수가 정말 있었다고 하는 사실이나 지지하는 하찮은 이론은 결코 아니었다. 오히려 그 반대로 천변지이설을 믿는 학자들은 현재의 지질학 체계를 정립하고, 생명의 진화 과정에 나타나는 새로운 종들의 출현에 관한 법칙을 탐구하려고 하였다. 특히 그들은 화석의 기록으로부터 원시 무척추동물에서 시작하여 점진적으로 어류가 우세한 시절로, 이어서 파충류 그리고 마지막으로는 포유류 시대까지 옮아가는 진보적 특성을 유추해 낼 수 있었다. 화석 기록에 대한 포괄적인 조사결과, 1837년에 버클랜드가 저술한 『부리지워터의 연대기』 *Bridgewater Trietise*에서 그는 신이 창조한 각 생물 종은 그 시대의 환경에서 살아남기 위해 생활 방식이 환경에 완벽히 적응하였다고 기술하였다.

개개의 종에 대한 버클랜드의 설명은 그럴듯했지만 그의 단편적인 접근으로는 창조과정의 본질을 밝혀내기가 요원하다는 것이 점차 뚜렷해지고 있었다. 팔리가 주창한 신의 섭리에 관한 견해를 지지하는 보수 세력들은 잇따른 진화론적 증거에 부딪힌 후에, 그들이 이전에 제시했던 모든 가설들이 시대착오적이라고 배척 당하지 않으려면 새로운 논리가 필요하다는 것을 깨달았다. 그 시발점이 바로 '철학적 자연주의자'philosophical naturalists들의 시대인데, 이들이 창조주의 설계에 기초가 되는 논리를 알아내기 위해서는 종에 대한 단순한 묘사 이상의 것이 필요하였다. 라마르크의 동료인 제프리 세인트 힐라리(Hilare, Geoffroy Saint)는 그의 저서, 『비교해부학』*Transcendetal Anatomy*에서 생물체의 각 종을 기본 원형의 패턴 위에 나타나는 변이체들로 보았다. 이 책에서 그가 강조한 것은 적응의 다양성이 아니라 생물의 종류마다 내재하는 통일성이었다. 특히 프랑스에서는 이러한 접근은 급진적인 의미를 지니고 있는 것처럼 여겨졌지만, 제프리가 주장한 원형의 패턴 위에서 자연적으로 나타난 새로운 변이체의 형성이라는 참뜻을 이해한 것은 아니었다. 차라리 그는 변화한 환경이 생장을 저해해서 갑작스런 급변 즉 '도약진화'leaps가 생기고 그로 인해 새로운 생물체가 형성된다는 진화론을 제시했다.

또 다른 급진적인 스코틀랜드의 자연론자인 녹스(Knox, Robert)도 제프리의 『비교해부학』을 받아들였다. 그의 새로운 접근법의 기본 논리는 기존의 보수적인 해석과 가까웠는데, 그의 해석에 의하면 창조론자들이 합리적인 설계라고 하는 기본적 종의 원형이 만들어 졌고, 이 원형에 의해 모든 동물을 연결 지을 수 있다고 했다. 독일의 자연론자들은 비교해부학을 보다 목적론적 관점에서 탐구하였으며, 그 중 한사람은 영국에 독일식 관점을 이식시켰으니, 그가 바로 해부학자 오웬(Owen, Richard)이었다. 그는 자연사 박물관장을 역임했으며 1836년에는 왕립의과대학의 석좌 교수직에 임명될 만큼 촉망받는 학자였다. 사람들은 그가 탄탄한 의학적 권위를 바탕으로 새로운 아이디어를 제시해 급진론자에게 강력한 반론을 가할 것이라고 기대하였다. 그리고 그의 새로운 아이디어는 자연의 목적론적 관점과 결부될 수 있는 것이라고 생각했다. 1830년대를 거치는 동안 오웬은 비교해부학도 고고인류학도, 점진적 진화를 통해 인간이 태어났다는 이론과 공존할 수 없다고 주장하여 공공연히 그랜트와 충돌했다. 중생대에 살던 거대한 육상 파충류를 '공룡'dinosaur이라 이름 붙인 것도 영국의 파충류 화석에 대한 그의 연구(1840~1841)에서였다. 데스몬드는 오웬의 공룡이라는 개념을 이용해서 그랜트에 반박했는데, 공룡은 그것들이 비록 파충류 무리 중에서 초기에 나타난 것들 중의 하나이지만, 가장 진보된 파충류라는 것이다. 그들은 그러므로 화석의 기록으로 본다면 진화를 한다는 경향보다는 퇴화를 향한 경향의 한 예를 보여준 것이다.

화석 기록에서 보듯이 생물은 일련의 불연속적인 과정을 통하여 진화한다는 주장은 1840년대의 변이론에 대항해서 쓰이는 가장 일반적인 논거 중 하나였다. 이런 주장들은 챔버스의 『흔적기관』Vestiges에 대해 세드위크가 쓴 방대하고 비판적인 논평과 스코틀랜드 출신으로 나중에 석공이 된 밀러(Miller, Hugh)의 책에서 주로 다루고 있다. 이러한 책들은 변이에 대한 다윈의 색다른 이론에 반대하였으므로 다윈도 이러한 반박들을 관심 있게 읽었다고 한다. 다윈은 개체의 수준에서 진화적 도약을 설명할 수 없는 것은 화석 자료가 불충분하기 때문이라고 설명할 수 있으므로, 지질학적 기록의 불완전함을 강조하는 것이 그의 주장을 설명하는데 중요한 일임을 알고 있었다. 또한 다윈은 점진적 진화의 개념은 인간이 동물계에서 진화의 소산으로 생겨났다는 사실을 함축하기 때문에 위험한 생각으로 받아들여지고 있다는 것도 알고 있었다. 따라서 그는 자신의 이론을 발표할 때 단순한 진보주의자처럼 보이지 않도록 주의를 기울였다.

한편, 오웬은 화석 기록에 불연속성이 있다고 심각히 생각하지는 않았다. 그는 1849년까지는 새로운 종의 출현은 기적적인 일이 아닐 수 있다고까지 제시할 정도였다. 그러던 그가 마음을 바꾼 이유는 화석 자료를 통해 다른 종류의 생물의 진화 과정에 초점을 두고 비교해부학을 탐구하였기 때문이다. 오웬은 척추동물에서 원형이라는 개념을 도입하고, 이것을 가장 기본적인 척추동물 형태에 대한 이상화된 모델로 삼아서 그 원형 내에서 모든 다양한 종들에 존재하는 기본적인 패턴을 삼았다. 그는 사람의 팔, 돌고래의 지느러미, 박쥐의 날개에서 나타나는 동일한 뼈의 패턴에서 이 기관들이 각기 다른 목적으로 적응한 것이라고 언급하여 현대 생물학의 '상동'homology이라는 개념을 제시했다. 이러한 상동성이야말로 필요한 기능에 개체의 구조가 적응하는 것이지, 창조주의 의지를 보여주는 것이 아니라는 증거였다. 또한 이 상동성이야말로 자연은 우연하게 생겨난 형태들의 무작위적인 집합체가 아니라는 가장 명백한 증거가 될 수 있었다.

이러한 견해들은 1849년에 발표된 오웬의 『사지의 본질에 대하여』라는 저서에 잘 나타나 있다. 이 책의 끝부분에서 그는 지질학 연대에 따라 동물체의 기본 원형이 다양해진 원인으로서는 이차적인 요인이 있을 가능성을 언급하고 있다. 1850년대에 이르러서 오웬은 화석 기록에서 볼 수 있는 발생 과정에 나타나는 일정한 패턴이 있음을 제안하게 된다. 특히 그는 서로 다른 생물의 강[1]에 속한 종들은 발생 양상이 다르다고 주장하였다. 서로 다른 강으로 분리되기 이전에 존재하였던 생물들은 그 형태가 일반화되어 있다고 할 수 있지만, 지질 연대가 지나면서 후손들이 서로 다른 생활 방식에 적응하여, 기능과 형태가 분화하면서 '방사'radiation하는 수많은 진화의 선을 따라 뻗어나가게 된다는 주장이다. 그의 이론으로 우리가 알 수 있듯이 다윈은 1850년대의 대부분을 이러한 종류의 방사 패턴을 설명하기 위하여 그의 대부분의 노력을 투자했고, 『종의 기원』에서 그는 오웬의 견해가 자

---

1) 강(綱, class) : 생물을 분류하는 계급의 하나로서 종, 속, 과, 목 위에 있는 상
  위의 계급.

신의 이론에 대해 간접적으로 지지하고 있다고 언급했다. 다윈에게 종의 분화와 방사는 바로 자연 선택이 작용한 결과였다.

물론 오웬은 다윈의 이러한 주장을 반대했고 자연선택설을 자연 발생의 목적론적 견해에 대한 위협이라고 반박했다. 그에게 종의 방사는 창조주가 여러 종류의 생물군에 속한 구성원들을 만들어 내었다는 다양한 가능성의 시작을 의미하고 있었다. 그렇지만, 초기 역사학자들이 종종 말했듯이 오웬의 자연 선택에 대한 반대 의견이 그가 반진화론자임을 반영하는 것은 아니다. 『종의 기원』 논쟁 이후로 오웬은 자신이 공공연히 변이론의 지지자라는 것을 밝히면서, 그것이 신의 계획의 실현을 보여주는 것이라 했다. 결국 그도 19세기 후반의 여늬 보수적인 자연론자들과 같은 입장을 보인 것이다. 신에 의해 진화 양상이 미리 정해져 있다는 챔버스의 이론은 점진적 진화를 통해 인간도 태어날 수 있다는 개념과는 분리되었고, 단순한 창조설과 다윈의 자연주의적인 대안과의 타협점이 되었다. 오웬 마저도 『종의 기원』이 발표되기 전에 이런 생각을 가졌었는데, 이러한 사실로 미루어 볼 때 그 당시 과학계가 다윈의 책에 쓰여진 진화의 기본 개념을 수용할 준비가 되어 있지 않았다는 것을 알 수 있다.

지구에서 최초로 생명이 발생하는 과정에는 단계적 발전을 통해 인간이 생겼다는 개념보다는 복잡한 무엇이 있을 것이라는 제안이 있었는데, 이 제안은 피상적이긴 했지만 기존 학설과 다윈의 이론을 연결하는 흥미 있는 연결점을 제시했다. 사실, 다윈은 그의 자연선택설에 의해 대부분의 생물체가 궁극적으로는 높은 진화 수준을 향해 발전한다는 내용을 함축하기를 열망했다. 이것은 그가 진화를 사회적 진보라고 보는 진보주의자들에게 그의 이론을 호소할 수 있는 유일한 방법이었기 때문이다. 다윈은 그 시대 사람들 대부분이 화석 기록에 나타난 점진적 변이에 주목한다는 사실도 알고 있었다. 그러나 그 시대에 살았던 다른 사람과는 달리 다윈은 진화를 단계적이라기 보다는 분기점에서 갈라진다는 개념으로 이해하고 있었다. 나중에 다윈의 추종자들은 약간 수정된 진화론을 펼치게 된다. 즉, 진화는 늘 진보적인 방향으로 진행되며, 분기점은 단순히 진화의 가지가 나뉘어지는 것이 아니라, 큰 줄기와 작은 가지가 나뉘어 지는 지점이며, 큰 몸통의 가장 높은 곳에 창조의 정점으로서 인간이 존재한다고 생각했다. 그리하여 다윈 학파에게는 큰 줄기를 벗어난 다른 가지에서의 발생은 생명의 포괄적인 의미를 지니지 않은 단지 곁가지일 뿐이었다. 그러나 오늘날은 다윈이 주장한 것처럼 이미 정해진 목표를 향해서 진화가 늘 진보하는 방향으로만 일어나는 것이 아니라 방향없이 무작위적으로 일어나는 것이라는 점을 알게 되었다.

제3장
다윈의 젊은 시절

　다윈이 진화의 개념을 그 이론을 이해하지 못하는 학회나 일반 대중에게 소개하지 않았다는 것은 분명한 사실이다. 이러한 사실은 그의 젊은 시절 경력을 평가하는데 불리하게 작용한다. 보통 우리는 다윈을 발견의 영웅이라고 생각하지만 그가 어떤 면에서 혁명적이었는지 구체적으로 조사할 필요가 있다. 자신이 관심을 가진 바로 그 문제에 다른 학자들도 관심을 가졌을 때 젊은 시절의 다윈은 다른 학자들과 어떠한 사회적 관계를 유지했는지 알아볼 필요가 있다. 그가 자연 선택에 의한 진화론을 어떻게 창안하게 되었는지 현실감 있게 설명하기 위해서는 그의 과학적 탐구뿐 아니라 그의 대인 관계도 알아 볼 필요가 있다. 다윈은 그의 이론을 처음 생각한 후 근 20년간이나 자신의 이론을 발표하기를 꺼렸는데 이는 그가 다른 사람들의 비판을 두려워했기 때문이라 생각되고 있다. 현대에도 그렇지만 다윈 시대에는 이론을 정립하고 그 이론을 학회에 소개하는 것 자체가 아주 힘든 일이었을 것이다.

다윈의 청년기를 소개하기 앞서 우선 다윈에 대해서 어떠한 질문을 해야하는가를 짚어보기로 하자. 다윈의 할아버지인 에라스므스 다윈도 인정했듯이 다윈의 가계는 지적으로 급진적인 편에 속했는데 이러한 가계의 배경이 그가 자연에 대한 그 사회의 전통적인 생각에 대하여 반대 의견을 내는데 어느 정도 영향을 주었을까? 그의 그러한 배경이 그가 교육받은 케임브리지대학의 전통적인 배경과 어떻게 서로 작용하였을까? 어떻게 젊은 다윈이 같은 분야의 유명한 학자들과 어깨를 나란히 하며 장래가 촉망되는 박물학자로서 지목받게 되었을까? 모든 사람들에게 강한 반응을 불러일으킬 주제에 관한 정보를 어떻게 모았을까? 새로운 급진적인 생각이 자신의 생각에서 차지하는 정도가 얼마나 되는지 그는 알았을까? 진화론을 발표하면서 다른 과학자나 일반인들의 생각과 조정하기 위하여 그의 생각을 수정할 필요가 있다고 생각했을까? 비글호의 항해와 동물의 번식에 관한 연구 따위가 우리가 다윈에 대해서 기본적으로 알고 있는 사실이지만 덧붙여 언급해야할 몇 가지 주제가 더 있다.

다윈의 업적을 평가하기 위한 역사적인 자료는 너무나도 많다. 다윈은 저서와 논문 뿐만 아니라 자서전까지 써서 그가 자신의 생각에 영향을 준 요소들에 대하여 어떻게 생각하고 있었는지 기록으로 남겼다. 그의 일생과 편지는 그가 죽은 후 아들 프란시스가 책으로 출판하였는데 종교적으로 좀 문제가 되는 내용은 삭제하였다. 1887년 출간된 이 책의 제목은 『일생과 편지 – 빅토리아 시대의 전형적인 위인을 기억하기 위해』*Life and Letters – the Typical Memorial to Any Great Man of the Victorian Era*로 3권으로 되어 있고 1903년에 나머지 편지들을 더 모아 2권을 추가로 출간하였다. 후일 이 책을 1958년에 바로우(Barlow, Nora)가 재편집하여 삭제하지 않은 원문대로 출간하였다. 그리고 다윈 일생의 서한집이 나오기 전에 편지를 묶은 몇 권의 책들이 더 출간되었다. 지금은 다윈이 보내고 받은 13,889통의 편지가 모아져 1846년까지의 편지가 3권의 책으로 나왔고, 그 다음에 쓴 편지들이 4권과 5권으로 나왔다. 다윈이 그의 이론을 정립한 1830년대 말에 그가 쓴 노트는 1960년대에 드비어경이 처음 발간하였고 지금은 아주 훌륭한 새 판이 나와있다.

역사가들은 이러한 사적인 문헌으로 다윈과 그의 가족이 대중에게 보여 주었던 공식적인 면이 아닌 그 배후의 뒷 이야기들을 알 수 있다. 자서전은 아무리 솔직하게 쓴다해도 어느 정도는 자신을 정당화하는 방향으로 쓰게되므로 전적으로 다윈에게만 의존해서 진화론의 정립과정을 살펴볼 수는 없다. 어느 누구도 50년 전에 있었던 사건에 대한 기억을 더듬어 정확하게 회상하기는 어렵기 때문이다. 마찬가지로 다윈의 가족들도 다윈의 편지를 발간할 때 취사 선택을 하는 바람에 진실을 왜곡할 수 있었을 것이다. 자서전이 처음 발간되었을 때 일부 종교적인 질문에 관한 다윈의 생각이 삭제되었다는 것은 앞에서도 언급하였다. 다윈학자인 호쥐(Hodge, M. J. S.)는 최근에 다윈에 대한 『프란시스의 견해』 *Franciscan View*라는 책을 썼다. 그는 다윈의 일생과 생각이 그의 아들인 프란시스에 의해 취사 선택되어 책으로 발간되었기 때문에 다윈의 생각이 있는 그대로 표현되지 못했다고 하였다. 예를 들어 다윈은 발생이나 생식에 관해서 현대의 견해와는 아주 다른 잘못된 생각을 가지고 있었다. 프란시스는 이러한 점을 그대로 노출시키지 않았고 그의 업적 중에 후대의 생물학자들이 중요하게 평가한 생물지리학이나 환경에 대한 생물의 적응 같은 영역을 강조하여 표현하였다.

지금은 역사가들이 다윈의 모든 노트와 편지를 직접 접할 수 있으므로 앞에서 말했듯이 제삼자가 취사 선택한 정보를 통해 다윈을 평가하기보다는 다윈을 있는 그대로 이해할 수 있게 되었다. 그 다음 우리가 알고 싶은 것은 다윈이 그의 이론의 과학적인 근거를 마련하기 위해, 또 자신의 이론에 최근의 학문적인 통찰력을 접목하려고 얼마나 노력하였는가이다. 다윈의 업적에서 그러한 면을 알려면 그 배후 이야기들을 어느 정도 알아볼 필요가 있다. 그러나 배후의 이야기들을 알게되면 사람들은 다소 실망하게된다. 현대의 방법과 시각으로 다윈을 재조명해보면 그가 어느 정도 그 시대의 생각을 가졌으며 어느 정도 급진적인 새로운 생각을 가졌는지 드러난다. 최근 다윈 학자들은 다윈의 여러 가지 관심사들간의 상호 연관성에 대해 중요한 의미를 둔다. 자연 선택에 의한 진화론은 사실이나 통찰력의 단순한 축적으로로부터 나온 것이 아니라 많은 다른 관심사와 태도사이에 의미 있는 관계를 만들려는 다윈의 노력을 반영한 것이기 때문이다. 과학적인 요소와 비과학적인 요소 둘 다 그의 이론을 만드는 창조적인 합성에 기여하였다.

다윈의 가계

챨스 로버트 다윈은 1809년 2월 9일 슈루스버리(Shrewsbury)에서 태어났다. 그의 아버지 로버트 와링 다윈(Robert Waring Darwin)은 돈이 많은 성공한 의사였다. 챨스는 6남매 중 다섯번째로 둘째 아들이었다. 그의 할아버지 에라스므스 다윈도 의사였으나 자연에 대한 시적 묘사와 자연과 종의 기원에 대한 고찰로 국제적으로 알려진 사람이었다. 에라스므스는 챨스가 태어나기 몇 년 전에 돌아가셨지만 다윈은 어릴 때부터 할아버지의 저서 『쥬노미아』Zoonomia를 통해 진화사상을 알고있었다. 다윈의 어머니인 수

잔나 웨지우드(Susannah Wedgwood)는 산업 혁명기에 요업으로 크게 성공한 죠시아 웨지우드(Josiah Wedgwood)의 딸이다. 그의 어머니는 다윈이 여덟 살 때 돌아가셨으므로 다윈은 누나들의 보살핌을 받고 자랐다.

다윈 집안 사람들은 성공적인 중산 계급이었고 일생 동안 찰스의 태도를 형성한 지적 문화적 환경을 제공하였다. 어떤 면에서 다윈 집안은 자유분방한 편에 속했다고 할 수 있다. 종교에 대해서도 자유롭게 생각하는 편이었고 현상 유지를 위하여 기독교를 이용하는 사람들을 좋아하지 않았다. 그러나 여자들은 신앙심이 깊었고 성경 말씀에 대해서도 진지한 태도를 가졌다. 다윈 집안 사람들은 자신들의 노력으로 부를 얻었으며 귀족적 특권에 대해서 거부감을 보였다. 그들은 자유 기업 체제를 지지하였으며 산업화가 경제 전체에 영향을 끼칠 것이라고 생각했다. 부를 얻었고 그것을 유지하기에 바빠 지금은 '사회주의'socialism이라고 부르는 당시의 급진주의에 쏟을 시간이 없었다. 찰스는 운 좋게도 생계를 위해 일을 하지 않아도 된 다윈 집안의 첫 세대였다. 그는 부로 얻은 사회적 지위를 민감하게 의식했고 그 집안의 지위를 위협하는 어떠한 일도 하지 않으려고 하였다.

이러한 특징적인 가족의 태도는 에라스므스 다윈의 글과 행동에서 잘 나타난다. 그는 1766년부터 버밍햄에서 활약이 컸던 루나학회(Lunar Society)의 회원이었다. 이 학회에서 그는 와트(Watt, James), 볼튼(Boulton, Matthea), 프리스트리(Priesthey, Jeseph), 웨지우드(Wedgwood, Josiah) 등 많은 산업 혁명의 창시자들과 과학의 역할, 변화하는 사회에서의 발명에 대한 의견을 나누었다. 루나학회는 사회적인 개혁을 고무시켰는데 식민지에서의 노예 제도를 반대했고 기업의 자유와 가정에서의 표현의 자유를 주장하였다. 그들은 급진주의자들처럼 처음에 프랑스 혁명을 환영했고 그로 인해 반대 의견을 지닌 커닝(Canning, Goerge)과 같은 보수주의자들의 비방을 받았다. 프리스트리의 집을 정부의 지지자가 조종한 폭도들이 약탈하였고 에라스므스 다윈의 시는 조롱을 당했다.

다윈의 사회에 대한 견해는 그의 자연에 대한 견해에서 엿볼 수 있다. 그는 생명을 유지하고 영속시키기 위하여 존재하는 자연의 복잡한 구조에 매료되었다. 찰스 다윈은 자연은 복잡한 기계적 장치와 같다는 어떻게 보면 생명체의 구조를 공학자의 견지에서 바라본 할아버지의 생각을 이어받았다. 에라스므스와 찰스는 모두 자연의 힘을 활동적이고 발달하는 것으로 보았다. 종은 복잡한 생태학적 관계 속에 있는 변화 무쌍한 존재이지 현명하고 자비심 많은 신이 만든 정적인 산물이 아니라고 생각했다. 그들은 창조자보다는 자연 그 자체를 존경했다. 그리고 찰스 다윈은 잠시 자연의 디자인과 적응에 대해 정적인 견해를 가졌지만 결국에 가서는 에라스므스 다윈처럼 동적인 견해로 돌아갔다. 에라스므스 다윈의 시와 저서에서 혹시 자연 선택에 의한 진화의 근거가 될 어떤 점이 있는지 찾아보려고 노력하는 사람이 있다면 그는 두 사람사이의 진짜 연결점을 놓치게 된다. 에라스므스도 성적 선택과 생존 경쟁의 관점을 가졌다는 것은 분명하나 그가 다윈에게 준 중요한 영향은 몇몇 가지 구체적인 생각이 아니라 자연의 관계에 대한 동적 견해이다.

에라스므스 다윈은 유성 생식이 자연이 창조적 활동을 가능하게 하는 방법이며 끊임없이 변화하는 환경에 생물이 대응할 수 있는 것은 새로운 개체가 만들어지기 때문이라고 하였다. 찰스 다윈도 생식 문제에 대해 이러한 생각을 가졌다. 호쥐는 찰스 다윈이 일생 동안 발생 이론가였으며 진화론을 개체 생식과 환경 사이의 조정에 대한 표현으로 보았다고 한다. 이것이 찰스 다윈의 생각 중 현대의 생각과는 맞지 않는 점이며 이러한 생각은 유성 생식을 자연의 가장 위대한 혁신적인 힘으로 본 에라스므스의 생각에서 유래했다고 볼 수 있다.

에라스므스 다윈은 참된 지식은 성경책이나 고전적인 고대의 문헌에 이미 제시된 것이 아니라 관찰자와 실제 세계 사이의 활동적인 상호 작용에 의해 얻을 수 있는 어떠한 것이라고 보았다. 에라스므스의 장남은 에딘버러에서 의과대학을 다녔는데 스무 살을 못 넘기고 전염병으로 죽었다. 챨스의 아버지인 로버트 와링 다윈(Robert Waring Darwin)은 레이든에서 의사가 되기 위한 교육을 받았다. 따라서 챨스가 에딘버러에 간 것은 집안의 교육적 전통을 따른 것이었다. 후일 그는 케임브리지로 옮겨 전통적인 교육을 받게되는데 처음에는 그 교육 방식에 끌리는 듯 했으나 그의 생각이 다른 사람들과 갈등을 일으킨다는 것을 알게된 다음부터 아주 조심하게 되었다.

챨스는 1848년에 타계한 그의 아버지를 매우 존경했다. 로버트 다윈은 환자들에게 아주 동정적인 성공한 의사였다. 그는 성격도 좋고 훌륭한 사업가였으므로 자식들이 성장했을 때 물려줄 재산이 있었다. 챨스는 아버지가 뚱뚱했으며 그가 본 사람 중에 가장 큰 사람이었다고 회상한다. 챨스는 1817년 7월에 돌아가신 그의 어머니에 대해서는 거의 아무 것도 기억하지 못했다. 그의 형 에라스므스는 과학에 관심이 많았으나 일생 동안 건강이 좋지 않아 고생하였고 여자 형제들인 케로라인(Caroline), 수잔(Susan), 에밀리(Emily)는 그의 가정에서 중요한 역할을 하였는데 특히 어머니가 돌아가신 후에는 더욱 그랬다. 그의 누이와 누이동생들은 성경을 알고 사랑했으므로 다윈이 좀더 전통적인 사고를 가졌으면 하고 은근히 압력을 가했다. 소년 시절, 챨스는 늘 상처투성이였으나 대체로 안락하고 잘 갖추어진 가정에서 사랑 받으며 자랐다. 이와 같은 안락함과 개인적인 안정감을 계속 유지하고 싶은 그의 욕망이 후일 그의 삶에 있어 여러 생활 조건을 선택할 때 큰 영향을 주었다.

다윈은 한동안 동네의 학교를 다닌 후 기숙사 생활을 하는 슈루스버리학교로 전학하였는데 교장 선생님은 다윈과 나중에 갈등이 있었던 소설가 버틀러의 할아버지인 사무엘 버틀러(Butler, Samuel) 박사였다. 기숙사 생활을 하면서 그는 어느 정도 독립성을 배웠다. 그러나 그는 규칙적으로 집에 갈 수 있었으므로 그 나이의 다른 소년들처럼 공립학교로 멀리 보내져 외로움으로 괴로워하는 생활을 하지는 않았다. 불행하게도 버틀러 교장의 교육 방식은 상당히 보수적이어서 찰스는 나중에 이 시절의 교육에 대해서 언급할 때 이 시절은 완전한 공백기였다고 고백한다. 그는 이미 대학에서 의학을 전공할 생각이 없었던 것이다.

그는 광물을 모으고 새들을 관찰하는 등 자연사에 흥미를 갖기 시작했고 형과 함께 화학을 하고 싶은 꿈을 키웠다. 초기의 다윈의 편지들을 보면 그가 화학 탐구용 장비를 사들여 이용했다는 것을 알 수 있다. 그러나 그는 그렇게 유망하지 않은 과목에 흥미를 갖는다고 교장 선생님으로부터 꾸지람을 받기도 했다. 슈웨버(Schweber, Sylran)는 다윈이 화학에 흥미를 가진 것이 그가 생물의 본질을 이해하는데 큰 도움이 되었을 것이라고 서술한다. 슈웨버에 의하면 다윈이 사용했던 많은 교과서에는 자연은 신에 의해 디자인되었으며 신의 법칙을 따르는 하나의 시스템이며 생물은 이러한 물리적 법칙이 지배하는 구조라고 표현되어 있었다고 한다. 따라서 다윈이 그의 진화론을 정립하게 된 것은 어느 정도는 이러한 생물 구조가 어떻게 신의 법칙 안에서 오랜 시간동안 그들의 환경과 상호 작용하는지를 이해하고자하는 시도에서였다고 할 수 있다.

대학 생활

다윈은 슈루스버리학교 생활에 흥미를 갖지 못하자 16세때, 에딘버러의과대학으로 전학하였다. 에딘버러의 짧은 생활을 자서진작가들이 가끔 소홀하게 취급하기도 하나, 역사가들은 그가 이 학창 시절에, 사람들이 일반적으로 추측하는 것보다 많은 것을 배웠다고 보고 있다. 에딘버러는 그 당시 해양생물학의 중심지였고, 다윈은 이곳에서 해양 생물을 채집하여, 해부하고 현미경으로 관찰하게 되었다. 그는 프리니언박물학회(Plinian Natural History Society)에서 활발한 활동을 하면서 그 당시 영국에서 가장 장래가 촉망되던 젊은 박물학자 중의 한 사람인 그랜트와 친교하게 되었다. 우리는 2장에서 라마르크를 공개적으로 옹호하는 그랜트가, 남쪽 접경에서는 이단시하는 의견들을 에딘버러에서는 자유롭게 피력할 수 있다는 것에 감사한다는 말을 듣고, 다윈이 무척이나 감동했다는 것을 읽었다.

필립 슬론은, 에딘버러 시기의 상세한 연구를 바탕으로, 그 시기에 다윈은 이미 이론적인 견해를 가진 활발한 박물학자가 되었고, 에딘버러에서의 탐구 대상들이 그의 경력 후반과 깊은 관계를 갖게 되었다고 주장하였다. 사실 슬론과 다른 역사학자들은, 성숙한 견해를 향해서 단계적으로 발전해 가는 다윈의 탐구 능력은 오래된 편견이며 버려야한다고 역설하였다. 그 대신에 어떤 테마에 대한 관심은, 그의 일생을 통하여 지속되었고 때로는 그 테마에 소홀하였다가도 다음 순간엔 다시 살아났었다고 하였다. 그랜트에 의해 고무되어, 그는 히드라충류나 산호와 같은 군체를 이루는, 총괄하여 식충류(zoophyte : 식물처럼 보이는 동물을 일컫는 동물과 식물의 합성어)라고 일컬어지는 해양 무척추동물에 관심을 가지게 되었다. 그랜트는 이러한 피조물들은 식물과 동물을 잇는 교량의 역할을 하고, 식충류의 생식은 동물과 식물의 양쪽의 구조와 기능을 연구하는데 큰 도움을 줄 수 있다고 주장하였다. 다윈은 처음 그랜트의 관점에 대해 반대하였으며, 그랜트가 그의 연구를 통하여 주장하였던 변이설에 별로 큰 열의를 보이지 않았다. 에딘버러에서 시작한 연구 계획은 비글호 여행시 다시 살아났는데, 그때서야 다윈은 두 생물계 사이에 존재하는 식충의 중요한 위치에 대한 그랜트의 해석에 대해 동조하게 되었다. 슬론은 이러한 후기의 발전이 다윈의 변이설의 채택에 대한 서곡이었다고 주장하였고, 그가 이러한 초기 연구로 관심을 갖게된 생식의 문제는 결국 생애 전반에 걸쳐 영향을 주었다는 것이다.

다윈의 에딘버러에서의 공식적인 학업은 별로 좋지 못했다. 호프박사의 화학강의는 별개로 그곳에서 수강해야할 강의들을 그는 싫어했다. 하지만 병원의 회진은 예외였다. 특히 그는 한때 전 지구가 넓은 바다로 덮였었다는 암석수성론(Neptunist theory)의 옹호자인 재미슨(Jameson, Robert)이 개설한 지질학 강의에 싫증을 느꼈다. 그의 암석수성론에 대한 연구는 화석보다도, 광물학에 역점을 두었다. 재미슨의 견해는 이미 시대에 뒤떨어져 있었으며, 그 무엇보다도 그의 지루한 강의 방식이 다윈의 관심을 멀어 지게 만들었다. 다윈은 "그 강의는 믿을 수 없을 만큼 지루했고, 그것이 나에게 끼친 단 하나의 영향은, 내가 살아 있는 한 지질학에 대한 책을 읽지 않겠다는 것이며 그 학문을 공부하지 않겠다는 것"이라고 회상하였다. 재미슨은 다윈이 나중에 상당한 열의를 보였던 그 과목에 대해서 다윈을 아주 실망시켰던 매우 서투른 강사이었음에 틀림없는 것 같다. 더 확실한 실망은 수술실에서의 상쾌하지 못했던 경험에서 발생했는데, 얼마 가지 않아 다윈 자신이 의학에 적합치 못한 사람이라는 것을 인식하게 되었다. 다윈의 집안이 매우 부유해서 그가 그의 생활을 영위하기 위해 일해야 할 필요가 없다는 사실은, 그가 자신의 적성에 맞는 다른 종류의 교육을 선택할 수 있게 부추겼던 것 같다.

다윈의 아버지는 그가 영국 성공회의 목사가 되는 것을 권했다. 이 시기에 성직자는 의학 및 법률학과는 별개로, 존경받는 직업 중에 하나였고, 많은 성직자들은 아마츄어 박물학자를 겸했다. 다윈 자신은 영국 성공회의 39신조에 대해 유보적인 입장을 지녀, 생각할 여유를 요구했으나, 곧 그는 그 생각을 바꾸었다. 그가 후에 쓰기를 "내가 성경의 글자 그대로의 진실에 대해 의문을 가지면서 믿음으로 받아들여야 한다고 자신을 설복했다"는 말의 사용은 아마도 그가 의구심을 짓눌러 버릴 필요성이 있었다는 것을 암시한다. 그리고 분명히 다윈의 슈루스버리 이웃 중에 하나였던 한 여인이 그가 의사 보다는 성직자가 되기로 결심했다는 것을 들었을 때 아주 놀랐다고 회고하였다. 교회로 들어가기 위해서 다윈은 영국의 대학교 중에 한 곳을 졸업해야 했는데 그는 케임브리지대학을 선택하였다. 그는 이제 고전들의 대부분을 잊어 버렸기 때문에 1827년말 크라이스트대학 (Christ's College)에 가기 전에 몇 달 동안 개인 교사에게 배워야만 했다.

케임브리지에서 다윈은 에딘버러에서 팽배했던 분위기와는 아주 다른 종류의 분위기를 접했다. 그것은 일시적이기는 하나, 그의 보수적인 면을 강화시키기에 적합한 분위기였다. 많은 그의 학부 동기생들은 영국 성공회에 들어가기를 희망했다. 그는 고전, 신학, 그리고 수학을 공부해야 했으나 자연과학들은 교과 과정에 포함되어 있지 않았다. 다윈은 식물학 교수인 헨슬로의 공개 강의를 열심히 수강하였지만 비슷한 종류의 강의인 지질학 교수 세즈위크의 강의는 수강하지 않았다. 단지 그 대학 생활의 끝 부분에 가서야 지질학에도 관심을 가지게 되었다. 헨슬로와 세즈위크

모두 물론 임명된 영국 성공회의 목사였으나, 그들은 과학과 종교가 상충된다고 보지 않았는데, 그 이유는 자연은 신의 창조물이라고 해석하였기 때문이다. 그러나 많은 면에서 케임브리지는 옥스퍼드에 비해 보수 전통 교회의 요새는 아니었다. 정말로 헨슬로, 세즈위크 둘다 1832년 개혁 법안의 통과를 이루어낸 논쟁에 있어서 개혁을 옹호한 휘그 자유 당원들이었다. 다윈은, 헨슬로는 개혁에 대한 옹호로 그 대학구의 국회 의원직을 잃었던 파멜스톤경의 오른팔이었다고 기록하였다. 새드윅도 역시 파머스톤을 지지하였다. 다윈이 활동을 했던 그 때의 환경은 신학적으로는 보수적이지만 정치적으로는 보다 더 그의 가족의 자유적인 전통과 맥을 같이 하였다.

브리지에서의 학과목은 다윈에게 단지, 최소의 흥미를 주었고, 그는 수학에서 고전하였다. 하지만 고전과 신학에 열중함으로써 결국 1831년 최우등생들을 제외한 졸업생 그룹 중에 10위의 성적으로 학위를 받게되었다. 그의 자서전 기록에 의하면, 그에게 흥미를 주었던 주제는 팔리의 『기독교의 증거』*Evidences of Christianity*와 『도덕 철학』*Moral Philosophy*이었다. 다윈은 또한, 지구상에 살고 있는 그 많은 종류의 생물종들을 어떻게 조물주가 설계하였는가를 보여 주는 적응의 많은 예에 대한 믿음과 흥미를 가지고, 팔리의 자연신학도 수강하였다. 팔리는 환경에서의 생체의 적응에 대한 초기의 관심을 강화시켰는데, 그 현상에 대한 아주 일반적인 설명만 제공하였다. 결국 다윈은 개체와 환경과의 관계가 더욱 동적인 관계라고 간주하게 되었다.

다윈은 케임브리지에서의 많은 시간을 사격과 스포츠, 그리고 친구들과 즐거운 시간을 보내는데 낭비했다고 나중에 회고하였다. 그는 회상하기를, 톤과 리듬에 전혀 감각을 갖지 못했으면서도 음악에 관심을 가졌다는 사실에 의아해 했다. 친구들은 그에게 속도가 틀린 잘 알려진 멜로디를 알아 맞춰보라고 그를 놀렸다. 이럴 경우 '신이여 그 왕을 구하소서' 조차도 그에게는 알아 맞추기가 힘든 것이었다. 사실 다윈은 박물학의 분야에 있어서는 무척이나 열성적이었다. 그의 둘째 사촌인 다윈 폭스(Fox, W. Darwin)의 영향으로 다윈은 아주 열렬한 곤충 수집가가 되었다. 그『서한집』*Correspondence*에는 폭스에게 쓴 이러한 주제에 대한 긴 일련의 편지들이 포함되어 있다. 폭스가 다윈에게 헨슬로를 소개했고, 따라서 그들간의 우정이 싹트게 되었다. 후에 다윈은 이것을 그의 전 생애에 있어서 가장 영향을 주는 사건 중에 하나라고 회상하였다.

사실상 다윈이 정규 박물학자가 되도록 격려한 장본인은 헨슬로(Henslow, John)였다. 다윈은 헨슬로의 강의를 들었고 야외 실습도 같이 갔다. 곧 그는 매주 헨슬로 교수의 별장에 가게 되었고, 결국은 정기적으로 그 교수의 집에 초대받아 식사도 같이 하게 되었다. 헨슬로는 다윈이 자연에 대해 강한 흥미를 가진 젊은 과학자이고 그가 과학 탐구를 위해 그의 열정을 다한다는 것을 확실히 알았다. 우리는 다윈이 세계 일주를 떠날 때 박물학의 이론적인 면에 대한 이해가 거의 없고, 미숙한 풋내기였다는 생각을 이제 버려야 할 것이다. 에딘버러에서의 경험과 헨슬로 밑에서의 교육에 힘입어 다윈은 그의 나이 또래에 있는 어떤 사람들보다 더 경험을 쌓을 수 있게 되었다. 다윈의 과학적 박물학에 대한 열정은, 1981년 허셸경(Herschel, J. F. W.)의 『자연철학 입문』 *Preliminary Discourse on the Study of Natural Philosophy*에서 나왔다고 볼 수 있다. 이 책을 통해 다윈은 과학적 방법을 정의하는데 도움을 얻을 수 있었기에 그만큼 열심히 읽을 수 있었다.

다윈의 박물학에 대한 불타는 열정은 생물 다양성의 보고인 열대 지방에 대한 연구를 하고자 하는 야망으로 변했다. 그는 독일

그림 2. 청년 시절(1940년)의 다윈

의 위대한 박물학자인 알렉산더 폰 훔볼트(Alexander von Humboldt)
가 19세기초에 남아메리카의 탐사 여행에 대해 기술해 놓은 탐사
여행기를 읽었고, 또 복사하여 두었다. 훔볼트는 전세계에서 수집
한 박물학 정보를 종합하여 19세기초의 과학계에 커다란 영향력
을 끼친 사람이었다. 노후에 그는 국적과 종교 그리고 이념을 초
월하여 전세계의 촉망받는 젊은 과학자의 연구를 지원하는 알렉
산더 폰 훔볼트 재단(Alexander von Humboldt Stiftung)을 설립한 인

물이기도 하다. 다윈을 매혹시킨 것은 훔볼트 개인의 열대 지방에서의 경험이었다. 그는 케임브리지 시절의 마지막 해에 헨슬로와 캐나리군도 (Canary Islands)로의 여행을 생각하게 되었다. 이 계획은 결국 수포로 돌아갔지만 박물학 연구를 위한 여행에 대한 갈망은 세계 여행의 기회를 포착하게 되는 원동력이 되었다. 시험을 본 후 다윈은 케임브리지에 두 학기 더 남아있어야 했는데, 이 때가 바로 다윈의 관심이 지질학에도 쏠리기 시작했을 때였다. 에딘버러에서 재미슨과의 친교 후에 그는 세즈위크의 인기 있는 강의와 현장 실습조차도 피하고 있었다. 이제 그는 지질학도 매혹적이라는 것을 깨닫기 시작했다. 세즈위크는 영국의 대표적인 지질학자의 한 사람으로 명성을 쌓아 가고 있었다. 그는 그때 지질학에서 가장 오래된 화석을 포함하는 캠브리언 체제를 후에 제안하게 했던, 북웨일즈에서의 긴 연구를 막 시작하려는 참이었다. 그는 지구 지각이 주기적인 변동으로 형성하였다고 생각하는 천변지이설의 신봉자였다. 사실상 세즈위크는 이러한 대변란의 마지막 사건이, 성경에서의 대홍수로 일컬어지는 세계적 홍수라는 믿음을 최근에야 포기하였다. 그는 신의 손이 지구와 생물의 역사에 와 닿아 있다는 믿음을 가졌었고 후에 다윈의 진화론에 강한 반대론자가 되었다.

하지만 이 시기 세즈위크는 다윈에게 매력적이었는데, 그 이유는 그의 활발한 현장 실험이 지각의 형성에 대한 역사적인 경과를 밝혀내는 방법을 제공하였기 때문이다. 다윈은 그 때의 한 에피소드를 결코 잊을 수 없었다. 어느 날, 세즈위크는 자갈 구덩이에서 발견한 한 오래된 화석이 외부에서 유입된 것이라고 간주하여 인정을 하지 않았다. 그 이유는 그것이 만약 진실이라면 그것은 지층의 지질학적 연령을 매기기 위해 창안한 모든 학설을 뒤엎는 것이라고 생각했기 때문이다. 1831년 여름 세즈위크는 다윈을 데리고 웨일즈로 현장 연구를 떠났는데, 이 때 그는 이미 다윈을 중요한 동반자로 간주하였다. 다윈에게 쓴 편지로 세즈위크의 다윈에 대한 신뢰를 엿볼 수 있는데 그것은 지층의 복잡성을 이해하는 다윈의 능력에 기인하는 것이었다. 다윈이 헨슬로에게 쓴 초기의 편지에 의하면 그가 처음에는, 스승의 천변지이설을 받아들이고 있었다는 것을 알 수 있다. "아직 나는 그 변란의 가설에 매료되어 있다. 그러나 내가 생각건대 그들이 너무나 엄청난 힘을 가졌기 때문에 만일 하루에 그 일이 벌어진다면 그것은 지구의 종말을 의미한다". 비글호에서의 여행 중 다윈은 이러한 자연의 불연속성 대신에 라이엘의 '동일과정설'uniformitarianism을 믿게된다.

다윈은 보다 더 폭넓게 여행하고자 하는 그의 희망을 버리지 않았다. 1831년 8월 마침내 기회가 찾아왔다. 헨슬로는 피츠로이(Fitzroy, Robert) 선장이 남아메리카의 해변과 남해 군도를 탐사할 여행을 위해 HMS 비글(Beagle)호에 같이 승선하여 항해할 박물학자를 찾고 있다는 반가운 소식을 알려주었다. 탐사를 목적으로 하는 항해에 대동할 선의들은 의사로서의 임무이외에 그 배가 기항하는 지역의 자연사를 탐구하는 것이 보통이었다. 선장인 피츠로이는 박물학자로서 군함의 엄격한 규율과 무관한 열의 있는 학자를 원했다. 그가 중위일 때 승선한 비글호의 선장이 지휘자로서의 고독에 못 이겨 거의 정신병자가 된 상태로 귀항한 경험을 갖고 있었다. 피츠로이는 사회적으로나 학문적으로 자질을 지닌 사람, 선장과 대화가 통할 수 있는 신사인 박물학자를 그가 필요로 한다는 것을 알리게 했다. 해군의 수로 측량가인 보우포트 선장은 케임브리지 트리니티대학에 있는 그의 친구 피칵과 상의하였고 제닌스(Jenyns, Leonard) 목사를 추천하였다. 하지만 제닌스는 그의 교구민들을 떠날 수 없다고 거절하였기 때문에, 피칵이 다시 헨슬로에게 제닝스 대신에 다른 학자를 추천해달라고 요청했던 것이다.

헨슬로는 곧바로 다윈이 가장 적합하다고 추천했다. 사회적으로 다윈은 중상류층이었고, 그가 정규 과정의 박물학 교육은 받지 않았으나 아주 훌륭한 박물학자인 것을 헨슬로는 알고 있었던 것이다. 다윈은 그 여행에 대해 굉장한 기대를 했으나, 그의 아버지로부터 허가를 받아야만 했다. 다윈의 아버지는 완강히 반대하였으나 챨스를 도왔던 웨지우드 2세(Wedgwood, Josiah Ⅱ)의 중재로 해결되었다. 8월 31일, 다윈의 아버지 로버트 다윈이 받은 웨지우드의 편지는 그때 해결해야 했던 어려움을 시사하고 있다. 로버트 다윈은 챨스가 교회에 자리를 얻어야하는데, 그 여행이 아들의 명예에 손상을 줄 것을 염려한 것이었다. 사실상 그는 챨스가 시간과 에너지를 차후 그가 정착하는 데 장애가 될지도 모르는 일에 허비하지 않을까 걱정하였다. 웨지우드는 박물학은 훌륭한 성직자가 되기 위한 필수적인 과목이라고 설득하였고, 또한 비글호 여행이 계기가 되어 챨스가 하나의 새로운 생활을 개척할 수 있으리라는 것도 암시하였다. 그의 지식에 대한 새로운 추구와, 계획된 탐험은 결국 같은 맥락이라는 것도 아울러 암시하였다. 로버트 다윈이 반대를 철회했다는 사실은 그의 아들이 일생을 박물학에 전념하여도 전망이 좋다는 것을 그가 인식하였기 때문이다. 결국 챨스는 그 나라의 지도적인 과학자들과 동등하게 대화하고, 결국 박물학자로서 성직자를 대신 할 수 있는 위치와 안정을 얻을 수 있다고 생각하였다. 다윈의 케임브리지 동기생으로 성직자가 된 한 친구는 그에 대한 소감을 다음과 같이 피력하였다. "그 여행은 다윈에게 그가 브롱니아르트, 드캔돌, 헨슬로, 린네 등과 같은 전문가들의 반열에 속할 수 있는 기회를 가져다 준 반면, 운이 없는 비참한 나는 시골 사제관에서 살며 우매한 사람들에게 나도 모르는 천당가는 길을 가르쳐 주고 있다니...”

　아직도 극복해야 할 장애물들이 놓여 있었다. 다윈을 만나 본 후 관상학의 신봉자인 피츠로이는 그의 관상이 신통치 않다고 판단하였다. 그러나 선장은 한걸음 양보하여 마침내 다윈의 승선을 허락하였고 마침내 1831년 10월 24일 프리머스(Plymouth) 항구에서 비글호에 올랐다. 기후가 나빠서 출항은 12월 27일로 연기되었다. 다윈은 애초에 계획했던 3년간의 여행에 필요한 총포, 확대경, 현미경, 지질과 화학 분석을 위한 기자재, 그리고 물론 책들도 준비하였다. 또한 박물학에 관한 많은 참고 문헌들도 가지고 갔다. 그 중에는 헨슬로가 그에게 읽기를 권했지만 마음이 내키지 않았던 라이엘의 『지질학의 원리』 *Principles of Geology* 도 있었다. 다윈은 이 모든 것들을 아주 작은 선실에 넣어야 만했다. 비글호는 10문의 함포를 장착한 242톤의 작은 범선으로, 여분의 공간들은 오랜 항해에 필요한 물자와 많은 수병들을 위해 할애하여야만 했다. 어떻든 다윈은 승선하게 되었고, 기후가 좋아질 때까지 지루하게 기다려야만 했다.

제4장
다윈의 비글호 항해기

비글호 탐사 항해야말로 다윈을 진정한 진화론자로서 만든 분수령으로서, 그의 모든 과학적 사고를 형성케 한 중요한 계기가 되었다. 다윈 자신도 이러한 사실을 잘 알고 있었으며 자신의 자서전에서 "탐사 항해는 나의 인생에서 가장 중요한 기간이었고 나의 모든 경력을 결정지은 성싶다"고 회고한 바 있다. 특히 갈라파고스 제도(Galapagos Islands)에 서식하고 있는 다양한 방울새류(finch)의 발견은 그로 하여금 진화의 실체를 확신하게 만들었다. 다윈의 업적으로 갈라파고스 제도는 전세계 자연주의자들의 관심사가 되었으며, 다윈의 항해는 근대 생물학이 형성되는데 있어 중요한 기틀 중 하나가 되었다. 항해를 바탕으로 한 다윈의 연구 논문집인 『연구지』 *Journal of Researches*는 『종의 기원』으로 이어지는 그의 가장 저명한 저술이 되었다. 다윈에 관한 책들 그리고 심지어 텔레비전 특집물도 이 항해에 바탕을 두고 있으며, 과학적 발견과 관련된 이국적인 지역들을 직접 눈으로 보는 즐거움을 얻을 수 있다.

그림 3. 1841년 오스트레일리아의 시드니항에 기항한 비글호의 모습을 그린 수채화

다윈학파들은 항해에서 얻은 지식을 바탕으로 사실주의를 재조명하고 신화론적인 것에 대항하는데 초점을 두어왔다. 설로웨이(Sulloway, Frank)에 의하면 다윈은 갈라파고스섬의 방울새류의 의미를 탐사 항해 전까지는 인식하지 못하고 있었다. 그는 갈라파고스 제도라는 독특한 독립 환경에서 종의 분화에 관한 문제를 연구하기 위해 다른 사람들의 결과에 의존할 수밖에 없었다. 보

다 일반적으로 말하면 다윈학파들에게 그가 떠나 있던 5년간 추구하고자 하였던 모든 문제들을 재조명해야 할 필요가 있음을 일깨워 주었다. 이에 다윈은 탐사 항해시 그 스스로 재검토한 결과를 포함시키기 위해, 후에 『연구지』를 대중이 보다 읽기 쉽도록 개정판을 내놓음으로써 그 자신의 항해를 재조명하는데 스스로가 기여한 바 있다. 따라서 역사학자들은 다윈이 진정한 진화론자로 전환한 시기는 바로 항해를 마치고 본국으로 귀국한 이후라고 주장한다. 만약 우리가 다윈이 세계를 항해하면서 그가 실제 수행한 일들을 이해하고자 하면 우리는 당시 자신의 다종다양한 관심사들을 기술한 그의 노트와 그가 쓴 편지들을 읽어보아야 할 것이다.

1832년 리오 데 자네이로에서 다윈이 헨슬로에게 보낸 편지에서 다윈은 탐사 항해 중 지질학과 무척추동물이 그의 주관심사였다고 기술한 바 있다. 당시 다윈이 기술한 뼈의 화석과 갈라파고스섬의 방울새에 관한 관찰과 기술은 세인들을 어리둥절하게 할 만큼 획기적인 것이었으며, 차후 그의 예측은 놀라울 만큼 정확한 것이었음이 밝혀졌다. 1835년 그는 '항해 중 발파라이소를 떠나면서 나는 지질학에 관한 것을 빼고는 거의 한 것이 없다'라고 기술하였다. 실제 다윈은 탐사 항해를 통해 지질학적인 발견에 상당한 명성을 쌓았다. 안데스 산맥의 상승과 산호초들의 형성에 관한 발견과 해석은 그를 지질학계의 명사로 자리잡게 한 중요한 역할을 하게된다. 동물학에 있어서도 그가 이미 항해 시작 전부터 흥미로워 했던 연구 과제들에 대한 열정으로 그를 생물의 생태에 다양한 관심을 갖도록 하는 원동력이 되었다. 슬론이 기술한대로 그가 에딘버러에서 이미 시작했던 식충류에 관한 연구는 항해 중에도 역시 그의 주 관심사였었으며 이것이 바로 다윈을 궁극적으로 식물계와 동물계의 관계를 이해하는데 새로운 장을 열어주게 된다. 다윈이 초창기 갈라파고스섬 방울새류들의 동물학적 의미를 간과한 불찰은 그의 선입견과 편견 때문이라고 생각된다. 그는 당시 지리학적인 종의 분포에만 관심을 집중하고 있었으며 새들과 다른 척추동물을 종의 기원을 해석하기 위한 중요한 실마리로 생각하고 있지는 않았었다.

설로웨이는 다윈의 편지들을 컴퓨터로 분석하여 당시 다윈의 머릿속에 지질학이 차지하고 있던 비중을 잘 보여준 바 있다. 또한 설로웨이가 수많은 주제에 대한 다윈의 사고의 변화에 대해서 분석한 바로는, 초창기 다윈은 자기 자신을 시료를 채취하여 전문가에게 전달해주는 미숙한 아마츄어 정도로 여기고 있었다. 그는 자연사 분야의 여러 장르에 걸쳐 자기 자신이 매우 무지하다고 생각하고 있었으며, 귀국후 그의 채집물이 어떠한 명성과 인정도 얻지 못할지도 모른다는 두려움을 느끼고 있었다. 그는 당시 본국에 보낸 채집물과 관련하여 헨슬로에게 어떠한 인정도 받지 못하고 있다고 걱정하고 있었다. 그러나 1834년 헨슬로에게서 한 통의 편지를 받으면서 다윈은 점점 자신감을 갖게 되었으며, 그로부터 많은 자연주의 박물학자들이 새로 발견한 종의 표본을 자신에게 의존하고 있음을 깨닫게 된다. 그러나 실제 다윈이 자신감을 획기적으로 얻을 수 있었던 분야는 지질학이었다. 1834년 이후 그는 지질학적 역동성에 대해서 많은 이론들을 발전시킬 수 있으며 잉글랜드 내에서 엄청난 이론적인 논쟁을 불러일으킬 만한 매우 흥미로운 지질학적인 증거들을 가지고 가고 있음을 잘 알고 있었다. 설로웨이는 다윈이 탐사 항해를 통해 얻은 가장 중요한 사실은 다윈이 진화의 증거를 포착했다는 사실이 아니라 과학자로서 자기 자신의 능력에 대한 자신감을 얻게 된데 있다고 말한다. 이러한 자신감은 후일 다윈으로 하여금 종의 기원에 대해 보다 깊게 몰입할 수 있게 했다고 할 수 있다.

프리머스를 떠날 당시 다윈은 무척추동물학과 지질학에 강렬한 관심을 갖고 있는 미숙한 박물학자였으며 그의 지식에는 많은 부족함이 있었다. 그러나 그가 항해에서 돌아올 즈음에는 그만의 심오한 관심사들을 갖고 있었고, 그의 새로운 관점인 지질의 동일과정설과 관련된 흥미로운 생물지리학 문제들을 점차 인지하기 시작하고 있었다. 다윈 자신은 탐사 항해로부터 얻은 지질학 연구의 결과들을 논문으로 발표하는 한편 동물학 분야에서도 오웬, 굴드 그리고 기타 기성 학자들이 주장했던 문제들을 교정해나가기 시작했다. 이에 따라 그의 첫 번째 연구 저술인 『연구지』를 1839년에 선보이게 되었으며 교정을 거듭하여 1845년에 개정판을 내어놓으면서 좋은 평판을 얻었다. 앞서 언급했듯이 바로 이 개정판은 아직도 출판되고 있으며 이 책도 그 개정판을 인용하였다.

경이로운 남아메리카

강풍으로 인해 두번이나 출항이 묶여 있던 탐사선은 1831년 2월 27일 마침내 잉글랜드를 떠났다. 다윈은 당시 배멀미로 고생하고 있었으며, 탐사선에 콜레라 환자가 있을 수 있다는 우려로 테네리프에의 정박이 거부당했을 즈음 다윈은 배멀미로 고통을 참을 수 없는 지경이었다. 1832년 1월 16일 탐사선은 케이프 버드 군도에서 가장 중심지인 산 자고 (St. Jago)섬에 도착하였다. 정박후 다윈은 해변가로 가 바다로 날리는, 아마도 아프리카로부터 불어오는, 가는 먼지입자 같은 것을 수집하였다. 그의 저술에서 다윈은 이러한 현상이 식물의 포자가 퍼지게 하는 역할을 담당할 수 있다는데 주목하였으며 이는 다윈에게 후에 종의 분포와 확산

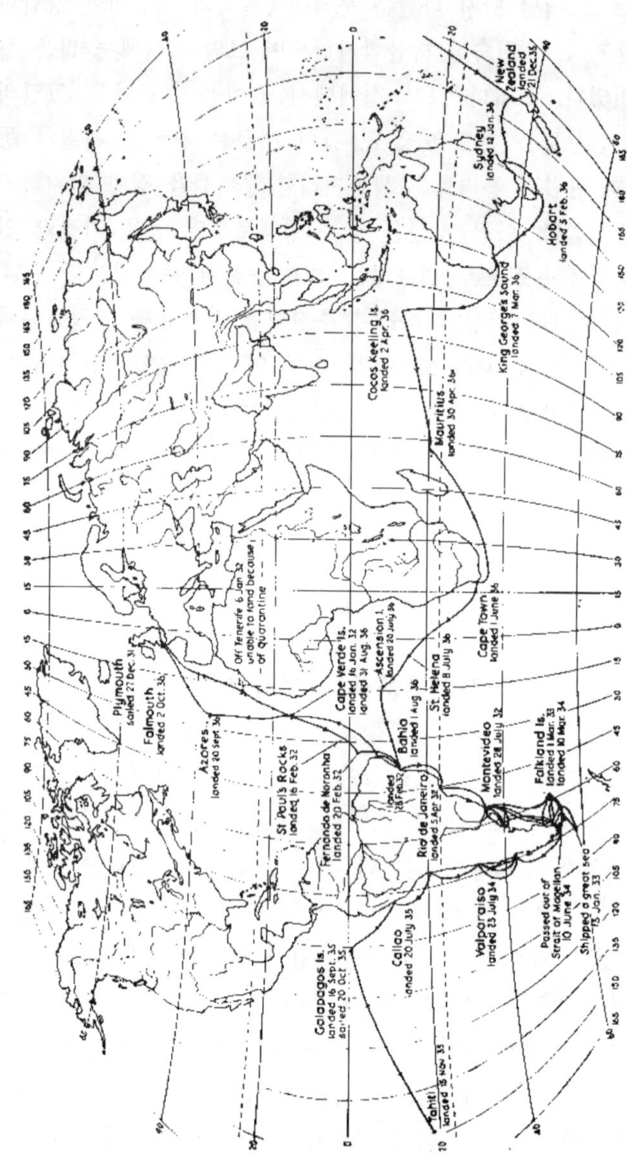

그림 4. 다윈은 비글호를 타고 5년 동안 세계 일주 탐사 여행(1831년 12월 31일~36년 10월 2일)을 하였다.

의 문제에 대해 흥미를 갖도록 한 중요한 발견이 되었다. 산 자고의 풍경은 불모지와 같았으나 다윈은 이곳에서 몇몇 중요한 지질학적 관찰을 하게 된다. 탐사선이 남아메리카 해안가로부터 540마일 떨어진 곳에 있는 상 파울 암벽에 도달하였을 때 그곳에서 서식하고 있는 것은 오직 바다새와 이들에 기생하는 곤충들뿐이었다. 이는 다윈으로 하여금 어떻게 새로 형성된 섬에 이러한 동물 집단이 형성되게 되었는가에 대한 생각을 갖게 만들었다. 이후 같은 해 2월 29일 탐사선은 브라질의 바이하, 즉 산 살바도르에 기항하였으며, 다윈은 경이의 열대 숲을 경험하는 첫 번째 기회를 맞게 된다.

기쁜 하루가 지나갔다. 기쁨이라는 한 단어만으로는 생애에 처음 생물의 보고인 브라질의 숲을 홀로 거닐게 된 박물학자의 기분을 표현하기에는 너무나 부족하다. 수목들의 우아함, 기생 식물들의 진기함, 꽃들의 아름다움, 수풀의 윤빛나는 푸르름, 그러나 무엇보다도 이 모든 것이 어우러진 숲의 화려함이 그를 경외로움으로 가득 채웠다.

4월, 5월 및 6월 대부분은 리오 데 자네이로 부근에서 시간을 보내게 된 다윈은 내륙으로 몇 번의 탐사를 했고 무척추동물에 대한 조사를 수행하였다. 그리고 그는 도심 생활도 아울러 즐겼다. 다윈은 이국의 도시에서 본 여인들의 아름다움을 다음과 같이 표현하였다.

"우리의 주된 즐거움은 스페인 여인들과 승마를 하거나 그녀들의 아름다움을 음미하는 것이었다. 천사와 같은 모습으로 거리를 걸어 내려올 때면 우리 자신도 모르게 경탄의 신음 소리가 나오게 된다. 어쩌면 영국의 여인들은 그렇게 볼품이 없을까. 그들은 이쁘게 걷지도, 옷을 입을 줄도 모른다. 이 아름다운 여인들로부터 시뇨리타라는 인사말을 들은 이후로는 미스라는 말이 얼마나 추하게 들리는지 모르게 된다".

당시 심각한 사회 문제 중 하나인 노예 제도의 현실을 접하게 된 다윈은 그 자신이 눈으로 직접 보고 있는 사실들을 좋아하지 않았다. 그의 집안은 영국의 노예 제도를 폐지하자는 캠페인에 앞장을 서고 있었다. 따라서 다윈이 이러한 제도를 증오하는 것은 그리 놀라운 일은 아니다. 『연구지』에서 다윈은 영주들이 노예에게 행하는 잔인한 행위의 실례를 몇몇 기록하고 있다. 다윈은 또한 한 나이 많은 여자 노예가 다시 잡혀 노예 살이를 하기보다는 바위 밑으로 투신 자살을 했다는 사건을 기록한 바도 있다. 이곳의 노예 제도 참상은 다윈과 당시 완고한 보수당원이자 노예 제도를 옹호하는 선장. 피츠로이와의 첫 번째 언쟁을 낳은 불씨였다. 다윈은 자서전에서 칠레에서 또 한번 선장과 언쟁을 했다고 기록하고 있을 정도로 노예 제도는 늘 그들간의 논쟁 거리였다. 그러나 이들 두명은 종교적인 문제만큼은 언쟁하지는 않았다. 왜냐하면 다윈은 후일 영국으로 돌아와서 성서의 도덕적 권위에 대해 의심하긴 했으나 당시에는 정통파 종교를 지지하고 있었기 때문이었다. 피츠로이 역시 후에 창조설의 근간을 확립한 중요한 역할을 담당하게 되나 당시 그는 그의 신념에 대해서 상당히 유동적이었다.

1832년 6월 탐사선은 몬테 비데오로 갔다. 그곳에서 2년간의 항해 중 상당 기간을 보내게 되었으며 그동안 다윈은 가끔 내륙으로 조사를 나갔다. 다윈은 남아메리카 대초원과 평원을 목동들과 함께 여행을 다녔으며, 목동인 가우초들의 뛰어난 승마술과 올가미 던지는 기술 그리고 훈제 기술 등에 대해서 다윈은 기록하고 있다. 때로 그들은 그 지역의 지주들의 집에서 머물기도 하였으나 대부분 별을 보며 노지에서 잠을 자곤 했다. 그는 당시의 낭만적인 여행을 다음과 같이 회상하였다.

"나는 완전히 가우초화되어 가고 있는 것 같다. 나는 마티를 마시며 시가를 피우고 밤하늘을 천장삼아 별들과 함께 잠이 들곤 한다. 이렇게 아름답고 진실한 삶이 어디에 있겠는가? 온종일 말을 타고 다니며 신선한 고기를 먹고 상쾌한 공기를 마시며 잠이 들면 종달새의 지저귐으로 새아침을 맞는다".

다윈은 분명히 이러한 야외 생활에 잘 적응하고 있었으며 그가 방문했던 나라들의 생활 방식에 잘 적응하고 있었다. 그 후 그는 만성적이고 허약한 은둔자가 되긴 했지만 젊었을 때의 다윈은 분명히 보다 모험적이고 의욕적인 젊은이였다.

탐사 기간 동안 다윈은 지질학적인 자료들과 함께 다양한 동식물의 표본들을 수집하였다. 그는 설취류의 일종인 튜코튜코(tucotuco)가 두더지처럼 구멍을 파는데 잘 적응한 동물이었지만 시력이 거의 없다는 점에 주목하였다. 또한 살모사의 일종인 독사가 꼬리에 방울이 아예 없으면서도 방울뱀처럼 그 꼬리를 흔든다는 점을 발견하였다. 이러한 생물에 대한 다윈의 기술을 『연구지』에서 찾아보면 당시 다윈이 영국으로 돌아온 직후 이러한 발견들이 바로 진화에 의해 형성되었음을 말해주는 증거라고 판단하고 있었음을 알 수 있다.

그러나 남아메리카 대평원에서 가장 중요한 동물학적 발견은 새로운 종의 타조(다윈타조)를 발견한 것이었다. 다윈은 당시 일반적인 남아메리카 타조인 레아(rhea)는 알고 있었으나 남부 지방에 서식하는 다른 모양의 타조에 관해 가우초들이 이야기하는 것을 듣고 놀랐다. 가우초들은 다윈이 새로운 타조 종의 의미를 깨닫기도 전에 그 타조를 요리해 먹고 있었던 것이었다. 다행히 여분의 타조가 있었으므로 영국으로 표본을 보낼 수 있었다. 당시 조류학자인 굴드는 다윈의 업적을 기리기 위해 이 새로운 종의 학명을 *Rhea darwinii*라고 명명하였다. 남아메리카에 서로 다른 두 종의 타조가 존재한다는 사실은 다윈으로 하여금 많은 과학적인 의문과 생각에 잠기게 하였다. 그들 두 종간의 유연 관계는 다윈으로 하여금 한 종이 다른 한 종으로부터 진화할 수 있다는 개념을 확립하는데 많은 도움을 주었다. 그러나 다윈은 이렇게 가까운 두 종의 분포를 결정짓는 요인이 과연 무엇인가를 놓고 의문에 빠지게 된다. 새로 발견한 신종 타조는 일반 타조에 비해 남부 지방에 주로 서식하고 있으나 이들 두 종이 공존하는 중간 지역이 있다는 점이었다. 이것이 바로 다윈으로 하여금 각각의 종은 그들만의 독특한 영역을 점유하고 있다는 당시의 일반적인 종의 분포 개념에 대해 다시 생각하게 만들었다. 따라서 다윈은 종의 분포에 대해 '어떤 차이점 때문에 종들은 점유하는 고유 영역을 지니게 된다. 그러나 두 종이 중간 지점을 점유하기 위해 경쟁할 수 있으며 기후에 의한 작은 차이에 의해서 한 종의 영역이 늘어나게 되고 다른 한 종의 영역이 감소될 수도 있다'라는 재해석을 내리게 된다.

그가 방문하였던 지역에서 다윈은 몇몇 종들의 뼈가 화석으로 존재하는 것을 발견하였는데 발견 당시 지질학적 분포 상에선 멸종된 종들임을 주목하게 되었다. 1832년 9월 바히아 블랑카와 부에노스 아이레스로의 탐사 과정에서 그는 대형 나무늘보 *Megatherium*의 흔적이 아르마딜로 화석과 대형 설치류*Texodon*와 함께 존재하는 것을 발견하였으며 보다 많은 화석들은 일년 뒤 산타 페로의 탐사 과정에서 발견하였다. 파타고니아 포트 디자이어에서 그는 남미산 라마와 유연 관계가 있는 한 화석을 발견하였으며

*Macraucheria*로 명명하게 된다. 당시 발견들에 대한 『연구지』에서의 기술은 이들 발견들이 다윈의 생각에 어떻게 영향을 미쳤는지에 대해 잘 보여주고 있다. 설취류 *Texodon*이 코끼리와 같은 후피동물(pachyderm)과도 유연 관계가 있음을 주목하면서 그는 '이 얼마나 오묘하게 목(order)들이 서로 다르며 현재에 이르면서 얼마나 잘 분화되었는가, 그리고 *Texodon*들의 종간에 형태적, 구조적 유연 관계가 분명하다니!' 라고 기술한 바 있다. 이러한 발견이 다윈으로 하여금 진화란 한 방향의 사다리와 같은 것이 아니라 나무의 가지가 뻗어나가는 것으로 보아야 한다고 믿게끔 만들었다.

*Macraucheria*는 보다 복잡한 형태인 것으로 밝혀졌다. 이 명명은 당시 이 종을 원래 라마와 낙타의 멸종된 근연종으로 보았던 해부학자 오웬이 명명하였다. 그러나 오웬은 곧 그의 생각을 바꾸었으며 이 종이 후피동물의 일종이며 오직 외형만이 낙타류와 유사하다는 점을 받아들였다. 그러나 『연구지』에서 다윈은 *Macraucheria*가 근대 라마와 진화적으로 밀접한 유연 관계가 있는 근연종이라는 중대한 의미를 전적으로 인정하지는 않았다. 단 다윈은 『연구지』에서 후에 '형태 천이의 법칙'law of succession of types으로 알려진 이론들에 대해 논의하였으며 이는 남아메리카의 화석이 유럽 대륙에 살아 있는 종들과 유사하다는 것을 입증, 조명하게된다. 이들 유연 관계의 발전으로 얻은 중요한 힌트는 다윈의 진화론에 많은 영향을 미치게 되고 다윈은 당시 '같은 대륙에서 멸종한 종들과 살아 있는 종들간의 이러한 오묘한 유연 관계가 지금 이순간부터 이 지구상에 생물체의 출현과 소멸에 관한 가장 중요한 증거를 제시하게 되리라고 믿어 의심치 않는다'라고 기술하였다. 사실 *Macraucheria*는 다윈으로서는 실망스러운 것이었으나 나무늘보의 화석과 아르마딜로는 분명히 근대 출현종들과 각기 유연 관계가 있었다. 사실 다윈은 이들 화석을 발견했을 당시에는 이들의

진화적인 의미를 알지 못하였으나 분명히 이 발견은 몇 년후 다윈의 사고에 많은 영향을 끼치게 되었음이 분명하다.

탐사 기간 동안 다윈은 당시 토착 인디언 원주민의 소탕 작전에 참가하고 있던 로사스 장군의 기병대를 만나게 된다. 가우초들과 다른 유럽계 대원들은 이러한 로사스의 무자비한 방법을 공공연히 칭찬하였는데 이는 다윈으로 하여금 어떻게 기독교 국가에서 이러한 범죄가 일어날 수 있을까하는 의문에 빠지게 하였다. 그러나 다윈은 인간 세계의 한 종족이 자신의 영역을 확장하고 차지하기 위해서 다른 한 종족을 소멸시키는 것을 지켜보며 이를 종간의 경쟁으로 해석하였다.

1832년 12월 비글호는 남쪽 마젤란 해협을 지나 미개지인 티에라 델 푸에고(Tierra del Fuego)에 도착하였다. 이 섬에는 전에도 온 일이 있었는데 그때 피츠로이가 이곳 원주민인 푸기인 3명을 영국으로 데려가서 영국식 생활 양식을 교육시킨 바 있다. 서구인들의 눈에는 이들 푸기인이야말로 매우 원시적이고 사나운 야만인 중의 야만인으로 보였는데 다윈의 말을 빌리면 이들은 먹을 것이 없으면 동네 개보다는 오히려 늙은 사람을 즐겨 잡아먹었다고 하였다. 그러나 이들 푸기인 3명은 뜻밖에 구라파식 생활에 잘 적응하였다. 다윈은 이들 중에서 제미 바톤(Batton, Jemmy)이란 친구에게 특히 관심을 가졌는데 그는 성격이 밝았고 정장 차림의 모습이 특히 멋지게 보였다(원래 푸기인들은 나체로 산다). 이들 푸기인 3명은 서구식 교육을 받은 후 선교사 마티우스와 함께 다시 그들의 고향인 이곳 섬으로 돌아왔고, 장차 이들의 도움으로 이곳을 서구식 문명 사회로 만들 것을 기대하였다. 이들은 폰손비 사운드(Ponsonby Sound)에 상륙하였는데 바톤은 벌써 그가 사용하던 원주민의 말을 까맣게 잊어버린 상태였고, 그의 가족들과 상봉하였을 때는 그들의 몰골을 창피스럽게 느꼈다. 동행한 선원들이 움막도 지어주고 땅도 일구어 주는 한편 그곳 생활에 필요한 여러 가지 문명 기기들을 남겨 놓고 그곳을 떠났다.

몇 주일 후 비글호가 그곳에 다시 들렸는데 이때 그곳에 머물고 있던 마티우스 선교사는 푸기인들의 행동에 파랗게 질려있었고 그는 선원들을 보자마자 그곳을 떠나야겠다고 하며 같이 데려가 줄 것을 애원했다. 두고 간 문명의 이기들은 대부분 도난당했고 원주민들의 폭력 위협도 받고 있었다. 바톤도 그곳에 머물기를 주저하고 데려가 줄 것을 바랬으나 그를 그대로 그곳에 남겨둔 채 비글호는 동부 해안 쪽으로 되돌아 왔다. 일년후 비글호가 칠레를 거처 서부 해안 쪽으로 가는 길에 그곳 섬에 다시 들렸을 때 그 곳에 머물고 있던 바톤은 놀랍게도 다른 식구들과 전혀 구별을 할 수 없을 만큼 메마르고 초췌한 야만인 꼴을 하고 있는데 실망하지 않을 수 없었다.

바톤이 잠시 배에 올라왔으나 그 곳 생활에 만족한다며 그 곳을 떠나지 않고 동족들과 함께 살겠다고 다짐하였다. 배가 그 곳을 떠날 때 그는 불을 지펴서 연기 신호를 보내며 다시는 이 섬에 찾아오지 말라고 하소연하는 것 같았다. 이 같은 일련의 사건은 다윈으로 하여금 인간의 본질, 특히 야만인과 문명인 사이의 관계에 대하여 깊이 생각할 기회를 갖게 하였다.

비글호가 포크랜드섬과 티에라 델 푸에고섬 일대를 항해할 때 다윈은 하등 해산 동물들을 접할 기회가 있었고 특히 산호초와 같은 식충류에 대한 연구를 할 기회를 얻었다. 연구 결과에 대해서는 별로 특별한 흥미 거리가 되지 않는다고 여기고 『연구지』에 간단히 기록만 하고 자세한 내용은 적지 않았다. 그러나 그 간단한 기록에서도 식물과 같은 동물의 생식에 관한 문제를 밝히고 이 결과로 미루어 보아 식물과 동물사이를 뚜렷이 구별할 경계선이 없다고 확신하였다.

1833년에 접어들면서 다윈은 헨슬로에게 그동안 채집한 표본을 보내고 답장을 몹시 기다렸다. 그러나 10월 달이 다 되어도 답장이 없자 답답한 나머지 사촌인 폭스에게 편지로 헨슬로에게서 소식이 전혀 없다고 다음과 같이 실망감을 호소했다.

“집안 식구들 외에는 편지하는 사람이 없네. 특히 친구들한테서는 전혀 소식이 없군. 헨슬로에게서도 전혀 소식이 없어. 그 분에게 여러 상자의 표본을 오래 전에 보냈는데 소식이 전혀 없으니 답답하기만 하군. 그 많은 표본들 중 일부라도 그 곳에 도착하였는지 궁금하기 이를데 없네. 정말 참기 힘들군. 혹시 이 표본들이 케임브리지에 도착했다는 소식이 있으면 내게 알려주게. 정말 열심히 채집한 표본들인데 잘한 일인지도 모르는 형편이니 낙담이 이만저만이 아니군”.

실은 헨슬로가 1833년 1월에야 다윈에게 편지를 썼고 8월 달에 다시 또 보냈는데 다윈은 그 이듬해인 1834년 3월에야 헨슬로의 편지를 받았고 그것도 그가 두 번째 보낸 편지였다. 1월 달에 보낸 첫 번째 편지와 12월에 쓴 편지는 7월에야 받았다. 헨슬로의 답장은 매우 긍정적인 내용이었다. 메가테리움(*Megatherium*)속의 화석들은 매우 주목할 만한 것들이어서 큰 관심을 끌었고 식물 표본이나 곤충 표본들도 흥미진진한 것들이란 내용의 답장이었다. 헨슬로에게 보낸 다윈의 답신을 보면 다윈이 그의 편지를 받고 나서 기분이 매우 좋아졌음을 엿볼 수 있다.

“지난 3월 당신의 답신을 받기 전까지는 저의 채집품이 너무 보잘 것 없는 것들이어서 이걸 어쩌나하고 망설이는 줄 알고 초조하고 불안한 마음이었으나, 이제 제 기분은 아주 밝아졌습니다. 내가 한 일이 헛수고가 아니었나 걱정하였는데 당신 덕분에 만족스럽게 느끼게 되었습니다"

이 일이 있고 난 후 다윈은 영국에 돌아가서 전문 박물학자가 될까 하는 생각을 골똘히 하기 시작하였다. 당시 헨슬로는 1835년 11월 다윈이 케임브리지철학회(Cambridge Philosophical Society)에 보낸 글들 중의 일부를 읽을 기회가 있었고 이것들을 출판하도록 알선하기도 하였다.

1834년 초 비글호가 남아메리카의 서쪽 해안을 따라 항해 하는 동안 다윈은 칠로에(Chiloe)섬과 발디비아(Valdivia) 해안 일대를 조사할 기회를 얻었다. 2월 20일 다윈이 발디비아 해안에 상륙했을 때 큰 지진을 만나게 되었는데 땅이 어찌나 심하게 흔들리는지 현기증을 일으킬 정도였다. 3월 4일 비글호가 콘셉시온(Concepcion) 항에 도착했을 때는 도시 전체가 지진으로 완전히 폐허가 되어 있었다. 다윈은 이 현상에 대하여 상세히 기술하는 한편 과학자의 입장에서 지진의 결과로 지표면이 영구히 상승하게 된 현상도 동시에 알게 되고 이 점에 대하여 큰 관심을 갖게 되었다. 콘셉시온에서는 지진의 결과로 지면이 2, 3 피트 상승한 정도였지만 이 곳에서 30마일 정도 떨어진 곳에서는 수면에서 10피트나 치솟아 있음을 관찰할 수 있었다. 한편 내륙 지방에서는 이보다 훨씬 높게 치솟아서 어떤 지역에는 1,000피트나 높은 곳에 조개껍질 층이 발견되기도 하였고 발파라이소(Valparaiso) 근방은 1,300피트나 높게 치솟아 있었다. 다윈은 현재 진행되고 있는 지진과 지층의 상승 현상 사이의 연관성을 검토해 볼 때 과거에도 같은 현상에 의하여 지각의 변동이 생겼으리라고 추측하게 되었다.

동쪽 연안을 조사할 무렵 다윈은 이미 남아메리카 대륙이 바다에서 치솟아 올라 왔음을 암시해 주는 여러 증거들을 얻게 되었다. 그의 『연구지』를 보면 지각의 점진적 융기 현상에 대하여 기술하고 있다. 그러나 당시만 해도 다윈의 논문에서도 알 수 있듯이 그는 세즈위크의 천변지이설을 믿고 있었다. 다윈이 영국을 떠날 때 갖고 온 라이엘의 『지질학 원론』 제 1권의 내용은 동일과정설을 주장한 것으로서 모든 지각의 융기나 함몰은 지진이나 화산 활동 등의 작은 변화가 겹쳐 일어나서 생긴 결과라고 주장한다. 라이엘의 제 2권은 1832년 11월 다윈이 몬테 비데오에 있을 때 받았다. 다윈이 라이엘의 주장을 받아들이는 데는 시간이 좀 걸린 것이 확실한데 콘셉시온에서 겪은 지진이 결정적인 역할을 했다고 볼 수 있다. 안데스 산맥의 높이가 제 3기 때 별로 크게 상승하지 않았다고 믿고는 있었지만, 1834년 7월 발파라이소 근처에서 본 1,300피트나 지각이 높이 상승한 것은 작은 지각 변동이 누적된 결과임이 틀림없다고 믿었다.

다윈은 코르디예라(Cordillera) 산맥을 탐험하면서 동물학보다는 지질학에 대한 연구에 더 많은 시간을 보냈다. 1835년 4월 다윈은 안데스 산맥 전체가 제 3기 때 연속적인 지진의 결과로 융기하였다고 확실히 믿게 되었다. 현재에도 지각 변동을 일으킬 수 있는 많은 요인들이 계속 작용하여 지각의 표면을 크게 변형시키고 있는 것을 볼 수 있다. 다윈은 안데스산 정상에 있던 인디언의 건물들이 파괴된 것은 오늘날 그곳에 식물상이 매우 빈약한 것으로 보아 아마도 최근에 지각 변동이 현저하게 일어나서 땅이 치솟은 결과라고 추측하기도 하였다. 같은해 8월 다윈은 그 스스로가 라이엘의 절대 지지자임을 자처하기에 이른다. 다윈의 진화론이 정립되는 데는 지질학의 동일과정설이 생물의 지리적 분포와 관계가 있을 것이라는 점을 이해하려는 과정에서 이루어지지 않았나 여러 면에서 생각되기도 한다.

태평양 횡단

1835년 9월 15일 비글호는 남아메리카 대륙에서 수백 마일 떨어져 있는 태평양의 적도 부근에 위치한 갈라파고스제도에 도착하였다. 이 제도는 화산 기원으로서 아직도 섬은 용암석으로 덮여 있고 그 위에는 작은 잡목들이나 넝쿨같은 것들이 착생하고 있을 정도였다. 비글호가 처음 기항한 곳은 채텀(Chatham)섬이였다(다윈은 이 제도의 섬들을 영국 명으로 기록하였으나 현재는 에쿠아돌 영으로 되어 있어 스페인어로 불린다). 뜨거운 태양 볕이 검은 용암 위를 내려 쬐어서 숨이 막힐 듯 찌는 더위는 마치 지옥을 방불케 하였다. 여기 저기에 화산 분출구가 흩어져 있고 용암들이 쌓여 있는 것으로 미루어 보아 화산 활동이 최근에도 있었음을 알 수 있었다. 이 섬에 잠시 머문 후 챨스(Charles)섬으로 이동한 다윈은 이섬에서 조사를 할 기회를 얻게 되는데 다른 섬에 비하여 비가 많이 오기 때문에 산위는 울창한 숲을 이루고 있었다. 배는 다시 알버말(Albermarle)섬과 제임스(James)섬에도 들렸는데 제임스섬에서는 마침 비글호가 급수를 받기 위해 떠났기 때문에 며칠간을 그곳에서 머무를 기회를 얻을 수 있었다.

다윈은 이섬에 사는 동물들이 독특한 생활 습성을 갖고 있는데 관심이 쏠렸다. 몸집이 엄청나게 큰 갈라파고스거북도 보았는데 이들은 몸집이 어찌나 큰지 혼자 힘으로는 도저히 들 수 없을 정도였고 사람들 말에 의하면 어떤 거북은 장정 여섯 명이 힘을 합쳐도 들 수 없을 정도로 큰 것도 있다고 한다. 그는 또 바다이구아나도 관찰할 기회가 있었는데 이들은 섬위의 바위에서 바다 속으로 뛰어들어 해초를 뜯어먹곤 한다. 또 이곳에 사는 새들은 사람을 볼 기회가 전혀 없어서인지 마치 길들인 새처럼 사람을 무서워하지 않았다. 도망을 치지 않기 때문에 맨손으로도 잡을 정도였다. 매 한 마리가 나뭇가지에 앉아 있으면서 도망을 치지 않아 지니고 있던 총 끝으로 밀어서 날려보내기도 했다. 다윈은 그 유명한 다윈 방울새(Darwinian finch ; Galapagos finch)를 포함한 여러 종류의 새들을 채집하였다. 이들 중에서도 다윈 방울새는 다윈이 진화론을 창안하게 한 상징적인 새이기도 하다. 널리 알려진 바에 의하면 다윈은 여러 종류의 방울새들을 관찰한 결과 이들이 각기 환경 조건이 다른 섬들에 잘 적응해 있는 것을 보고 이것이 곧 진화의 결과라고 결론지었다고 전해지고 있으나 사실은 이렇게 간단하지는 않았다.

그는 『연구지』에 갈라파고스 제도의 동물상이 예사롭지 않다는 것을 알게 되었다고 기술하고 있다. 즉 지질 연대로 보아 최근에 형성된 섬들임에도 불구하고 이곳에 사는 동물들은 남아메리카 대륙의 영향을 받은 흔적은 있으나 뚜렷이 다르게 분화된 형질들을 갖고 있었으며 무엇보다도 놀라운 것은 이곳에 있는 섬들마다 그 섬 특유의 형질을 갖는 동물들이 있다는 사실이었다. 다윈은 "언제 어디에서 이 지구상에 처음 생명체가 생겼을까 하는 그야말로 신비 중의 신비인 불가사의한 사실에 대하여 어느 정도 접근이 가능하게 되었다고 본다" 라고 기록하고 있다. 다윈이 영국으로 돌아온 후 그가 채집한 갈라파고스 방울새 표본들을 조류학자인 굴드에게 보이고 분류를 부탁한 결과 그는 13종 4속으로 분류하였다. 특히 새의 부리 모양은 종마다 독특하여 그들이 먹고 사는 먹이에 따라 잘 적응되어 있음을 알 수 있었다. 다윈의 생각은 매우 정확하게 " ……서로 가까운 종들 사이에서 연속적이지만 서로 다른 모양을 하고 있는 것은 처음 이 군도에 드물게 존재하던 새들 중에서 어떤 종이 다른 형태로 변화(분화)하였다고 믿게 한다". 다윈은 남아메리카에 살고 있던 새들 중에서 어떤 일부가 갈라파고스 제도로 이동해 와서 살게되고 이들은 각기 떨어져 있는 섬들에 적응해 가면서 결국은 근연 관계가 가까운 여러 종으로 분화하게 되었음을 알게 되었다.

설로웨이가 다윈의 기록들을 면밀히 검토해 본 결과, 다윈의 진화 사상은 갈라파고스 제도에서 바로 싹튼 것이 아니고 여러 해를 거친 연구 끝에 내린 결론이었다. 실제로 다윈이 갈라파고스 제도를 떠날 때도 이곳에서 얻은 자료들이 얼마나 중요한 것

그림 5. 갈라파고스방울새 4종의 부리의 모습이 매우 다양하다.

들인가에 대해 잘 알지 못하고 있었던 것 같다. 이같은 사실을 뒷받침 해주는 것으로는 예컨데, 그는 육상의 대형 갈라파고스 거북류를 하나도 채집하지 않은 점이나 또는 갈라파고스 방울새의 표본에 채집지가 제대로 표시되지 않은 경우도 있었다는 점들이다. 다윈은 영국으로 돌아온 후 여러 곳에서 많은 표본들을 빌려다가 비교 관찰한 끝에 비로소 진화의 사실 여부에 대한 결론을 내릴 수 있었다. 오늘날 갈라파고스 방울새가 도서 지방에서

의 종 형성 과정을 설명해 주는 대표적인 사례로 알려져 있으나 실은 다윈이 입내새(mocking bird)에 관심을 가졌더라면 보다 더 쉽고 정확하게 진화의 사실을 알게 되었을 것이다. 갈라파고스방울새는 섬과 섬사이를 비교적 자유롭게 이동할 수 있어서 이들의 분포 관계를 설명하는 것은 그리 용이한 일이 아니었다. 다윈이 다음과 같이 『연구지』에도 언급한 바 와 같이 섬마다 생물들이 서로 다른 이유를 이해하는 데에는 오랜 시간이 걸렸다.

"그곳 부지사인 로우손이 거북의 모양은 섬마다 특이하여 어떤 거북이든 그 생김새를 보면 어느 섬의 것인지 정확하게 알 수 있다고 한 점에 대하여 나는 관심을 갖게 되었다. 나는 한동안 이 점에 대하여 별로 관심을 두지 않았고 결과적으로 두 개의 다른 섬에서 채집한 표본들을 섞어 놓은 경우도 있었다. 섬들 사이의 거리는 불과 50 ~ 60마일 정도밖에 떨어져있지 않아 서로 빤히 바라다 보였고 환경이나 기후조건이 거의 비슷해서 그곳에 사는 생물들 사이에 그렇게 많은 차이가 있으리라고는 상상도 할 수 없었다".

로우손의 말에 대한 사실 여부를 확인할 시간적 여유도 없이 비글호는 다시 항해를 시작했다. 영국으로 돌아오는 데는 오랜 시간이 걸렸고 다윈은 이 긴 항해 동안 새에 대한 기록을 정리하면서 갈라파고스 제도에서 얻은 자료들을 놓고 볼 때 종이 일정 불변하다고 믿던 당시의 개념이 혹시 틀리지 않았나 의심하기 시작하였다. 영국에 돌아온 후 새 표본들을 굴드(Gould, John)에게 보여준 후에야 비로소 진화의 사실에 대한 확신을 갖게 되었다.

비글호는 태평양을 횡단하여 타히티와 뉴질랜드에 잠시 기항하였는데 다윈은 뉴질랜드를 별로 좋아하지 않았다. 그곳 원주민들은 타히티에 사는 원주민들만 못하다고 느꼈고 백인 정착민들은 대부분이 사회로부터 버림받은 부류들이기 때문이었다. 반대로 호주의 시드니에 도착했을 때는 아주 좋은 인상을 받아서 대영제국의 힘을 과시하는 증거라고 느꼈다. 이곳에서 다윈은 내륙을 여행할 기회를 얻어 이곳 호주의 원주민인 아보리진(Aborigines)들을 만날 수 있었는데 이들은 푸기인 보다는 덜 미개하다고 느꼈다. 이상한 것은 서구인들이 가는 곳마다 원주민들이 크게 타격을 받게 되고 어떤 경우는 거의 전멸하다시피 되는 현상이었다. 비글호는 다시 호주의 서남쪽에 위치한 태즈매니아와 킹 죠지 해협을 거쳐 인도양으로 향했다.

킬링섬에서 산호초를 관찰할 기회를 얻은 다윈은 이들이 작은 생물들로 구성되었음을 알게 되었다. 우리가 이미 아는 바와 같이 그는 식충류의 생식에 관한 연구를 통하여 식물과 동물 사이에는 뚜렷한 경계가 없다고 밝힌 바 있는데 여기서는 산호초의 형성 원인에 대한 이론 정립에 초점을 두고 있다. 다윈은 산호초를 직접 조사하기 훨씬 전에 이미 산호초의 형성에 대한 이론을 세워 놓고 있었다. 남아메리카 대륙이 서서히 융기하는 것과는 반대로 남태평양의 바다에 위치한 육지는 점진적으로 가라앉고 있음을 알게 되었다. 산호초를 형성하는 작은 생물들은 얕은 바다물에서만 살수 있기 때문에 육지가 서서히 가라앉는 과정에서 산호초가 형성된다고 설명하였다. 즉 어떤 섬이 서서히 바다에 가라앉게 되면 산호층은 계속해서 바다위로 솟아오르면서 섬의 가장자리를 둘러싸게 되고 섬이 바다에 완전히 가라앉아 버리면 환초가 형성된다는 것이다. 이 학설은 다윈으로 하여금 라이엘의 동일과정설을 전폭적으로 뒷받침하는 결과가 되었고 동시에 다윈이 과학적 추리력에 대한 자신감을 얻는데 크게 영향을 주었다.

이제 비글호는 마우리티우스, 희망봉, 세인트헬레나와 브라질의 바히아를 거쳐 영국으로 돌아오는 항해에 올랐다. 세인트헬레나에서 다윈은 헨슬로에게 편지를 쓰고 런던의 지질학회에 회원으로 등록해 줄 것을 부탁하였다. 세즈위크는 다윈이 헨슬로에게 보낸 편지의 일부를 읽었고 이 편지 내용은 지질학회에 커다란 자극을 주었다. 다윈이 그의 누이동생 캐롤라인(Caroline)에게 보낸 편지를 보면 항해의 마지막 몇 달간 다윈은 이미 시골의 한 목회자로서가 아니고 런던의 과학계에서 활발히 활동하는 과학자들 중의 한사람으로 자처하고 있었음이 명백하였다. 다윈은 그 스스로가 지질학계에 매우 중요한 기여를 하였다고 생각했으며 영국 과학계에 자신 있게 참여할 수 있으리라 믿고 있었다. 그는 마지막으로 남아메리카의 열대 지방을 잠시 들러 볼 기회가 있었으나 맹세코 다시는 야만의 세계를 방문치 않겠다고 굳게 마음먹었다. 비글호는 희망봉을 돌아 대서양을 북상하여 1836년 10월 2일 영국의 팔머스(Falmouth)항에 귀항하여 다윈은 곧바로 가족에게 돌아갔다.

제5장
다윈의 일생에서 가장 결정적인 시기
(1837~42, 런던)

팔머스항에서 비글호를 하선한 다윈은 가족을 만나기 위해 슈루스버리로 돌아왔다. 전보가 출현하기 전 시대의 일이니, 1836년 10월 5일 아침식사 전에 그가 예고도 없이 나타났을 때 가족들의 기쁨이 어떠했을 지는 상상할 수 있을 것이다. 그는 가족 모두가 무사한 것을 확인하고 크게 안도했지만 상봉의 기쁨을 나누기도 전에 비글호에서 그의 짐을 내리는 일을 감독하기 위해 런던으로 떠나야만 했다. 그리고 케임브리지에서 몇 달을 보낼 계획이었으나, 곧 그의 미래를 런던에서 과학계의 엘리트들과 함께 해야 한다고 생각했다. 그는 1837년 3월 런던으로 이사해 1842년까지 그곳에서 살았고, 그 후 켄트 근교의 다운에 집을 사 그곳에서 여생을 보냈다. 그가 켄트로 이주한 것은 그의 만성 질환 때문이었다. 그 무렵 병은 그가 흥분할 때마다 크게 도질 만큼 위협적이었다. 그의 개인적 환경도 크게 바뀌었다. 그는 사촌누이인 엠마

웨지우드(Emma Wedgwood)와 1839년 1월에 결혼했고 그해 말 첫 아이가 태어났다.

그가 런던에 살던 시기는 그가 과학계와 활발히 접촉한 기간이었다. 이 시기에 대한 한 연구에서 루드윅(Rudwick, M. J. S.)은 다윈이 생물학의 이론적 돌파구를 찾은 위대한 업적이 이 시기에 이루어지지는 않았다고도 주장한다. 그가 당시 이미 세간에 위대한 지질학자로 알려져 있었다는 사실은 비글호 탐사시기의 중요성에 더욱 비중을 두게 한다. 이 시기에 그는 항해 기간에 관찰한 생물 지리학적 현상들을 반영해 그의 생각 속에 스며들기 시작한 새로운 종의 기원이라는 문제를 개인적으로 연구할 수 있게 되었다. 1837년 7월 그는 처음으로 종의 변이에 관한 집필을 시작해 마침내 자연 선택이라는 이론에까지 이르게 되는 연구의 첫 발을 내디뎠다. 1842년 다운으로 이사하기 직전에 이 이론은 논리적으로 합당한 얼개를 갖추게 되었다. 역사가들은 이 발견에 이르기까지 그의 생각의 흐름과, 그의 생각에 영향을 미친 과학적 비과학적 요소들에 대해 아직도 논쟁을 거듭하고 있다.

도시 생활

다윈은 그가 수집한 표본들을 비글호에서 내려 케임브리지로 보내고 그곳에서 몇 달간 그 표본들을 정리하며 시간을 보냈다. 그는 잠시 헨슬로의 집에서도 머물었으나 곧 여관으로 옮겼다. 그는 케임브리지의 사회 생활이 매우 마음에 들어서 원래 계획했던 것보다 더 오래 머물었다. 그렇지만 당시의 중요한 지질학적 연구에 참여하기 위해서는 런던에 있어야 한다는 사실을 그는 잘 알고 있었다. 그는 "이 더럽고 불쾌한 런던에 살아야만 하는 여러 이유들이 나를 슬프게 한다"라고 말할 정도로, 천성적으로 도시 생활을 좋아하지 않았으나 과학자로서 명성을 얻기 위해 그 정도는 참을 준비가 되어 있었다. 그는 1837년 3월 런던으로 이사해 그의 형제인 에라스므스와 잠시 머물다가 몇 집 떨어진 그레이트 말보로(Great Marlborough)가(街) 36번지에 주거를 정했다.

처음에 다윈은 자신이 수집한 표본들에 다른 과학자들이 관심을 두지 않는 것을 불평했다. 박제한 동물들을 분해하여 보고 싶어했던 오웬과 산호 표본들을 살펴본 그랜트는 예외였다. 화석 골격들은 오웬의 왕립의과대학에 보관하였다. 비글호 항해에서 연구한 동물학 관계 연구 자료를 출판하는 작업은 다윈의 예상보다 훨씬 빨리 진척되었다. 1838~42년 사이에 굴드가 조류, 제닝스가 어류, 오웬이 포유류 화석, 워터하우스(Waterhouse, G. R.)가 포유류, 벨(Bell, T.)이 파충류에 관한 책을 출판했다. 편집자로서 다윈은 표본의 그림을 그리기 위한 비용을 정부에 신청했다. 협상 끝에 그는 총 1,000 파운드의 연구비를 얻어냈다. 처음에 다윈은 무척추동물에 대한 연구도 포함시킬 생각이었으나 그 전에 연구비가 바닥나고 말았다. 다윈 자신도 몇몇 무척추동물에 대한 연구를 계속했으나 자료의 대부분을 개별적으로 논문을 내는 다른 학자들에게 보냈다. 이런 활동으로 그는 이 나라에서 활약하고 있던 많은 전문가와 접촉하고, 그의 종(種) 연구에 필요한 정보를 얻을 수 있는 네트워크를 구성할 수 있었다. 동시에 다윈은 1839년 『연구지』의 제 1판에 그의 연구 결과를 기고했다. 이는 자신의 여행 경험과 과학적 관찰에 대해 개인적 서술을 기록으로 남김으로써 그가 젊은 시절 숭배했던 훔볼트의 뒤를 따르기 위한 노력이었다. 그는 또한 그의 지질학적 관찰 자료들과 학설들을 출판하는 일도 게을리 하지 않았다.

산호초와 남아메리카 화산섬에 대한 3권의 책은 1842~46년 사

그림 6. 다윈의 학문에 큰 영향을 미친 지질학의 태두 라이엘(Charles Lyell, 1797~1874)

이에 출판되었다. 가장 중요한 것은 첫 번째로 쓰여진 『산호초의 구조와 분포』*The Structure and Distribution of Coral Reef*로, 다윈은 20

개월의 고된 작업 끝에 산호 형성에 대한 그의 원래 학설을 보다 발전시켰다. 이 책은 그의 런던 거주 시기의 대표적 성과로, 존경받는 지질학 이론가로서의 다윈의 면모를 상징적으로 보여 주고 있다. 그는 루드윅이 지적한 대로 당시 영국 과학계에서 가장 활발한 활동을 펼치고 있었던 런던지질학회(Geological Society of London)에 깊이 관여하게 되었다. 수집한 자료가 표면적이기는 하지만, 학회지에는 당시 세즈위크가 이끌던 천변지이설과 라이엘의 동일과정설 간의 대결이 언급되기도 한다. 학회에서는 공식적인 논문을 읽은 후 거침없는 논쟁이 벌어지곤 했다. 라이엘 학설의 지지자였던 다윈은 곧 기본적인 학설을 토론하는데 있어 권위자로 인정받게 되었다. 『통신』*Correspondence* 제 2권은 지질학회가 이미 논문을 출판하기 전에 심사하는 단계를 거치는 현대적인 면모들을 갖추고 있었음을 보여 준다. 다윈은 다른 사람들의 논문을 심사했고, 또 그 자신이 제출한 논문들도 그런 심사를 받았다. 아마도 그의 논문 중 가장 중요한 것은 스코틀랜드 글렌로이(Glen Roy) 지방의 유명한 평행 도로 지형 이론을 설명하려 시도한 것이다. 다윈은 남아메리카에서도 그런 구조를 본 적이 있었고 그런 해안선들은 육지가 부분적으로 바다 밑으로 가라앉았을 때 형성된 것이라고 생각했다. 훗날 루이 아가씨즈가 빙하기의 개념을 원용해 글렌로이의 입구가 빙하로 막혔을 때 호수가 되었다고 주장하자 그는 이 개념을 받아들여 결과적으로 자신의 가설을 포기해야만 했다. 다윈은 자신의 논문을 커다란 실수라고 평하며 철회했지만 실제로 이것은 그에게 여러 가지 다양한 사실을 연결해 생각하도록 하는 좋은 계기가 되었다.

그가 논문을 처음으로 출판하였을 때 학계는 이를 대단한 학문적인 공로로 환영했고 학자로서 그의 입지는 더욱 확고해졌다. 1837년 3월, 그는 이미 학회의 간사가 되라는 권유를 받았으나 거절했으며, 훗날 헨슬로에게 그 이유를 자신의 업무가 과중하고, 논문을 축약하고 출판하는 일을 싫어했기 때문이라고 설명했다. 그러나 그는 1838년 2월 그 직책을 수락했고, 1843년 부회장으로 선출되었으며 1839년 1월에는 왕립학회(Royal Society)의 회원으로 선출되었다. 지질학회에서 활발한 활동을 펼치던 다윈은 당시 영국 과학계의 최고 지성들과 정기적인 교류를 가졌다. 당연하게도 그는 라이엘과 좋은 관계를 유지했다. 다윈은 늘 라이엘의 명확한 사고력과 다른 사람의 일에 공감하는 자세를 칭찬했다. 1841년 라이엘과 글렌로이 학설을 논의하던 한 편지에서 다윈은 "대화로나 편지로나, 당신과 지질학을 논하는 것은 나의 가장 큰 기쁨입니다"라고 밝혔다. 그는 비글호의 화석 자료를 다루었던 오웬을 거물로 생각했다. 그러나 그는 오웬의 성격을 이해할 수 없었다고 고백했으며, 다른 친구들은 오웬과는 잘 지내기 힘든 사람이라고 주의를 주었다. 훗날 오웬은 진화론 전체를 부정하지는 않았지만 자연 선택에 대해서는 극렬히 반대하였다. 허셀경, 휴얼(Whewell, William) 등은 과학 연구 방법론의 권위자로 인정받은 사람들이었고, 다윈은 자신의 공적, 개인적 연구가 그 시대의 공인 받은 기준이 되기를 열망했기 때문에 이들과의 접촉은 매우 중요한 것이었다. 다윈은 또한 위대한 식물학자인 브라운(Brown, Robert)과 이야기를 나누기도 했는데 학문적인 주제에 대한 것은 아니었다. 이런 만남들은 매우 공식적인 학회 분위기에서, 또는 비공식적인 저녁 식사 자리에서 이루어졌다. 다윈은 수학자 배비지(Babbage, Charles)의 유명한 저녁 파티에도 참석했다. 칼라일 등의 문화계 인사들을 만나기도 했으나 그의 런던 생활의 중심은 어디까지나 과학적 접촉이었다. 과학에 열정을 쏟던 다윈은 일밖에 모르는 생활 때문에 자신의 개인적 삶이 제약을 받는다는 사실을 점점 더 깨닫게 되었다. 아마도 1838년 4월 무렵 편지 뒷면에 연필로 남긴 메모에서 그는 그가 할 수 있는 선택들을 열거하며 결혼할 의사를 비쳤다. 그 해 7월 그는 결혼의 장점과 단점을 정리한 도표를 만들었다. 결혼의 단점에는 과학 연구에 몰두할 자유와 시간을 잃는다는 점 등이 꼽혔지만 그의 눈에는 결혼의 장점과 필요성이 더욱 절실해 보였다.

"하느님 맙소사, 이렇게 일벌처럼 평생을 일, 일, 일만 하며 보낸다는 것은 더 이상 참을 수 없다. 안돼, 그럴 수는 없어. 칙칙하고 더러운 런던의 집에서 평생 외로이 살아갈 것을 상상만 해도…. 상냥하고 훌륭한 아내가 소파에 앉아 있고, 따뜻한 벽난로, 책, 그리고 음악이 있는 정경을 생각해 보라. 이 정경과 지금의 컴컴한 그레이트 말보로가의 현실을 비교해 보라."

다윈의 아버지는 그에게 자식을 낳고 싶으면 너무 지체하지 말라고 조언한 듯 하다. 그 해 11월 그는 그의 사촌인 엠마 웨지우드에게 청혼해 승낙을 받았다. 그들은 1839년 1월 29일 결혼해 런던의 어퍼 고우어(Upper Gower)가 12번지에 신접 살림을 차렸다. 다윈이 처음에는 다소 냉정한 태도로 그의 신부감을 찾기 시작했을지 모르지만, 그가 엠마에게 깊은 애정을 느꼈던 것은 의심할 여지가 없다. 그녀는 그에게 정서적인 측면에서 큰 의지가 되었으며 상대적으로 고립된 다운으로 이사한 뒤에는 더욱 그렇게 되었다. 결혼 1년만에 첫 아이인 윌리엄 에라스므스가 태어났고 엠마는 그에게 모두 10명의 자식을 낳아 주었다. 다윈은 대단히 가정적인 사람이 되었고, 엠마는 전형적인 빅토리아 시대 방식으로 가사를 돌봤다.

동시에 다윈은 아내와 자신이 종교관에 있어서 큰 차이가 있다는 사실도 잘 알고 있었다. 엠마는 매우 신앙이 깊은 사람으로서,

그림 7. 다윈의 아내 엠마 다윈은 헌신적으로 다윈을 내조하였다.

규칙적으로 교회에 나갔고, 아이들을 세례를 받도록 했으며, 그들
과 함께 성서를 읽었다. 다윈은 자신의 종교관이 점점 정설을 벗
어난 곳으로 흐르고 있다는 사실을 아내에게 알리지 말라는 주의
를 받았으나 자꾸만 아내에게 솔직히 고백해야 한다고 느끼게 되
었다. 이미 1839년 엠마가 그에게 편지를 보내어 그의 생각이 지

향하는 바를 염려한 것으로 보아 그는 결혼 생활의 초기에 이를 알렸음이 틀림없다. 그녀는 물론 그가 자신에게 솔직히 말하기로 한 결정을 존중했으나 과학 이론이 그를 무신앙으로 몰아가고 있다는 사실에는 괴로워했다. 그녀가 보낸 편지 말미에 다윈은 스스로 이렇게 덧붙이고 있다. "내가 죽거든, 내가 이 편지에 입맞추며 여러 번 울었다는 사실을 알아주오." 그는 자신의 생각이 사랑하는 여인에게 큰 낙담을 주었다는 사실을 잘 알고 있었으며, 그들의 결혼 생활이 그대로 행복을 유지했다는 사실은 그들의 애정이 지적인 벽을 넘어설 만큼 강했음을 보여준다. 보다 실제적인 측면으로 엠마의 반응은 다윈이 앞으로 그의 학설을 설명할 때 부딪칠 정통파 과학자들과 일반 대중의 거센 저항을 늘 생생하게 짐작하게 해 주었다. 결혼하기 전에도 그는 병에 시달리곤 했다. 그는 지적으로 고된 작업을 하거나 심하게 흥분하면 심장이 몹시 두근거리고, 두통과 복통을 느꼈다. 이는 그가 지질학회의 간사를 사양해야 했던 이유 중 하나였다. 결국 그는 그의 발작을 도지게 하는 과중한 업무를 피해 런던을 떠나 다운으로 이사했다. 훗날 그는 별 효과를 보지 못하면서도 여러 곳의 물 치료 시설에서 물 치료를 받았다.

다윈의 병명에 대해서는 명확한 답이 없으며 오직 그의 증세로 미루어 짐작할 뿐이다. 많은 사람들은 그의 증세가 심리적 부담에서 온 것으로 추측한다. 한 때 분석심리학자들은 이러한 증세가 그의 위압적인 아버지에 대한 무의식적인 증오에서 비롯되었을 것이라고 가정하기도 했다. 또 다른 그럴듯한 가정은 그가 탐사 기간 중 남아메리카의 대초원을 여행할 때 커다랗고 시커먼 벌레에 물린 후 기생충에 감염되어 샤가스병(Chagas disease)에 걸렸다는 것이다. 이 가정의 약점은 그가 항해를 시작하기 전에도 심장 박동의 이상을 호소한 적이 있다는 점이다. 그는 선천적으로 신경계와 복부에 이상이 있었을 수도 있다. 현재로는 심리적 부담이 그의 발작에 큰 역할을 했으리라는 설이 유력하다. 이런 증세들이 그의 진화론이 대중적 견해와 갈등을 빚고, 보다 직접적으로는, 아내의 신앙에 상처를 주었다는 사실을 실감하면서부터 심해진 것 같다. 그러므로 1842년 다운으로 이사한 것은 1830년대 후반부터 창안해 내기 시작한 자연선택설로 인해 생긴 심적 부담의 직접적 결과라고 볼 수 있다.

자연선택설의 기원

비록 초기에는 지질학 분야와 관련하여 시작하였지만, 다윈은 점차 라이엘의 동일과정설을 종의 지리적 분포에 적용하는 문제점에 관심을 갖게 되었다. 비글호 항해가 끝날 무렵에 쓰기 시작하여 1837년 6월에 끝을 맺은 그의 『붉은 노트북』*Red Notebook*에서 처음으로 변이에 대한 그의 생각을 찾아 볼 수 있다. 그는 이후 『A, B, 그리고 C 노트북』으로 알려진 일련의 『노트북』을 공개했다. 즉, 『A 노트북』은 주로 지질학 분야와 관련한 내용을 다루고 있으나, 『B와 C 노트북』에서는 변이와 이들의 의미에 관하여 직접 다루기 시작했다. 1838년 7월 이후, 이들 『노트북』은 다시 두 가지 영역으로 나누어졌다. 즉, 『D 및 E 노트북』은 생물학적 진화론을 다루고 있는데 반하여 『M 및 N 노트북』은 이와 같은 학설이 인류와 관련하여 어떤 의미가 있는지에 관하여 중점적으로 다루고 있다. 『E 노트북』에 있는 내용만이 결국 자연선택설을 설명한 최종판이다. 따라서 이러한 일련의 전 과정을 통하여 하나의 학설을 수립하기 위한 다윈의 생각을 자세히 엿볼 수 있다. 처음에는 이러한 『노트북』이 드비어경과 스미스(Smith, Sydney)의 노력으로 간행되었다. 지금은 보다 좋은 상태의 현대판이 발간됨으로써 과학적 창조성을 지닌 이러한 고유한 기록을 전세계 학자들이 유용하게 활용하고 있다.

다윈이 남긴 논문의 유용성이 적지 않았으므로 과학사적 접근을 통한 체계적인 다윈학이 정립되게 되었다. 지난 수십 년간 수많은 학자들이 다윈의 진화론의 기원을 여러 각도에서 상세히 검토하여 왔다. 1984년, 단순히 주제를 중심으로 한 유용한 문헌을 조사하기 위해 시도한 논문만 하더라도 거의 50 쪽에 달했다. 이후, 콘(Kohn, David)이 편집한 권위 있는 다윈의 논문집인 『다윈의 업적』*Darwinian Heritage*을 포함하여 수많은 중요 연구 논문들이 발간되었다. 다윈의 생애에 관한 일반적인 조사만으로는 다윈학에 있어 논쟁의 근거가 되는 기술적인 자세한 표현을 할 수 없지만, 우리는 적어도 그의 생각 중에서 이와 같은 가장 중요한 판단을 하게 된 과정에 대하여 일치된 견해를 설명할 필요가 있다. 현재로써 다윈이 진화론자로 바뀌게 된 결정적인 경험이나, 자연 선택의 기작을 감지하게 된 어떤 갑작스러운 동기가 있었던 것은 아님이 분명하다. 그의 학설은 자신의 생각들을 변화시키거나 심지어 다양한 생각들을 정리하는 계속적인 과정을 통하여 이루어졌다. 또한 과학적, 비과학적인 요인 모두가 그의 사고를 다듬는 데 중요한 역할을 하게 된 것은 분명하다. 자연 선택은 관찰한 현상으로부터 단순히 유도해낸 생각이 아니며, 또한 빅토리아여왕 시대의 자본주의적 경쟁 풍토를 반영한 것도 아니다. 다윈은 영향을 미치는 모든 범위의 것을 종합하여 종의 기원을 설명할 수 있는 고유한 모델을 제시했던 것이다.

물론 다윈은 그가 근본적인 의미를 지닌 논제에 관하여 연구하고 있다는 사실을 나중에 알았기 때문에, 종에 대한 노트북에 기록한 이론들을 그 당시에 출간하지는 않았다. 그럼에도 불구하고,

일부 역사학자들은 다윈의 종에 관한 연구 업적을 지질학자나 박물학자와 같이 그의 출판 활동을 통하여 해석할 필요가 있음을 강조하고 있다. 라이엘의 동일과정설은 종에 관한 다윈의 생각에 결정적인 영향을 주었다. 다윈은 또한 비글호 탐사 때 채집한 표본들을 기재하고 분류하는 과정에서도 변이학자들의 가설을 수용했다. 특히 조류학자인 굴드는 다윈에게 갈라파고스 방울새들이 형태적으로 분명한 차이가 있지만 서로 유연 관계가 가까운 종들이라고 설명했으며, 이는 곧 다윈으로 하여금 창조설에 대해 의심을 갖게 했다. 다윈은 화석종의 유연 관계에 의문이 있을 때는 오웬의 자문을 받기도 했다. 다윈은 자신이 진화론에 관심을 가지게 되었다는 사실을 숨기지 않았다. 1839년 11월 다윈은 헨슬로에게 다음과 같은 편지를 썼다. "나는 계속해서 모든 종류의 사실들을 수집하고 있는 데, 이것들이 종의 기원과 변이를 설명할 수 있는 열쇠가 될 수 있을 것이다." 라이엘과 몇몇 다른 박물학자들도 다윈의 활동을 알고 있었다. 1843년, 다윈은 동물학자이며 비글호 항해 중에 발견한 포유동물들을 기재한 적이 있는 워터하우스(Waterhouse, G. R.)에게 분류와 관련하여 진화론에 대한 자신의 생각을 검증하기 위해 서신으로 연락하기도 했다.

이와 같이 전문가들과 논의한 문제들에 대해서는 다방면의 독서 프로그램에 힘입거나 동물 사육자들에게 직접 문의하여 보완하기도 했다. 다윈은 그가 연구하고 있는 내용과 관련이 있다고 생각되는 생물학 분야뿐만 아니라, 인류 특성의 기원을 밝히는 데 도움이 될 수 있는 심리학, 정치 경제학 또는 다른 여러 분야에 관해서도 체계적으로 독서했다. 1839년, 다윈은 사육자들이 해결해야 할 여러 의문에 관한 목록을 발행했다. 다윈은 도움이 되는 정보를 광범위하게 조사하면서 그는 점차적으로 그 자신의 고유한 이론 정립을 위하여 일정한 방향을 설정해 가고 있었다.

다윈 이론의 독창성에 대한 의문을 두고 여러 역사학자들이 상당 기간 동안 논란을 벌이기도 했다. 일부 학자들은 그가 자연 선택에 관한 이론을 수립하기 위하여, 관찰한 분명한 사실들을 단순히 연결한 것에 불과하다고 여기는 경우도 있었다. 또한 어떤 학자들은 자연 선택의 창안은 다윈 시대의 사회적 배경에서 나타난 경쟁적 개인주의로부터 얻은 것에 지나지 않는다고 생각했다. 그러나 다윈의 이론과 그 당시 다른 자연주의학자들의 생각을 비교해 보면, 곧바로 그가 자신의 이론 정립을 위해 매우 창조적인 방법으로 과학적이고도 합리적인 연구 자료를 사용했음을 알 수 있다. 그 당시, '자연이란 지속적으로 경쟁이 일어나는 현장'이라는 생각을 점차 갖기 시작하는 분위기였음이 분명하며, 몇몇 자연주의학자들은 부적당한 개체들이 도태된다는 것을 인식하고 있었다. 그러나, 일정한 범위를 벗어난 개체들이 도태됨으로써 비교적 단순화한 어떤 종과, 이와는 달리 여러 형태의 변이들이 선택 작용에 의해 종의 특성이 변화하게 되는 또 다른 예를 생각할 수 있다. 경쟁은 창조의 과정에서 기본이 될 수 있다고 생각한 작가들도 있었으나, 자연선택설에 대해서는 명확하게 설명하지 않았다. 철학자인 스펜서(Spencer)가 그 좋은 예가 될 수 있다. 그는 생존을 위한 경쟁은 라마르크식 진화 과정의 자극제가 된다고 보았다. 스펜서는 다윈 자신의 많은 노력과 문제 해결을 위해 매우 독창적이며 본질적으로 다루어온 과학적인 요소들을 사회적인 요소와 애매하게 연관 지음으로써 다윈 학설의 독창성을 제대로 전달하지 못했다.

다윈은 라이엘의 방법론을 원용하여 '어느 한 지역에서 관찰할 수 있는 원인'에 근거하여 과거의 변화를 설명해 보기로 작정하는데 이는 라이엘 자신조차 극구 삼가했던 접근 방법이었다. 라이엘이 라마르크의 변이에 관한 학설을 부정한 데 반하여 다윈은 변이설을 진화의 기본 개념으로 수용했으며, 또 다른 진화의 기구로써 조사하기 시작했다. 다윈은 비글호 항해, 특히 갈라파고스섬에서 발견한 것들을 이해하는 과정에서 이러한 판단을 하게 된 결정적인 계기를 마련하게 되었다. 다윈이 최초로 변이에 관하여 언급한 것과 갈라파고스의 입내새(mocking bird's)들은 별개의 종이라는 굴드의 발표와 서로 견해가 일치했다. 설로웨이가 지적한 바와 같이, 갈라파고스의 종들이 진화의 증거가 된다는 사실을 아직까지 누구도, 특히 굴드 자신조차도 인식하지 못하고 있었다. 다윈 혼자만 그러한 생각을 갖고 있었는데, 그는 자신이 갈라파고스와 남아메리카에서 발견했던 종들 간에 유사성이 너무 많아서 이들은 진화의 결과로 생긴 집단이라는 결정을 내리게 되었다. 진화에 대한 다윈의 모델은 처음부터 여러 다른 종족들이 서로 독립적으로 진화되었다는 가정 아래 이루어졌기 때문에, 이들 모두를 거슬러 올라가면서 연결 지을 수 있는 단순한 계통수는 없다. 보통의 남아메리카산 타조와 그 자신이 새로이 발견한 종 사이의 간격을 연결한다는 것은 멸종된 *Macraucheria*와 현대 아메리카의 라마 사이의 시간적인 틈을 연결하는 것과 동일한 것이었다. 이런 관점에서, 다윈은 한 종의 출현은 갑작스런 도약 즉 도약진화에 의해 이루어진다고 생각한 것 같다. 그는 또한 개체들처럼 종이란 이들이 반드시 쇠퇴하여 멸종된 후에 일정한 수명을 가지고서 생성될 수 있다는 가능성에 대해서도 호의적인 생각을 가지고 있었다.

『B 노트북』을 시작으로 다윈이 변이에 대한 기작의 문제점을 주로 연구하게 되는 데, 결국 선택이라는 새로운 개념이 나타나게 되는『E 노트북』에까지 그대로 이루어지고 있다. 다윈은 할아버지 에라스므스 다윈이 탐구했던 생체 세계를 지배하는 법칙에 대하여 그의 개념을 분명하게 하기 위하여『쥬노미아』를 노트 서두에 기록했다. 호쥐가 강조한 바와 같이, 다윈이 탐구했던 가장 특징적인 점은 발생 또는 유성 생식이라고 볼 수 있다. 이러한 분야에서 그의 관점은 분명히 초기의 유전학적인 특징을 가지고 있었으며, 그의 나머지 생애 동안에도 줄곧 이러한 견해들이 그의 사고에 한 부분을 차지하고 있었다. 다윈은 결국, 환경과 그리고 그 집단을 구성하고 있는 개체들의 생식력이 상호 작용하는 과정에서 진화가 일어난다는 확신을 갖게 되면서 자연선택설을 수립하게 되었다.

실제로 그는 성(性)의 존재 가치를 그 집단이 환경적 변화에 대처할 수 있도록 변이를 보다 확실하게 창조하고 보존하는 데 있다고 생각했다. 왜 생명은 짧은가? 우리는 세상의 모든 물체가 변화하며 순환하고 있다는 것을 알고 있다. 생식에 있어서 부모의 역할은 자식이 단순히 부모의 조직의 일부로부터 생긴 클론이 아님을 확실하게 하는 것이다. 변이는 생장하는 개체들이 정상적인 과정으로 성숙하는 것을 방해하거나 왜곡시킬 수 있는 새로운 환경에 직면했을 때 일어나게 된다. 다윈이 자연선택설을 수립하게 된 동기를 포함하여 초기의 개념은 분명히 목적론적이었다는 것에 주의할 필요가 있다. 그는 환경에 완벽하게 적응할 수 있는 상태로 종이 유지되도록 생식을 통제하는 법칙이 하느님에 의해 만들어졌다고 여전히 믿고 있었다. 실제로, 환경의 변화는 진화에 필요한 변이의 생성을 촉진하게 한다. 그러나 처음에 다윈은 변이가 라마르크의 용불용설처럼 자동적으로 적응된다는 생각을 가지고 있었던 것으로 보인다. 이후, 다윈은 생존 경쟁에 대해 충분히 이해하면서, 환경의 변화는 무작위로 방향성이 없는 변이들을 생성하게 함으로써 생장을 저해하게 한다고 믿게 되었다. 그때조차도, 다윈은 유성 생식이 창조주의 방법에 따라 일어나기 때문에 적응 진화에 필요한 재료 즉 변이는 필요할 때마다 유성 생식이 제공한다고 믿고 있었다.

다른 관점에서 본다면, 다윈은 이미 그 당시 대부분의 사람들이 가지고 있던 생각과는 다른 개념을 갖고 있었다고 볼 수 있다. 그는 모집단으로부터 분리되어 나온 일부 개체들이 지리적으로 격리된 다른 환경 조건 아래에서 오랜 기간 동안 세대를 지속했을 때, 새로운 종이 생길 수 있다고 생각했다. 다윈은 갈라파고스 제도를 마음에 두고, 그곳이 진화의 실제 모델이 될 수 있음을 곧 깨닫게 되었다. 『B 노트북』에서 이미 종간의 유연 관계를 나무 가지 또는 산호 모양의 분지 형태로 설명하는 계통수를 볼 수 있다. 이러한 분지 모델은 라마르크주의자들이나 챔버스의 책에서처럼 직선상으로 표현한 것과는 매우 다른 설명 방법이다. 다윈은 이러한 분지 모델이 생물학적 분류시에 유사한 종끼리 묶는 기준을 설명하는 데 매우 편리한 장점을 지닌다는 것을 알고 있었다. 유사한 종들은 공통 조상을 지니고 있으나, 오늘날 현존하는 생물간에 분명하게 서로 연결 지을 수 없는 것은 이들의 중간 종이 이미 멸종되어 없어졌음을 암시한다.

다윈의 접근 방법 가운데 가장 중요한 특징 중의 하나는 지구상에서 과거 생물들이 지금까지 지나온 자세한 과정을 재구성하려는 의욕을 과감히 버렸다는 점이다. 적응 진화의 과정에 대한 지식은 우리로 하여금 현존하는 생물과 화석상의 생물과의 관계를 이해하는 데 도움을 줄 수 있다. 그러나 진화 과정이란 매우 불규칙적이며 예측할 수도 없다. 화석 자체는 과거에 지구상에 살았던 10여억의 종들 중에서 극히 일부에 지나지 않기 때문에 현존하는 모든 종의 진화적인 조상을 찾아 나간다는 것이 불가능하다. 진화는 지구의 역사 속에 나타났다 사라져간 생물들의 기원을 이해하는 데 도움을 준다. 즉 진화는 우리가 오늘날 보는 살아 있는 생물의 일반적인 변화 과정을 설명할 수 있을 뿐이다.

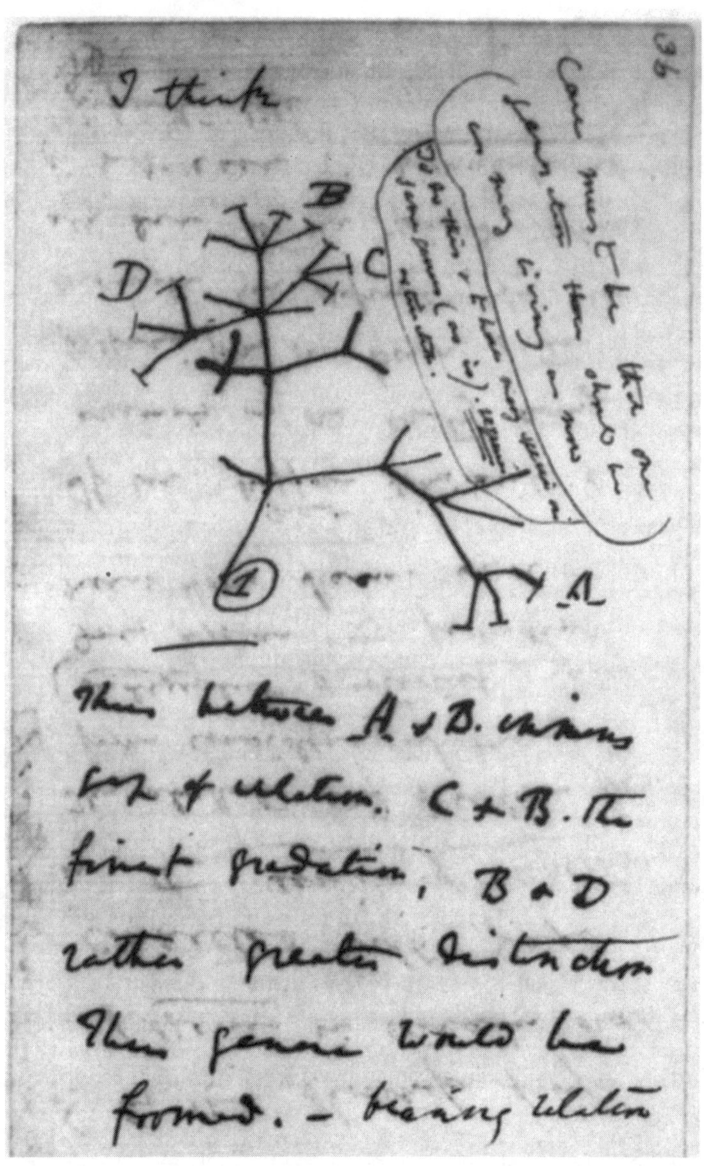

그림 8. 다윈은 그의 「B 노트북」에서 분지 진화의 개념을 도표로 설명하였다.

비록 다윈이 어떤 진화는 고등 생물의 출현을 설명하기 위하여 반드시 점진적인 과정이라고 이해한 바도 있지만, 이미 그는 진화가 예정된 수순을 밟지도 않고, 또한 적응 진화란 용어 자체가 점진적인 뜻을 내포하고 있지도 않다는 것을 인식하고 있었다. 사실, 『B 노트북』은 19세기 진화론에 지속적으로 많은 기초가 되었던 점진적인 척도라는 단순한 가정을 반박한 다윈 초기의 생각을 담고 있다. 어느 한 동물이 다른 동물에 비하여 고등하다는 것은 터무니없는 말이다. 이는 우리가 인간의 뇌의 구조나 지능과 같이 가장 발달한 것을 고등하다고 생각하면, 꿀벌은 의심할 여지없이 본능적인 것이 된다. 여기서 다윈은 어느 한 계통과 다른 계통간의 유연 관계를 비교할 때, 필연적으로 주관적인 과정일 수밖에 없다는 견해를 밝히고 있다. 진화에서 발달 진행은 반드시 일어나지만, 이를 정의하기가 매우 어렵고, 모든·진화의 필연적인 결과는 분명히 아니다. 따라서 다윈은 나중에 그의 추종자 대부분이 제기하였던 발생 모델을 거부했다.

『C노트북』에서는 종의 변화 기작에 대한 확실한 답을 얻기 위해서 실시한 가축의 교배 연구에 관한 내용을 서술하고 있다. 이 연구는 그의 생각을 결정하는데 중요한 역할을 하였다. 다른 박물학자들은 인위 선택의 중요성을 알지 못했으며, 20년 후에 자연 선택의 한 형태를 독자적으로 발견한 박물학자인 월리스 조차도 이것을 인식하지 못했다. 다윈은 1830년대와 1840년대에 연구했던 모든 박물학자들 중에서 무작위적인 변이의 자연 선택에 기초하여 '분기진화설'divergent evolution을 종합한 유일한 사람이었다.

다윈은 그의 자서전에서 가축 육종가들의 활동을 관찰함으로써 자연 선택의 아이디어를 얻을 수 있었다고 하였다. 그는 『종의 기원』에서 자연선택설을 독자들에게 소개하는 방법으로 인위 선택의 이론을 이용하고 있다. 그러나 그『노트북』에는 인위 선택이 그렇게 중요한 통찰력을 제공해주지 못한 것으로 나타나 있다. 후에 다윈은 자신이 발견한 내용을 인위 선택의 모델로 설명하는 과정에서 그 내용을 왜곡시키게 된다. 처음에 그는 사육한 변종들의 출현과 자연 상태에서의 종의 진화사이에 직접적인 관계가 있다는 사실을 깨닫지 못하고, 자연 선택에 의한 진화 기작의 실마리를 찾기 위하여 가축의 교배 연구를 하였다. 그는 육종가들이 어떤 형질을 선택 또는 선별하는 일들이 자연적 변화와 유사하다는 사실을 깨닫지 못했던 것이다. 즉, 그는 육종가들이 선택하는 무작위적 또는 간접적인 변이들이 매우 중요하다는 사실을 깨닫지 못했던 것이다. 다윈은『C와 D노트북』을 통하여 적응적 변이들이 변화한 환경에서 어느 정도 자연스럽게 나타날 수 있다는 생각을 피력하고 있다.

1838년 9월에 다윈이 맬더스의『인구론』*Essay on the Principle of Population*에 대하여 처음으로 언급한 내용이『D노트북』의 말미에 나와 있다. 그는 맬더스의『인구론』을 취미 삼아 읽은 것이 아니라, 진화론의 정립을 위한 체계적인 독서 계획에 따라 읽었던 것이다. 맬더스가 언급한 생존 경쟁의 개념은 다윈이 자연 선택의 생각을 이끌어내는 데 중요한 영향을 미치게 된다. 다윈은『D노트북』의 앞부분에서 경쟁이라는 개념을 통하여 선택이라는 개념을 생각해낼 수 있었다고 하였지만, 그『노트북』을 자세히 분석해 보면, 그가 기존의 가지고 있던 개념의 틀을『인구론』을 통하여 단순히 변형시킨 것 같다. 그는 자연계에서는 생물 종들이 그들의 경쟁자와 이계 교배를 하려고 하고, 그들의 영토를 차지하려고 하는 경쟁이 끊임없이 일어나는 것으로 생각했다.

『E노트북』을 보면, 다윈은 생물들이 자신의 집단을 넓히려고 하는 경향 때문에 나타나는 끊임없는 압력이 같은 종의 개체들 사이의 경쟁을 유발한다는 사실을 깨닫고 있었던 것 같다. 즉, 다윈은 마침내 자연 선택의 기작을 구체적인 형태로 이해할 수 있게 되었던 것이다. 다윈은 목부들이 변종을 만들기 위하여 선택하는 무작위적 또는 간접적인 변이가 자연 상태에서도 존재한다는 것을 깨달았다.

그는 자연 상태에서는 새로운 형질을 만드는 조건들이 변하기 때문에 사육 상태에서 보다 변이가 더 적게 나타나는 것으로 생각하고 있었다. 사육한 종들은 인위적 조건에 있었기 때문에 많은 변이가 나타나지만, 자연 상태에서는 지질학적인 힘에 의해서 만들어지는 점진적인 환경의 변화로 인하여 변이율이 낮다고 생각했다. 생존 경쟁이 지속되어 왔기 때문에 새로운 조건에 적합한 형질을 갖고 있는 개체들은 더 좋은 생존 기회를 갖게 될 것이고, 그들의 특성을 자손에게 더 잘 전달할 수 있게 될 것이다. 삶의 경쟁에서는 작은 것이 균형을 깰 수도 있다. 만약 하나의 종자가 비록 약간의 유리한 점을 갖게 된다하더라도, 더 잘 번식할 수 있게 될 것이다. 다윈은 똥개를 인위적인 교배를 통하여 사냥을 잘하는 명견으로 만드는 것처럼, 적응성이 있는 하나의 특정한 형질을 갖는 개체를 만들 수 있다고 생각하였고, 자연 선택의 과정은 인위적인 선택과 유사하기는 하지만 매 세대마다 모든 개체의 모든 형질을 철저히 선별하기 때문에 훨씬 더 효과적일 것이라고 생각했다. 다윈은 이러한 과정이 생물의 다양한 적응적 진화를 가능하게 하고, 생물 종들을 환경에 가장 적응성이 좋은 상태로 유지시킨다고 생각했다.

맬더스의 원리는 다윈으로 하여금 중산층의 개인주의적 사고로부터 그의 영감을 이끌어내게 하는데 부분적인 역할을 하였다. 맬더스가 생각했던 것처럼, 가난한 사람들이 굶주렸을 때 사회적 다윈주의에서 처음 예상했던 것과 같은 생존 경쟁이 종종 나타났다. 그러나 그는 다양한 능력을 갖춘 사람들은 아무런 경쟁 없이 자유롭게 부를 얻을 수 있다는 사실을 알지 못했다. 맬더스는 자신의 원리를 열심히 일하는 사람들에게 용기를 북돋아 주려는 신의 방법으로 설명하였고, 이 목적론적 관점은 젊은 다윈의 생각과 잘 일치하였다. 다윈은 그의 연구결과와 잘 일치하는 맬더스의 설명에 깊은 감명을 받았으며, 말년에 그는 원본에는 없는 어떤 것을 맬더스로부터 얻었는데, 그것은 "경쟁은 매 세대마다 적합하지 못한 것을 제거하는 창조적 과정이다"라는 내용이다. 맬더스는 생존 경쟁이라는 단어를 단지 원시종 사이에서의 경쟁을 애기할 때만 사용하였고, 개인주의와 관련해서는 사용하지 않았다. 이 책은 다윈으로 하여금 유럽의 정착민들에게 쫓겨나는 원주민들을 생각나게 했던 것 같다. 만약 우리가 개인주의 사상에 대한 다윈의 생각을 확인하기를 원한다면, 맬더스 외에 다른 예를 찾아보면 된다. 그는 자유 분방한 모험적인 계획에 기초한 사회 건설을 부르짖은 아담 스미스(Adam Smith)와 다른 정치 경제학자들의 작품을 즐겨 읽었으며, 그의 가족은 성공한 중산층 개인주의자들과 전문가들로 구성되어 있었다.

다윈은 경쟁의 의미를 하나의 집단을 구성하는 개체들 사이의 경쟁으로 생각하였다. 이것으로 미루어 그는 자유 분방한 개인주의 사고를 갖고 있었다는 것을 알 수 있다. 진화는 사회적 과정처럼 환경에서 생존해가려는 경쟁자들의 경쟁같이, 집단을 구성하는 개체들의 꾸준한 경쟁 때문에 일어난다. 그러나 그의 이론이 중산층의 전형적인 가치를 대변해 주지는 못한다. 스펜서와 같은 또 다른 사상가들은 생물학적, 사회적 진화주의의 근거로 경쟁이라는 말을 사용하였다. 그러나 그 누구도 실제적인 생물 창조 기작으로써, 환경에 적합하지 않은 것이 선택적으로 제거되는 것을 보지 못했다. 스펜서는 생존 경쟁을 개체들이 자신을 발전시키려고 노력하는 과정으로 설명하였다. 그의 이론은 다윈이 생물 진화의 불규칙적인 특징을 이해할 수 없었던 필수적인 진화 과정의 한 요소를 포함하고 있다. 맬더스가 강조한 집단의 압력에 관한 내용은 다른 측면으로도 이용될 수 있다. 다윈은 인구론을 자신의 시대에서 이용한 유일한 사람이었고, 이러한 그의 사상은 빅토리아여왕 시대의 스펜서와 같은 전형적인 진화주의자들의 낙천적 진보주의를 보다 더 지속시키는 사상적 근원이 되었다.

다윈은 끊임없이 변화하고 있는 지구에서 적합한 생명을 유지하기 위한 신성한 목적을 수행하고 있는 것이 변이와 경쟁이라고 믿었었고, 이것은 그가 아직도 전통적인 믿음에서 완전히 벗어나지 못했음을 말해준다. 그렇다고 하더라도 그의 이론이 팔리의 교조적인 '영국교회주의' Anglicanism 이론을 단순히 변형시킨 것이라고 생각하는 것은 너무 지나친 생각인 것 같다. 다윈은 '유신론자(일신론자)' theist라기 보다는 '이신론자(자연신교 신봉자)' deist였다. 그의 이론의 기작에는 숨어 있는 목적이 있지만, 그것은 자연 법칙의 엄격한 적용에 의해 일어나는 것으로, 모든 생물의 활동을 신성한 신이 관장한다는 측면은 없다.

또한, 『M과 N노트북』을 보면 그가 유물론자 및 '결정론자' determinist의 관점을 견지하고 있음을 분명히 알 수 있다. 그의 진화론은 동물계의 한 구성원인 인류를 포함하여야만 한다는 것으로부터 출발하고 있다. 다윈은 초기에 "만약 모든 인간이 죽게된다면, 원숭이가 인간을 창조할 것이며, 인간은 천사가 될 것이다"라고 하였다.『M과 N노트북』에는 인류의 진화 과정에 대한 수많은 추측을 제시하였다. 이들『노트북』은 인류 조상의 출현에 대한 여러 가지 쟁점들을 다루고 있다. 다윈은 인간의 무의식적 행동은 매우 잘 구조화된 두뇌 속에서 진화적으로 프로그램된 본능적인 것이라고 생각했다. 그의 『비밀 노트』에서도 "나는 아이의 두뇌는 부모를 닮기 때문에 감정이나 재능은 유전한다고 믿는다"라는 내용의 주제들을 주의 깊게 다루고 있다. 그는 사람들이 감정을 표현하는 여러 가지 양식을 보면, 인류 조상이 동물일 것이라는 흔적을 분명히 알 수 있다고 하였다. 다윈은 진화 과정 속에서 어떤 행동 양식이 어떻게 사회 집단에 살고 있는 종에서 본능화 되었는가에 따라 우리의 도덕적 가치가 부여되었다고 생각하였다. 도덕성은 단지 이와 같은 사회적 본능을 합리화한 것이라고 생각했다.

아주 초기 단계에서 다윈은 그 시대의 사람들이 오랫동안 그의 이론을 반박했던 내용들을 충분히 수용하는 과정에서 자신의 진화론에 대한 가장 근본적인 의미를 깨닫게 되었다. 그의 부인 엠마는 이와 같은 다윈의 생각을 잘 알고 있었으며, 『N노트북』의 말미를 보면, 엠마는 그를 인간의 특성을 간파하려고 하는 권위자로 생각했던 것 같다. 이러한 엠마의 생각은 그녀의 독실한 종교적 입장으로 인하여 남편이 탐구하고 있는 진화론의 유물론적 의미를 매우 싫어했기 때문에 나온 것으로 이해할 수 있다. 역사가들은 다윈이 그의 이론을 발전시키는 수십 년 동안 종교적 믿음의 어떤 형태를 수용했는지 아닌지에 대해 끊임없이 논쟁을 벌여왔다. 그의 진화론이 인간의 특성에 대한 자연선택주의의 유물론적 의미를 지님에도 불구하고, 많은 사람들은 그가 자연계는 이성적인 신에 의해서 창조되었다는 믿음을 계속 갖고 있었다고 생각하고 있다. 이것은 아마도 콘의 제안에 따르는 것이 더 합리적일 것이다. 다윈은 유물론적 경향과 유신론적 경향 사이의 긴장감으로 인하여 진화론을 구상하는 데 더욱 활력을 얻었다. 그는 일관된 입장으로 결론을 내리는 대신, 서로 다른 논제에 대해서도 주의를 기울이려 노력하였다.

같은 이유 때문에 진화 과정을 전개하는 다윈의 태도에도 똑같은 긴장감이 나타난다. 『노트북』들에는 진화는 계속된다는 그의 생각을 피력한 글귀들이 많다. 한때 많은 역사가들은 다윈이 자신의 이론을 손상시키는 새로운 이론에 빠져 있었다는 사실을 잊어버리는 경향이 있었다. 현재 많은 다윈주의 학자들은 다윈의 진보주의자적인 의견을 더 진지하게 수용해야만 하며, 현대 다윈주의에 대한 반진보주의자적 관점을 다윈의 생각이었던 것처럼 파악하려는 경향에 대하여 경계하고 있다. 이와 같이 해석을 하는 이유는, 그의 『노트북』들에 진보주의자적 문화적 가치를 추구하는 사람들의 생각이 나타나 있기 때문이다. 다윈은 진화는 궁극적으로 이들 문화적 가치들이 이어지는 과정에서 고등 생물을 필연적으로 발생시킨다는 점에서 유럽 문화의 가치들은 어느 정도 자연 자체의 필연적인 귀결일 수 있다고 생각하였다. 자연의 의지를 파괴하지 않는다는 전제 아래, 다윈은 인간의 문화가 지금까지의 우주 활동의 최고점이었다는 생각을 지지할 수 있는 진화주의를 기대했다. 그는 인류를 물질적 특성의 한 산물로서 간주하였지만, 이와 같은 관점이 자연이 시간을 통하여 이러한 가치들을 발전시키도록 고안됨으로써 제공한 모든 도덕적 가치를 무의미하게 만들지는 않았다.

동시에 다윈이 진화의 과정을 기존의 원종에서 분기한다고 생각함으로서 그를, 자연은 단순히 현대 인류를 향해 발생 단계의 사다리로 올라간다고 생각하는 통상적인 진보주의자로 간주하게 만들었다. 사실 다윈은 생물학자로서 자신이 의문을 갖고, 알고 싶어했던 내용을 발견했지만, 자신이 빅토리아여왕 시대의 사람이라는 것을 떨쳐버리는 것이 어렵다는 것을 알았다. 우리는 다윈이 현대 생물학자들이 그의 이론으로 파악하고 있는 모든 반진보주의자적 의미를 완전히 알고 있었다고 생각해서는 안된다. 또한 우리는 다윈을 단순히 자연을 중산층 문화의 확장으로써 묘사한 또 다른 진보론자로 생각해서도 안된다. 오늘날, 우리들이 스펜서와 같은 진보주의자들은 역사 속에 묻혀졌음에도 불구하고, 다윈을 기억하고 있는 것은 그가 그 시대의 가치를 훼손시킬 가능성이 있는 이론을 제시했기 때문일 것이다. 만약 다윈이 진보론자였다면, 그는 빅토리아여왕 시대의 가치 기준으로 볼 때 매우 이상한 사람이었을 것이다. 그러나 대부분의 사람들은 진화를 필연적인 진보적 힘으로 생각하였으며, 그는 최상의 진보는 오로지 점진적인 변화를 통해서 이루어진다는 것을 깨닫고 있었다. 자연의 모든 생물들이 끊임없이 변하는 자연 환경에 적응하려고 하는 매우 복잡한 과정 속에서, 생물 종들은 오랜 기간에 걸쳐 그들의 조상 종보다 더 복잡해지려는 경향이 있다. 만약 인간이 최고의 창조물이라면, 그것은 결코 미리 예상할 수 없었던 매우 불규칙한 과정을 통하여 그 정점에 도달한 결과일 것이다.

다윈은 생물의 창조는 신에 의해서 이루어진 것이 아닌, 진화의 산물이라고 생각하였지만 내면적으로는 그의 생각이 그 시대의 전통적 가치에 반하지나 않을까하는 긴장감 속에서 살았던 것 같다. 다윈은 그가 하고 있는 일의 중요한 의미를 알고 살았지만, 매우 위험한 상황에 처해 있다는 것도 알고 있었다. 그의 부인조차도 그의 이론에 찬성하지 않았으므로, 진화론의 탐구 과정에서 매우 심한 심리적 압박을 받았으며, 극단주의자로부터 테러를 당할 위험에 처할 수도 있었기 때문에 그는 집에만 있어야 했다. 만약 다윈이 대도시인 런던에서 살았었다면, 그의 진화론을 과학적으로 정립하지 못했을지도 모른다. 그가 유물론자의 관점을 수용하고 있다는 것이 알려지게 되었기 때문에, 비록 그가 그의 이론이 신비스러운 종교적 믿음과 조화를 이룰 수 있길 희망했을

지라도 당시의 시대상으로 미루어 사회적으로 배척을 당할 수밖에 없었다. 따라서 여러 요소들이 그를 더 외딴 곳으로 이사하도록 만들었다. 다윈은 런던 근교의 시골집에서 살았기 때문에 도심의 압력으로부터 피할 수 있었고, 그곳에서 많은 박물학자들과 교감을 나눌 수 있었다. 그는 1842년 다운(Down)으로 이사를 함으로써 그의 생각을 과학적으로 이론화시키는 새로운 전환점을 맞게 된다.

제6장
진화론의 정립을 향하여

다운 하우스(Down House)로 거처를 옮긴 다윈은 비교적 평온하
고 자유로운 분위기에서 자연 선택에 관한 개념을 정리하고 발전
시킬 수 있었다. 그가 후반기에 정리한 노트에는 이미 기본 개념
의 윤곽이 명확히 잡혀져 있었고, 1842년부터 학설의 초고를 저
술하기 시작하여 17년 동안 계속 정리하여 나갔다. 자신이 원하
고 또 필요하다면 다시 종합하고 정리하는 작업을 반복하였다.
현대사가들이 다윈을 은둔자로 평가한 것과는 다르게 다윈은 놀
랍게도 목적을 달성하기 위해 폭 넓은 정보망을 구축하고 있었
다. 다윈은 가축 육종가 및 자연주의자들과 광범위한 정보를 교
환하였고 그로부터 진화론을 정립하는데 많은 도움을 받았다. 진
화의 개념을 알려 주고 비판적인 의견에 귀를 기울임으로써 그의
사상을 다듬어 나갔다. 다윈은 그의 사상을 이 세상에 널리 알리
기 전에 검증해 줄 영향력 있는 과학자들의 모임을 만들고 싶어
했다.

다윈은 투병 생활 중에도 진화론에 보탬이 될만한 자연사 영역

의 연구에 열정을 쏟았다. 특히, 당시까지 별로 주목받지 못했던 만각류[1]에 관해 광범위한 분류학적 연구를 수행하였다. 만각류의 표본과 화석에 관한 연구 논문 덕분에 다윈은 생물학자로서의 지위가 확고하여졌을 뿐만 아니라 집단의 변이성을 관찰할 수 있었고 또 진화론이 생물의 분류에도 의미가 있음을 알 수 있게 되었다. 덧붙여서 다윈은 가축 육종에 관한 실용적인 연구를 수행하였고 또 생물지리학에 관한 작업도 계속하였다.

그러한 연구들은 단순히 진화론에 대한 증거를 보강하는 것만은 아니었다. 한때 역사가들은 진화 체계에 관해서 견해의 차이는 있었겠지만 1840년 초반까지 대충 완결되었다고 가정하였다. 그 이유는 다윈이 유물론자로 낙인찍히는 것을 두려워하여 출판을 망설였기 때문이었다. 다윈이 명성을 잃을까봐 걱정했으리라는 점도 있겠지만 적어도 우리가 현재 알 수 있는 것은 진화론이 아직 불완전하다고 다윈 자신이 출판을 자제했을 것이라는 점이다. 다윈은 계통수 모양의 진화 체계에 대하여 생각은 하고 있었지만 아직은 정확한 이해가 부족하였다. 다만 1850년대 중반에 종의 분기 현상에 대한 만족할 만한 이해를 감지하였고, 그 후에 출판을 위하여 진화론에 관한 본격적인 집필 작업을 수행하였다. 그런데 1858년, 자연선택설을 독자적으로 발견하여 설명한 월러스의 논문이 출현함으로 다윈의 작업은 타격을 입게 되었다. 따라서 다윈은 그의 진화 체계를 간결하게 정리하고, 서둘러서 『종의 기원』을 출판하기에 이르렀다.

---

1) 만각류 : 거북손, 따개비, 조개삿갓류들이 속하는 갑각류의 한 부류.

다운에서의 생활

다윈 일가는 1842년 9월 14일, 켄트의 다운 마을에 있는 다운 하우스로 이사를 했다. 다윈의 아버지는 그 집을 약간 깎아서 2,200파운드에 샀다. 그 집에 관해서 다윈은 여동생 캐서린에게 보낸 편지에 다음과 같이 쓰고 있다.

"새 집도 헌 집도 아닌 그저 그런 집. 벽두께는 2 피트. 창문은 쪼그맣고. 천장은 아주 낮음. 서재 18×18야드, 식당 21×18야드, 응접실 21×15야드의 3층집이며 침실 많음."

고독을 즐기면서도 한편으로는 런던에 쉽게 갈 수 있는 가까운 거리에 살기를 바라는 사람에게는 이 다운 하우스가 아주 이상적이고 알맞은 곳에 위치하고 있었다.

"위치 - 켄트의 다운 마을에서 약 1/4마일. 런던으로부터 10마일 거리에 있는 기차 정거장에서 8 마일 반 거리. 정거장에는 기차가 많음. 다운 마을에는 대략 40 가구가 살고 있고 마을 한 가운데는 오래된 호도나무와 고풍스런 교회가 있음. 좁은 길들이 교차됨. 다른 어느 시골보다 오솔길이 많고 좁은 오솔길과 높은 산울타리 때문에 유난히 시골티가 나고 조용함."

다윈은 밖에서 집안이 들여다보이는 것을 막기 위해 현관 앞의 산책로를 낮추는 등 몇 년 동안 집과 정원을 손질해 왔다. 그 결과 다운 일가는 안락한 주거 환경을 갖게 되었고 남은 여생을 행복하게 지낼 수 있으리라는 예감을 갖게 되었다.

다운 하우스는 다윈이 살면서 느끼던 그 모습 그대로 오늘도

그림 9. 다윈은 다운으로 이사하여 이 다운하우스에서 「종의 기원」을 집필하고 그의 여생을 보냈다.

여전히 우리가 볼 수가 있다. 그 건물은 왕립의과대학 구내에 다윈 기념관으로 보존되어 있고 일반인에게도 공개되고 있다. 다윈의 서재를 비롯하여 여러 개의 방을 복원하였고 방문객들은 조그만 숲을 삥 둘러 다윈이 운동하며 늘 걸었던 산책로인 '모랫길'을 비롯하여 넓은 정원을 그 때를 회상하며 산책할 수 있다.

그러나 새 집에서의 생활은 비극과 함께 시작되었다. 3주만에 부인 엠마는 딸 메어리 엘리너(Mary Eleanor)를 출산하였는데 불행하게도 이 아이는 며칠만에 세상을 떠나고 말았다. 그 후 짧은 기간에 엠마는 여러 명의 아이를 낳았는데, 1843년에 헨리에터(Henrietta), 1844년에 죠오지(George), 1847년에 일리저버스(Elizabath) 그리고 1848년에 프란시스(Francis)를 차례로 낳았다. 다윈 부부는 헌신적으로 자녀들을 돌보았고 방문객들은 그들의 행복한 모습을 화제 삼아 말하곤 했었다. 다윈은 아버지로서 자녀들을 돌보면서 동시에 진화론자로서 인간의 정신적 기능의 기원과 감정이 표출되는 방식에 대한 실마리를 발견하려는 기대를 가지고 자녀들을 관찰하기도 하였다. 그러나 그렇게 남부러울 것 없이 단란했던 가족의 행복은 혹독한 대가를 치뤄야 했다. 1851년에 10살 난 첫딸 앤(Anne)이 세상을 떠난 것이다. 케로라인에게 보낸 편지에 그 비통한 심정을 다음과 같이 쓰고 있다.

불쌍한 꼬마 앤이 맬버른에서 잘 놀다가 갑자기 구토를 하였다. 처음에는 대수롭지 않게 생각했는데 급속히 열이 오르내리더니 10일만에 저 세상으로 가고 말았다. 불행 중 다행인 것은 고통 없이 마치 꼬마 천사처럼 조용히 눈을 감았다. 단 한가지 우리에게 위안이 되는 것은 그 아이가 짧지만 즐거운 생을 누렸다는 것이다. 사랑하는 앤은 예의바르고 솔직하며 쾌활하고 사람을 잘 따르는 성격 때문에 더욱 사랑스러웠다. 가련한 작은 영혼이여 모든 것이 끝났구나.

가족들이 서로 위로하면서 남은 가족들이 살아가는 방법밖에는 도리가 없었다.

다운에서 지내는 동안 다윈은 만성적인 질병에 시달리면서도 가능한 한 많은 시간을 진화론의 연구에 할애할 수 있도록 계획을 세우고 이를 추진하였다. 아침 일찍 일어났고 식사 전에 간단한 산책을 거르지 않았다. 중요한 일은 오전 8시에서 9시30분 사이에 처리하였고 그 후에는 우편물을 점검하거나 큰소리로 소설을 읽었다. 10시 30분쯤 다시 작업을 시작하여 정오까지 계속하였고 또 산책을 했다. 때로는 온실에 가서 실험 식물을 점검하기도 하였다. 다윈은 여전히 정치에 깊은 관심을 가지고 있었으며 점심 식사 후에는 늘 신문을 읽었고 대체로 이때에 편지를 쓰기도 했다. 말년에는 아들 프란시스가 아버지의 편지를 받아쓰는 역할을 하기도 했다. 잠시 휴식을 취한 후 엠마와 함께 소설을 소리내어 읽고 산책 후 저녁 식사 전까지 그 날의 마지막 일을 계속하였다. 다윈은 식사시간에 가족과의 대화를 대단히 즐거워했고 이때 대화의 주제들은 다음날 작업을 위해서 정신적으로 신선한 촉진제가 되었다. 과학 서적을 읽는 대신 잠시 동안은 엠마와 함께 서양주사위 놀이를 하거나 엠마의 피아노 연주를 감상하기도 했다. 그리고는 이내 잠자리에 들지만, 쉽게 잠들지 못하는 때가 많았다.

병세가 심해질 때는 엠마의 간호에 전적으로 의지해야 했고 그는 연구를 중단할 수밖에 없었다. 다윈은 생전에 진화론의 정리 작업을 미처 완성하지 못할까봐 심한 공포감을 가지고 있었으며, 나중에 독자들도 알게 되겠지만 혹시 다윈이 불시에 세상을 떠난다 해도 엠마가 진화론을 차질 없이 출판하도록 준비시키고 이를 확인하였다.

1884년 슈루스버리에 있는 부친의 집을 방문했을 때 엠마에게 보낸 편지에서 다음과 같이 썼다. "나의 사랑하는 아내, 당신에게 좋은 남편으로 기억되는 것을 바랄 자격도 없소. 나는 가난하고 늙고 병들어서 불평만 늘어놓는 남편이 되어 당신의 생활을 엉망으로 만든 죄인이오. 다만 아이들은 내가 해줄 수 없는 것을 당신에게 안겨줄 커다란 위안이 될 것이요." 그러나 엠마는 불평 없이 기쁨을 가지고 헌신적으로 어머니와 아내로서 가족에 강한 힘을 보여준 여성이었다.

아버지 로버트는 1848년 11월 13일에 세상을 떠났다. 그러나 그 때에 다윈은 병세가 심했고 슈루스버리에 너무 늦게 도착하여 아버지의 장례식에도 참석하지 못했다. 다윈은 당시로서는 제법 상당한 액수인 45,000 파운드의 유산을 물려받게 되었다. 다윈은 연구에 몰두하는 사람이었지만 한편으로 천부적인 자본주의적 재질이 있었기 때문에 그 돈을 투자하여 몇 년만에 많은 이익을 남겼고 그 돈으로 많은 식구를 충분히 부양하였다.

다윈은 그 지역에서 가장 큰 집을 소유한 사람중 하나라는 점에서도 그 지역의 유력 인사 노릇을 했을 것으로 추측된다. 무어(Moore, James)는 실제로 다윈이 그 지역의 스쿼슨(squarson, 지역 유지와 성직자의 복합어)의 역할을 하였다고 암시하였다. 엠마의 독실한 신앙심의 영향을 받은 가족들은 지역 교회와 밀접한 관계를 맺었다. 다윈도 1846년에 교구 목사가 된 인니스(Innes, Brodie) 목사와 친분을 가졌으나 그 후 목사가 바뀐 뒤에 교회와 관계를 끊었다. 다윈은 우정클럽(Friendly Club)의 결성을 도왔고, 석탄과 의류협회(Coal and Clothing Club)의 회계를 맡았으며, 성공회의 전국 학교와 주일 학교에 재정을 지원하기도 하였다. 1857년 이후에는 카운티의 지사를 역임했다. 지역의 여러 가지 일에 관여하면서 다윈은 명예욕을 충족시켰던 것으로 보인다. 지방 사람들은 평상인의 사고 범위를 벗어난 다윈의 의견에 대해 이해하기 힘든 부분이 없지 않았겠지만 다윈은 지방 행정 책임자로서 원래 부여된 역할에 잘 적응하여 일을 수행하였다. 런던의 과학계와 일상의 접촉을 단절함으로써, 물의를 일으킬 위험의 소지가 있는 다윈의 진화론에 관한 비밀은 당분간 안전을 유지할 수 있었다.

다윈은 그의 자서전에서, 다운에서의 생활이 그의 은퇴 생활을 완벽하게 만들어 주었다고 술회하고 있다. 그러나 진화론의 정리 작업을 계속하려면 학계와 격리되어 있어서는 불가능한 일이었으므로 어쨌든 과학계와 접촉이 필요하였다. 초창기에는 런던에 자주 출입하였다. 이른 아침 시간에 기차를 이용하였는데, 덕분에 그의 일상 생활에서 가장 컨디션이 좋은 시간에 과학자들과 토론할 수 있었고 또 책이나 표본을 구할 수 있었다. 1840년에 도입된 1페니 우편 제도의 시행으로 여러 사람들뿐만 아니라 연구 기관들과의 접촉도 훨씬 쉬워졌다. 다윈은 가축 육종가 협회에 가입함으로써 변이와 유전에 대한 실용적인 정보를 얻을 수 있는 정보망을 구축하게 되었고 그들과 경쟁을 할 필요가 없어지게 되었다.『다윈과 가축 육종가들』*Darwin and the Breeders*이란 책을 쓴 세커드는 많은 가축 육종가들이 그들의 작업이 주먹구구식이 아니라 과학적 근거 아래 수행하고 있다는 것을 알리려 애쓰고 있었다. 그래서 권위 있는 출판을 보증 받으려는 희망으로 다윈이 정보 제공을 요청하면 가축 육종가들은 기꺼이 정보를 제공하였던 것이다. 자연주의자들도 비글호 여행 결과를 출판한 다윈의 명성을 알고서 너도나도 다윈과 교신하기를 원했다. 그러나 여기에서 한 가지 어려움은 다른 사람들에게 속마음을 드러내 보이지 않으면서 정보를 입수하여 정보망을 구축하는 것이었다.

다윈은 자신의 진화론에 동조하는 것으로 생각되는 사람들을 선택하여 확인하고자 원했으므로 접촉은 좀 더 공개적이고 직접적으로 이루어졌다. 다윈 자신이 종의 변이성과 안정성에 관심을

가지고 있다는 사실을 더 이상 비밀로 할 필요가 없어졌고, 점차
적으로 선택된 소수의 사람들과는 비공인된 다윈의 사상에 관한
정보를 교환하게 되었다. 독자들은 이미 1840년대 초기에 다윈이
동물학자 워터하우스와 함께 생물 분류를 위한 진화론의 의미를
탐색한 바 있음을 알고 있다. 적어도 1840년대 중반에는 라이엘
을 비롯한 5~6명의 다른 과학자들이 다윈 사상의 방향에 대해
대충 감을 잡고 있었다.

　아마도 그중 중요한 인물로는 남극 탐험에서 갓 돌아온 식물학
자 후커(Hooker, J. D.)를 빼놓을 수가 없을 것이다. 큐(Kew)에 자
리잡은 왕립식물원원장인 윌리엄 후커경의 아들로서 아버지의 뒤
를 이어 식물원장이 되기를 원했던 후커는 남극 탐험을 떠나기
직전 트라팔가 광장에서 다윈을 잠시 만난 적이 있었다. 탐험에
서 돌아온 후 다시 교제하기 시작한지 두 달도 되지 않아 다윈은
그 동안 공들였던 인생 게임이 물거품처럼 꺼져버릴 일대 위기를
맞을 뻔하였다.

　"나는 갈라파고스 제도의 생물 분포와 미국의 포유류 화석의 특징
에 정말 깜짝 놀랐다. 그래서 종의 다양성에 관한 정보들을 좀 더 광
범위하게 수집하기로 작정하고 농학과 원예에 관한 책들을 닥치는
대로 읽어 나갔다. 드디어 섬광처럼 뇌리를 스치는 생각들을 정리하
였다. 당초에 생각했던 것과는 반대로 종이 변할 수 없다는 것이 진
실이 아니라는 확신에 도달하였다. 이것은 마치 살인범이 그의 범행
을 사실대로 고백하는 것과 같은 셈이었다. '일정한 방향을 향하여
진보하는 경향', '어떤 동물이 의지에 따라서 서서히 적응해 가는 것'
등으로 설명한 라마르크의 어설픈 주장을 판별해 낼 수 있는 능력이
하늘로부터 주어진 것 같았다. 겉보기로는 변화의 과정이 라마르크의
설명과 같을지라도 내용에 있어서는 판이하게 다른 결론에 도달하였
다. 그것은 생물들이 각자 나름대로의 다양한 수단을 통해서 진화 계

그림 10. 식물학자인 후커(Joseph Dalton Hooker, 1817~1911)는 다윈의 자연선택설을 지지하였다.

통수의 여러 다양한 종착점을 향해 적응해 간다는 사실이다."

후커는 1884년 『에세이』*Essay*에 쓰여진 다윈 진화론의 상세한 내용을 살펴본 첫 번째 인물이다. 그 후 몇 년간 두 사람은 지리적 분포에 대해 오래 동안 논쟁을 계속하였다. 후커는 남극 여행 말고도 1847년부터 1850년 사이에 인도에서 식물을 채집하면서 연구한 경력을 가지고 있었다. 따라서 식물의 지리적 분포에 대해서는 풍부한 지식을 가지고 있었다. 분포의 메카니즘에 대한 다윈의 관점에 대해 비판할 능력이 갖추어져 있었다. 그러나 후커는 결국 초기의 회의적 태도를 바꾸어서 다윈 사상에 대한 첫 번째 전향자중의 한사람이 되었다. 1850년대에는 다윈의 다른 잠재적 지지자들과 마찬가지로 젊은 헉슬리(Huxley, Thomas Henry)가 다윈의 진화론에 매료되었다.

이제는 다윈의 사상에 대해 맹렬하게 공격하거나 유물론자라고 공공연하게 비난하는 사람도 없었기 때문에 사람들과 접촉하는데 어려움은 없었다. 다윈은 동조자들을 모아서 작은 그룹을 구성하고 변이에 대해 심도 깊은 주제 토론을 진행하였으며 점차적으로 그의 생각을 대중에게 설득해 나갔다. 다윈은 진화론에 관해 공격받는 대신에 정통성의 기초를 마련함으로써 명성을 쌓아 올라갈 수 있었다. 낡은 창조설에 덜 물든 사람들을 찾아서 점차적으로 종 문제에 대한 새로운 접근 방식을 택하도록 설득하기 시작했다. 문제가 공론화 되면서 다윈의 이론은 영국 내의 젊은 자연주의학자들의 개인적인 비난을 견디어 내면서 강한 힘을 발휘하게 되었다. 작지만 활성화되어 영향력을 가진 그룹은 이미 제5열을 형성하여 학계에 새로운 생각을 심어주었고 신선한 촉진제가 되었다.

믿을 수 있다고 생각하는 사람에 대해서는 새로운 접근 방법에 대한 토론회에 기꺼이 초대하였다. 다운에서 열리는 토론회가 어떤 때는 일주일 동안 진행되기도 하였다. 예를 들면 1845년 11월에 후커와 워터하우스는 폴코너(Falconer, Hugh)와 포브스(Forbes, Edward)와 함께 다운에서 모였었다. 아들 프란시스는 아버지가 방문객들과 활기찬 대화를 나누는 것을 보면서 아버지의 대화술이 매우 숙련되었다고 회상하였다. 특히 헉슬리가 정기적으로 방문한 것은 큰 도움이 되었다고 말했다. 그후 몇 년이 지나면서 다윈은 자연주의자들과 깊은 인간 관계를 유지하였고 그의 이론을 뿌리 내리는데 아들로부터 도움을 받았다. 그들은 학문적인 연구 동료이자 토론 동료로서 가족과 같은 친구들이 되었다. 런던에서 하루 코스가 가능했기 때문에 외래 방문객이나 혹 친분이 덜 두터운 사람이라도 쉽게 와서 가끔 점심을 함께 나누기도 했다. 다윈은 다운에 은둔한 은둔자이기는커녕 오히려 아직 공식적으로 인정을 받지 못했던 연구 과제를 수행하여 과학 사회를 뒤엎을 만큼 획기적인 활동을 하고 있는 정열적인 학자였다.

과학적 작업

다윈은 1842년에 자신의 이론을 35쪽으로 요약하였다. 그리고 1844년에는 내용을 보완하여 출판에 대비한 230쪽에 달하는 논문을 작성하였다. 이 논문에는 진화 문제에 대한 다윈의 초기 생각이 담겨 있기 때문에 사학자들은 깊은 관심을 가지고 있으며, 여기에는 여러 가지 면에서 『종의 기원』을 예견하는 내용이 이미 들어 있다.

그는 먼저 인위 선택의 효과에 대하여 설명하고, 이어서 생존 경쟁을 통한 선택으로 환경에 가장 잘 적응한 개체가 나타나는 과정에 대해 기술하고 있다. 그리고 논문의 후미에 그의 학설을 부정할 수 있는 반론에 대해 설명하고, 단순한 창조설 대신에 자연적 변천 이론인 진화론을 받아들임으로써 여러 가지 잇점이 있음을 강조하고 있다.

다윈이 처음부터 메커니즘을 강조하여 기술한 점으로 보아, 그 당시 그는 이미 자연 선택의 중요성을 감지하고 있었음을 알 수 있다. 또한 일부 젊은 자연과학자들이 창조설에 대해 불만을 가지고 있기는 했지만, 그 당시 불신 받던 라마르크설보다 무엇인가 확실한 것이 없는 한 창조설을 버리지 않을 것이라는 것도 알고 있었다. 그리고 그는 창조설에 대한 대안이 없어서 생기는 좌절감이 그의 학설로 극복되기를 바랬다.

다윈의 1844년 논문은 『종의 기원』의 내용을 짐작케하는 것이었지만, 여러 가지 면에서 불완전한 것이었다. 다윈은 격리 집단에서 발생하는 자연 선택으로 인해 분기 진화가 일어난다는 기본적인 생각을 가지고 있었지만 그때까지 다각적인 조사는 못했으며, 『종의 기원』을 집필할 때까지 꾸준히 이 이론을 발전시켰다. 오스포바트(Ospovat, Dov)가 지적한 바와 같이, 다윈이 주장한 이론의 바탕은 정적인 창조설과 자연 변화에 의한 동적 모델을 절충한 것이었다. 자연 선택에 대한 내용을 살펴보면, 다윈은 생물의 변이가 장기간에 걸쳐 꾸준히 일어나는 것이 아니고 단편적으로 일어난다는 견해를 가지고 있었음을 알 수 있다. 종은 서식 환경이 변화할 때에만 진화한다. 즉, 환경 조건이 안정되면, 종은 곧바로 새로운 환경에 완전히 적응하고, 더 이상의 변화는 없다는 것이다. 다윈의 생식에 대한 비유전적 관점은 생물의 변이가 개체의 생장 과정에 미치는 환경 변화로 인해 발생한다는 가정에서 출발한 것이어서, 그는 안정된 환경에서는 변이도, 자연 선택도 일어나지 않는다고 믿었다. 그래서 진화가 일어나는 시기는 생물 집단이 환경에 완전히 적응되어 있는 안정기의 사이사이에 끼어 있다는 것이다. 환경이 변하면, 생식을 통해 변이가 일어나고 여기에 자연 선택이 작용하여 새로운 환경에 상응하는 변화가 일어나는 것이 창조주의 섭리라는 것이다. 그 당시, 다윈은 안정된 환경에서도 ‘집단 압력’ pressure of population 때문에 생존 경쟁이 일어난다는 사실을 알지 못했다.

이무렵, 다윈은 자신의 이론으로는 설명할 수 없는 한가지 중대한 사실을 알게 되었다. 즉, 고생물학자들이 화석을 통해서 이미 주장하고 있는 내용으로 진화의 방향은 다각적이어서 생물들은 여러 방향으로 갈라져 각기 다른 생활 양식을 갖는 경향이 있다는 점이었다. 예컨데, 포유류는 진화 과정에서 '적응 방산' adaptive radiation을 통해 여러 방향으로 특징화되어 오늘날의 말이나 기린 등으로 되었는데, 그 이유는 무엇일까? 다윈은 1844년의 논문에서 갈라파고스 제도에서 볼 수 있는 것과 같은 소규모의 종분화는 설명하고 있지만, 지질 시대에 걸쳐 일어나는 대규모의 종분화에 대해서는 언급하지 않고 있다. 그는 이점에 있어서 자신의 이론이 미흡하다는 사실을 1840년대 중엽부터 느끼기 시작했으며, 1844년에 논문의 출판을 거절한 것도 바로 이 점 때문이었을 것이다.

다윈은 이 논문을 곧바로 출판하려고 작성한 것이 아니였으며, 그가 연구를 끝내지 못하고 사망할 경우, 그의 아이디어가 잊혀지지 않게 하기 위함이었다. 1844년 7월 5일자 아내에게 보낸 편지에서 그가 갑자기 죽을 경우 그의 논문을 출판하는데 400파운드를 쓰도록 당부하면서 라이엘, 후커 등 몇몇 학자를 편집 가능한 사람으로 지명하였다. 다윈이 이처럼 조심했던 점으로 보아, 그 당시에 그는 유물론자로 여겨지는 것을 꺼려했던 것 같다. 1844년은 챔버스가 그의 저서 *Vestiges*에서 인류는 동물계에서 일어나는 부단한 변화의 산물임을 암시하여 보수주의 과학자들을 분노케 한 해이기도 하다. 다윈은 이 책에 대한 세즈위크의 강력한 반론에 대해 골똘히 생각해 보고 있었다. 다윈은 그의 주장 역시 대표적인 자연신학자들에게 커다란 충격을 주겠지만, 챔버스의 주장보다는 훨씬 더 자연주의자다운 해설이라고 믿고 있었다. 다윈은 출판에 의한 위험을 피하기 위해 기다리면서 개인적으로 지지를 얻어 나가기로 했다. 그 후 10년간 과학자들 사이에는 창조설에 대한 불만이 쌓여 갔고, 그 결과 이 문제에 대한 새로운 주장을 할 수 있는 분위기가 조성되어 갔다.

그렇지만 다윈이 출판 준비를 시작한 것은 종분화에 대한 문제점이 해결된 이후였다. 그러는 사이에 다윈은 여러 가지 방향으로 연구를 계속하였다. 그는 비둘기를 교배시켜서 서로 다른 새끼의 골격 표본을 만들어 기본 구조의 차이를 살폈으며, 지리적 분포에 대해서도 연구를 계속하였다. 이에는 세계 곳곳의 식물에 대한 후커의 폭넓은 경험이 크게 도움이 되었다. 1847년 초 후커는 다윈이 보낸 논문 사본을 통해서 진화에 대한 다윈의 이론을 알게 되었다. 후커는 고집이 센 사람이여서 다윈과 10여년에 걸쳐 심도 있는 문답을 주고받은 후에야 다윈의 새로운 이론을 지지하게 되었다. 두 사람의 생각 중 서로 다른 하나는 종의 분산에 관한 것으로 가까운 과거에 있었던 지각 운동으로 대양에 형성된 육교가 분산에 상당히 도움이 되었다는 후커의 관점이었다.

그러나 다윈은 그처럼 거대한 지각 운동은 지리학적으로 믿기 어려우며, 생물학적으로도 필요하지 않은 것으로 보았다. 식물의 씨앗은 물론, 일부 동물의 알까지도 바람이나 새, 그리고 해류로 먼 거리까지 운반될 수 있으므로 일부 생물은 쉽게 대양의 섬에 이르러 새로운 종으로 분화되었을 것으로 생각하였다. 다윈은 이러한 생각을 뒷받침하기 위하여 여러 가지 종의 분산 방법에 대하여 폭 넓은 연구를 시작하였고, 상당 기간 바닷물에 담가둔 씨앗이 여전히 살아있는 것을 보여주는 실험을 실시하였다.

연구 계획 중 가장 핵심적인 것은 따개비에 관한 것이었다. 다윈은 이 연구를 칠레의 해안에서 채집한 특수 종으로 실시하였다. 이 종과 이 무리에 속하는 나머지 종들과의 관계를 밝히기 위해 그는 여러 종에 대해 해부하고 연구했으며, 그 결과, 이 무

그림 11. 중년기(1854)에 접어든 다윈의 모습

리에 대해 그때까지 밝혀진 것이 거의 없었기 때문에 세밀히 기록하고 분류할 필요가 있다는 것을 알게 되었다. 다윈은 이 연구를 8년 계획으로 착수하였다.

다윈의 아들 프란시스는 그가 사용한 연구 방법에 대해 비교적 상세히 기술하고 있다. 그는 창가에 놓인 커다란 해부 테이블에서 대부분 간이 현미경으로 작업했으며 그밖에 복합 현미경 등 여러 가지 관찰용 기구를 폭넓게 사용하였다. 이 연구는 비록 아마츄어적이기는 했지만 독보적이어서 생물학에 크게 기여하였다.

그는 이 연구에 관련된 희귀종과 정보를 얻기 위해서 학자들과의 교제를 넓혀 나갔다. 그가 1851~4년에 걸쳐 집필한 두권의 『만각류 아강의 분류 체계』*Monograph on the Subclass Cirripedia*는 현재에도 이 무리에 대한 연구에 기초가 되고 있다.

따개비에 관한 연구는 다윈이 생물학자로 인정받는데 어느 정도 도움이 되었다. 그는 후커로부터 은근한 비난을 받고, '상세하게 관찰하고 기술해 보지 않은 사람은 종에 관한 문제를 언급할 자격이 없다는 당신의 비평이 나를 무척 가슴 아프게 한다'라고 그의 불편한 심정을 털어놓은 바 있었다. 후일 그가 진화에 대해 발표했을 때, 그에 대한 신랄한 비평이 없었던 것은 분명 따개비에 대한 연구 업적 때문이었다. 실제로, 다윈은 이 연구로부터 많은 것을 배웠으며, 여러 가지 면에서 진화적 사고를 성숙시키는 데 도움이 되었다.

그는 각종의 따개비가 자연 선택과 같은 방법을 통해서 생겨났을 것이고, 이 경우 자연 선택은 발생 과정의 모든 단계에 어느 정도 작용했을 것이라는 사실을 밝히려고 고심하였다. 자연 선택은 무계획적으로 작용하는 것이고, 다만 현 입장에서 도움이 되는 여러 가지 특성에 유리하게 작용할 뿐이다. 이점이 진화에 대해 목적론적인 시각을 가진 사람들을 이해시키기 어려운 점이었다. 다윈은 각종 따개비에 대해 기술하면서, 독특한 형태의 따개비가 어떻게 생기게 되었는지 알아내려고 노력하였다. 모든 따개비의 성충은 퇴화하는데, 일부 종에서는 소형의 수컷이 암컷에 기생하기도 한다. 다윈은 이런 독특한 생식 양식이 그들에게 어떤 도움이 되는지 알고자 했다. 이 문제는 진화가 단순하지 않고 복잡하게 진행한다는 것을 믿는 진화론자만이 이해할 수 있는 것이었다.

또한 다윈은 자연 선택의 대상이 되는 변이의 양이 굉장히 많다는 것을 이해하기 시작했다. 그리고 안정된 환경에서는 변이가 거의 일어나지 않는다는 자신의 초기 주장이 너무 취약하다는 것을 깨닫게 된 것도 따개비 연구에서 얻은 중요한 결과였다. 따라서 자연스럽게 종의 분화 문제가 핵심 과제가 되었다. 어째서 자연 선택은 생물 집단에 고도의 다양성을 만들었는가? 1847년에 이르러 다윈은 이 문제에 관한 1844년의 자신의 논문이 미흡하다는 것을 인식하고, 그 후 수년간 오웬 등의 고생물학적 연구를 토대로 보완하였다.

다윈은 1854년 11월 종분화의 원리에 대한 개요를 처음으로 작성하고저 했는데, 이때서야 비로소 이 문제에 대한 해답을 얻게 되었다. 그는 자연 선택만이 분기 진화를 일으키는 유일한 요인이 될 수 없고, 생물 집단에 미치는 '생태적 압력'ecological pressure 역시 대단히 중요하다는 것을 인정하게 되었다. 그는 종 형성이나 종 분화가 자원 경쟁이 극심한 지역에서 가장 활발히 일어난다는 사실을 깨닫게 된 것이다. 1855년 1월 다윈은 그의 아이디어가 경제학자들이 사용하는 '노동의 분업화'division of labour 개념과 유사하다는 것을 알게 되었다. 아담 스미스가 주장한 바와 같이, 각 노동자가 제각기 완제품을 생산하는 것보다 각자 전문화되어서 일정한 일만 집중적으로 한다면 노동의 효율은 상승하는 것이다. 다윈도 일정한 지역에 사는 생물들이 제각기 이용 가능한 자원을 사용할 수 있도록 분화한다면, 그 지역에 훨씬 많은 생물이 살 수 있다고 생각하였다. 따라서 생태적 압력은 물리적으로 극히 안정된 환경에서까지 자연 선택을 유도하여 종의 다양성을 높인다는 것이다.

그 후 수년간 다윈은 각기 다른 속(屬)에 속하는 종에 대한 수학적 연구를 통하여 이 아이디어를 시험하였다. 이러한 연구 방법은 역사적 사실에 기인한 것으로 진화에 대한 다윈만의 독특한 접근 방식이었다. 그는 여러 가지 현생 속을 모델로 하여 특정 속이 역사상으로 번창하고 또 쇠퇴해 간 연속된 과정을 알아보려 했다. 성공한 새로운 형태의 생물은 이웃 지역으로 퍼져나가기 시작하고 곧 이어서 근연의 종으로 갈라져 소집단을 이루게 된다. 그리고 계속해서 좀 더 널리 퍼지면서 훨씬 많은 종으로 갈라지게 되지만, 조만간 강력한 경쟁자를 만나게 되어 그 수가 격감하고, 전체가 사라지기 직전에 고도로 분화된 소수의 종만이 남아 분산될 것이다. 다윈은 이 모든 단계에 대한 예시를 통하여 자연계에는 경쟁과 종분화가 상존한다는 사실을 입증할 수 있다고 믿었다. 이 무렵 대부분의 박물학자들은 화석과 현존 생물의 유연 관계를 확립하는 것을 진화론의 목표로 간주했으나, 다윈은 그밖에 현재 지구상의 환경과 생물 종간의 관계를 밝힘으로써 자연에서 무엇이 일어나고 있는가를 분명히 규명할 수 있다고 생각하고 있었다.

다윈은 그간의 연구 결과를 토대로 1844년에 세운 진화론을 상당히 수정하였다. 자연에는 경쟁이라는 압력이 상존하며, 이로 인하여 모든 개체가 완전히 적응한 안정성은 일시적이나마 존재하지 않는다는 사실을 다윈은 인정하지 않을 수 없었다. 상존하는 압력과 변이는 자연 선택을 가능케하고, 이는 안정된 환경에서도 종을 변화시킨다. 이무렵부터 다윈은 지리적 격리(갈라파고스 제도처럼)가 종 형성에 있어서 유일하거나 최적인 환경은 아니라고 주장하기 시작하였다. 생태적 분화 압력을 중요시한 그는 강력한 자원 경쟁이 있는 비격리지역이 오히려 종 형성에 최적 조건이 될 수 있다고 생각하게 되었다. 이러한 지역에는 분화 압력이 대단히 크기 때문에 지리적 장벽이 없더라도 생식적으로 격리된 집단으로 분리될 수 있다는 것이다. 이런 주장은 훗날 그를 매우 난처하게 만들었는데, 많은 현대 생물학자들은 오늘날 '동소적 종분화' sympatric speciation로 알려진 것을 그가 잘못 받아드린 것으로 믿고 있다. 지리적 장벽이 없을 경우에는 잠재적으로 분화된 종 사이에 교배가 일어나서 최초의 변이가 없어질 수도 있기 때문이다.

이무렵 다윈의 종교적 신념에 큰 변화가 일어나고 있었다. 그는 1830년대 후반에 진화의 과정을 하느님께서 주도 면밀하게 주관하고 있다는 생각을 이미 버렸다. 그러나 그는 여전히 무신론자는 아니었다. 따라서 그는 진화를 일으키는 자연 선택은 하느님의 주관으로 일어나며 이를 통하여 지리적 변화가 상존하는 세계에서 하느님의 창조물들이 삶을 영유할 수 있게 된다고 생각하고 있었다. 그렇지만 그는 진화에 대한 그의 새로운 모델에 생존경쟁이나 생태적 경쟁 압력의 중요성을 지체 없이 도입하였는데, 이것이 하느님께서 자연계를 창조했다는 그 자신의 신념에 위협이 될 줄은 처음에는 인식하지 못했다. 그는 『종의 기원』을 집필할 당시에도 여전히 유신론자였다고 자서전에 적고 있다. 하느님은 이 세상을 창조했을 뿐만 아니라 끝까지 돌본다고 유신론자들은 믿고 있다. 그래서 다윈은 하느님께서 이 세상의 고통을 덜어준다는 자신의 믿음을 유지하려고 노력했지만, 해가 거듭될수록 냉혹한 생존 경쟁을 신의 섭리라고 믿기는 어렵다는 생각이 커지고 있었다. 그는 생물계에서 일어나는 각종 사건과 신과의 사이에 진정 어떤 의미 있는 관계가 있는 것인가 하는 의문 때문에 말년에 줄곧 괴로워했다.

다윈은 자연에 대한 자신의 유신론적 신념이 점차 약해지자 그의 학설을 공식적으로 발표할 때 유물론적 측면을 굳이 축소하려하지 않았다. 사회적으로도 창조설에 대한 불만이 증폭되면서 대부분의 자연주의학자와 대중들은 신의 의지에 따른 법칙이라면 그 법칙에 의한 창조설도 받아 드릴 분위기였다. 다윈도 1844년의 논문에서 처음에는 자연 선택이 미지의 신적 권능에 의한 것으로 소개하였지만, 뒷부분에서 자연 선택은 예측 불가능하며 오직 그날그날 작용하는 자연 법칙에 따른다고 말한 점으로 보아 신적 권능을 인정하지 않은 것이 분명하다. 다만 지배자의 존재를 가정한 것은 자신의 이론과 상치되는 유신론자를 위한 것이었다.『종의 기원』에는 이러한 가정은 보이지 않으며, 자연 선택이라는 용어 그 자체로부터 자연이 훌륭한 대행자라는 것을 은근히 강조하였다.

다윈은 분기 진화의 이론에서 모든 생물은 일정한 한 방향으로만 변하는 것이 아니라고 암시하였다. 따라서 이 이론은 창조주에 의해서 자연은 일정한 방향으로 변화한다는 이론과 일치할 수 없는 것이었다. 따라서 그 당시 다윈이 자신의 이론에 이러한 측면이 있다는 것을 진정으로 알고 있었는지 의심스럽다.

사실 다윈은 그의 분기 진화설이 지니고 있는 다방향성 변화 이론을 지키기 위해 항상 고심하였다. 후커에게 보낸 사신에서도 자연 선택은 길게 볼 때 고등한 수준의 생명체를 만든다는 견해를 밝혔다. 장기간에 걸친 경쟁은 환경을 극복하는데 좀 더 유리한 현재의 종을 만들었고, 종국에는 '모든 면에서 보다 고등한 생명체를 탄생시킬 것이다'라고 적고 있다. 많은 사학자들은 다윈의 이러한 견해는 자연을 신의 창조물로 보는 그의 신념 때문에 생긴 부산물로 보고 있다. 창조주의 권능으로 생명체는 서서히 그리고 필연적으로 고등한 수준으로 변했고, 종국에는 인류와 같이 사색하는 동물을 탄생시켰다는 것이다. 다윈은『종의 기원』을 집필할 때, 진화는 장기적으로 보면 생명체에 유익하다는 것을 표현하려고 무척 노력하였다. 창조주에 대한 그 자신의 생각이 무엇이었던 간에, 진화론이 무신론을 조장하지만 않는다면, 그의 새로운 이론이 다른 사람들 견해에 영향을 미칠 수 있다는 것을 알고 있었다.

1856년경 라이엘과 몇몇 친구들은 다윈에게 그의 이론을 출판하도록 권유하면서 만일 너무 늦으면 다른 사람이 발표할 수도 있다고 경고하였다. 그해 5월 그는 『자연 선택』*Natural Selection*이라는 이름으로 방대한 저서를 집필하기 시작하여 수년간 이 작업에 몰두했다. 1858년 봄까지 그는 10장을 탈고하였는데 그 내용은 훗날 『종의 기원』에 포함된 내용의 3분의 2가량을 담고 있었다. 그 무렵 다윈은 진화론을 대중에게 알릴 수 있을 만큼 시대가 성숙했다고 믿었던 것 같다. 그는 이미 상당수의 자연주의학자들이 그의 이론에 관심을 갖도록 했으며, 출판이 되면 그들의 태도가 한층 더 바뀔 것으로 확신하였다. 『자연선택』의 현대판 편집자인 스터퍼(Stauffer, Robert)는 다윈이 이 책을 완성하였다면, 1860년대 초에 내용이 좀 더 풍부한 두 권 분량의 책으로 출판되었을 것으로 추정하고 있다. 다윈은 1858년 6월 18일 월러스로부터 한 통의 필사본을 받았는데 그 내용의 요점은 자연 선택에 대한 월러스의 독자적인 이론에 관한 것이었다. 이 사건을 계기로 다윈은 자신의 계획을 급히 바꾸어서 현재 우리가 알고 있는 『종의 기원』의 집필에 착수하게 된다.

제7장
대중에게로

『종의 기원』이 집필된 당시의 시대 상황은 여러 가지 추측을 낳게 할 정도로 특별하였다. 두 명의 자연주의자들이 독립적으로 자연 선택의 원리를 발견했다는 사실은 진화론이 빅토리아 시대 영국의 이데올로기를 반영한다고 주장하는 사람들에게 매우 흥미로운 것이었다. 월러스의 전기 중에 『다윈의 달』*Darwin's Moon*이라는 것이 있듯이 월러스는 종종 다윈의 축소판으로 여겨지기도 하며 어떤 역사학자들은 다윈과 다윈의 추종자들이 월러스를 평가절하했다고 주장하기도 한다. 심지어 다윈이 종 분화의 원리를 월러스로부터 표절한 것이라고 주장하는 사람도 있다. 월러스의 존재를 일깨우려는 노력은 있을 수 있겠지만 당시의 상황을 면밀히 검토해 보면 굳이 다윈과의 대립되는 구도를 고집하는 것도 어색한 일이다. 다윈은 자연 선택의 원리를 월러스보다 이십여 년 전에 생각했고 1858년의 월러스는 『종의 기원』수준의 명저를 출판할 수 있는 위치에 있지도 않았었다. 그렇지만 월러스의 업적을 면밀히 검토해 볼 때 그가 다윈을 뒤쫓는 차점자에 불과하지는 않다는 것을 알 수 있다. 이들 두 명의 자연주의자들은 각각 다른 각도에서 문제에 접근했고 강조점들도 달랐다. 다윈의 일대기에 월러스의 업적을 장황히 논할 필요는 없지만, 우리는 적어도 그가 다윈과는 독립적으로 진화론에 기여했음은 인정해야 한다.

『종의 기원』은 다윈의 대표작으로서 그의 책 중 가장 많이 인쇄되는 책으로 오늘날까지도 출판되고 있다. 어떤 의미에서 이 책의 출간은 그 전까지는 있을 법하지도 않았던 혁명적인 문화 변동의 방아쇠가 되었고 현대인들은 그런 공연한 소란이 과연 무엇 때문이었는지 의아해 할 수도 있다. 비록 다윈은 이 책을 자신의 이론의 소개서로서 비교적 짤막하게 집필했다하지만, 자연사를 거의 500여 쪽에 걸쳐 상술하고 있다. 오늘날『종의 기원』은 자연 과학의 교양 서적으로서 비전문가들도 많이 읽고 있지만, 얼마나 많은 독자들이 다윈이 전개한 이론의 전반적 논리를 제대로 파악하고 있는지는 의심스럽다. 이 책에서 다윈은 소박한 창조설에 머무를 의사가 없음을 분명히 하고 있건만 그의 이론을 제기하고 있는 이러한 보다 폭넓은 논의의 핵심이 제대로 전달되고 있지는 않을 듯 싶다. 이장의 후반절에서는『종의 기원』이 제기한 논쟁의 개략을 살피면서 다윈설의 요체를 밝혀보기로 하겠다. 이로서 다윈이 자신의 사상을 어떻게 개진해가고 있는지 다시 한번 음미해볼 수 있는 기회가 되었으면 한다.

엔터 월러스

월러스는 다윈에 비해 불우한 환경에서 성장했다. 그는 토지 측량사로 그의 첫 직업을 시작한 이후에 전직하여 레이체스터에

그림 12. 생물 표본 수집가였던 월러스(Afred Wallace, 1823~1913)는 오스트레일리아의
        생물상을 관찰하면서 다윈과는 독립적으로 자연 선택에 의한 진화론을 생각해
        냈다.

서 교사로 재직했다. 교사로 재직하는 동안 월러스는 자연사에
대한 관심을 고무시켜 준 배이트스(Bates, Henry Walter)라는 곤충
학자를 만나게 되었다. 1848년 두 사람은 런던에는 표본 장사가
될만한 충분한 시장이 있다는 확신이 서자 동식물 표본 수집을
위해 남아프리카로 출발했다. 월러스는 아울러 종의 기원의 연구
에 대한 관점에서 종의 지리적 분포에 대한 자료를 수집하기로
계획했었다. 월러스는 다윈 보다 훨씬 이전에 챔버스의 『흔적 기
관』에 감명을 받았고, 라이엘의 동일과정설의 추종자 중 한 사람

이기도 하였다. 1852년에 영국으로 돌아온 후 월러스의 수집품은 안타깝게도 화재로 소실되었는데 보험에 가입해 둔 덕분에 재앙으로 인한 손실이 학술적인 면에 그치게 되었다. 1854년, 그는 오늘날의 인도네시아인 말레이 군도로 다시 채집 여행을 떠났다.

1855년에 월러스는 새로운 종은 항상 이미 그 서식지에 존재하고 있던 근연 종에서 생성된다는 것을 주장하는 그의 첫 번째 이론 논문을 출판했다. 비록 월러스가 어떻게 새로운 종이 실제로 생성되는지에 관해 설명하지는 않았지만 이 주장이 지니는 진화론적 의미는 아주 명백했다. 이 논문을 읽은 다윈은, 생물간의 유연 관계를 나뭇가지처럼 비유한 데에 주목하였다. 그러나 그는 월러스가 진화 메커니즘에 대한 의문에 대해서는 아무런 증거도 제시하지 못한 것을 알았다. 이 논문은 라이엘의 종에 대한 생각에도 영향을 주었고, 라이엘이 다윈으로 하여금 그의 이론을 출판해야 한다고 적극 권장한 원인이 되었을지도 모른다. 한편 월러스는 이 의문에 대해서 계속 생각했고, 1858년 기롤로섬에서 열병을 앓고 있는 동안에 그에 대한 대답을 얻을 수 있었다. 이미 맬더스의 인구론에 익숙해 있던 그는 종들이 다수의 다양한 변이 형태로 존재할 때, 어떤 환경 변화에 잘 적응하지 못한 변종들은 멸종하고 잘 적응한 변종들만이 살아남는다는 것을 인식했다. 이것이 그가 쓴 짧은 논문의 아이디어였으며 그는 그 논문을 이러한 사실에 대해 가장 흥미를 가지고 출판을 격려해 줄 것이라고 믿었던 한 사람, 즉 다윈에게 보낸 것이다. 1858년 6월 12일 월러스의 논문을 받았을 때, 다윈은 자기 이론의 가장 중요한 측면을 예상한 것처럼 보이는 또 다른 한 사람의 자연주의자가 있다는 것을 알고 두려움에 떨었다. 그는 즉시 라이엘과 후커에게 이를 상의했고, 이들은 다윈에게 이론의 우선권을 확보하기 위해 다윈의 논문을 요약하여 월러스의 논문과 함께 출판하도록 조언했다. 이 두 사람의 공저 논문은 린네학회에서 발표되었고 곧 이어 「종의 변종 형성의 경향과 자연 선택에 의한 종과 변종의 영속에 대하여」 *On the Tendency of Species to Form Varieties ; and on the Perpetuation of Varieties and Species by Natural Selection*이란 제목으로 학회의 프로시딩에 실렸다. 이 논문은 (a) 다윈 논문의 짤막한 요약, (b) 다윈의 우선권을 입증하기 위한 1857년에 다윈이 미국 식물학자 그레이(Gray, Asa)에게 보낸 서신의 일부분 (c) 월러스의 논문인 「변종이 원래의 형으로부터 영원히 분리되는 경향성에 대하여」 *On the Tendency of Varieties to Depart Indefinitely from the Original Type*로 구성되어 있다.

이런 까닭에 다윈이 월러스의 논문을 이런 식으로 자신의 논문에 종속시키지는 말았어야 한다는 논란이 때때로 일어났다. 이들 문제에 있어서 다윈과 라이엘과 후커는 비록 다윈이 출판 가능한 논문을 먼저 착수하였다손 치더라도 월러스의 이름을 부저자로 넣는 것을 확실히 했어야만 했다. 그렇지 않으려면 다윈이 그의 이론을 20년 동안이나 연구해 왔고 그 이론이 적용될 수 있는 모든 것에 대해 폭넓은 인식을 분명히 갖고 있었다는 사실을 확실히 했어야 했다. 몇 몇 사학자들이 제기하고 있는 심각한 비난은 다윈이 종 분화에 대한 원리를 실상은 월러스로부터 표절했다고 하는 것이다. 이 해석에 의하면 다윈은 월러스의 논문이 6월 12일 이전에 도착했음에도 이를 숨겼고, 이 사이에 그는 월러스의 논문을 그의 종분화의 이론을 완성하는데 사용했고, 그것을 『자연 선택』 *Natural Selection* 원고의 제4장에 추가했다는 것이다. 원고의 상당한 부분의 추가가 이 시기에 이루어졌다는 것에 대하여는 의심할 여지가 없다. 그러나 다윈의 표절을 비난하는 역사가들은 월러스가 논문을 쓴 것보다 훨씬 이전인 1857년에 다윈이 그레이에게 보낸 편지에서 설명하였듯이 다윈은 이미 종분화의 해석에 대해 윤곽을 잡고 있었다는 사실을 간과하고 있다.

다윈을 모욕하려는 이런 노력은 변이에 대한 두 자연주의자의 접근 방법의 진정한 차이가 무엇이었는지를 무색케할 뿐이다. 월러스의 논문을 주의 깊게 읽어보면, 몇몇 중요한 관점에서 그의 이론은 다윈 이론의 정수를 그대로 나타내지는 못했다는 것을 알 수 있다. 월러스는 인위 선택에 대해서는 아무런 관심도 없었고 후에도 인위 선택을 자연 선택에 상응하는 것으로 보기를 거부했다. 왜냐하면 그는 하나의 우수한 변이체(지금은 아종이라고 부르는 것)가 어떻게 다른 변이체를 대체할 수 있는지에 대해서만 흥미를 가졌기 때문에 그의 기작 설명에는 자연 선택이 개체차에 어떻게 작용하여 집단을 변화시킬 수 있는지 그 기본적인 의문조차 언급하지 않았다. 자연 선택이 변이체들에 작용하여 이루어졌다고 기술하는 대목에 있어서도 월러스는 개체 차이 보다 아종을 생각하고 있었으며, 그의 논문에는 다윈이 변화의 기본적인 기작이라고 생각한 부분에 대한 서술이 빠져 있음을 보면 알 수 있다. 월러스는 종이 변종으로 단순히 갈라진다고 가정했다. 그는 매우 중요한 이 첫 번째 과정이 어떻게 일어났는지 설명하려고 애쓰지 않았다. 이는 또한 월러스가 변종들이란 것을 자연과의 투쟁으로만 생각하였고 자신들 사이의 생존 경쟁으로 보지 않았기 때문에 자연 선택의 모든 위력을 평가하는데 실패했음을 보여준다.

따라서 월러스의 논문을 받아든 다윈은 그 논문에 쓰여진 실재의 내용들을 더 심오하게 읽은 나머지 늘 조마조마하였던 우려가 치솟아 과민 반응을 보였을 것이다. 월러스는 그의 1858년도 논문이 다윈의 이론과 다르다는 것을 인정하였으며 후에 나온 재판 논문에서는 차이가 분명치 않게 보이는 부제를 첨가하기도 하였다. 뿐만 아니라 월러스는 그의 입장을 옹호하려는 현대사가들과는 달리 그의 논문이 다윈의 업적 뒷편에 가려진 것에 대해서 한

번도 불평하지 않았다는 사실이 중요하다. 그는 생물의 지리적 분포에 대한 연구에 더 많은 공헌을 계속하면서, 자연 선택이 어떻게 작용하는지에 대한 다윈과의 유익한 대화에 열중하였다. 두 사람은 라이벌 의식없이 항상 서로 존경했고, 나중에는 매우 깊은 우정을 가지게 되었다.

린네학회에서의 발표는 별 다른 주목을 받지 못하고 지나갔다. 심지어 린네학회장은 정기 총회 자리에서 그 해에는 기록할만한 어떠한 중요한 발견도 없었다고 불평하기조차 했다. 이는 짧은 논문들이라 중요한 주제로 관심을 불러일으키기에는 충분치 못했음을 암시한다. 그러나 다윈은 가능한 한 빨리 그의 이론에 대한 한권 분량의 책을 써서 대중 앞에 내놓기로 결심하고 행동에 들어갔다. 7월 그는 와이트섬에서 휴가를 보내면서 집필 작업에 착수했으나 계속되는 통증의 발작으로 인해 저술을 제대로 할 수가 없었다고 불평하고 있었다. 집필이 끝나자 뮤레이는 이 책을 출판하는데 동의했으나 얼마나 잘 팔릴 것인가에 대해서는 상반된 조언을 들었기 때문에 초판을 1,250부만 인쇄하였다. 책의 제목을 대작의 요약인 것처럼 붙이지는 말아야한다는 다른 사람들의 충고를 받아들여 다윈은 책의 제목을 우리가 잘 알고 있는 『자연 선택에 의한 종의 기원: 또는 생존 경쟁에 의한 우월한 변종의 보존』*On the Origin of Species by Means of Natural Selection : or the Preservation of Favoured Races in the Struggle for Life*으로 정했다. 그는 1859년 5월 25일에 저자 교정을 시작하여 상당한 수정을 거쳐 10월 10일에 교정을 끝냈다. 이 역사적인 책은 11월 24일에 15실링 정가가 매겨져 출간되자마자 첫날에 매진되었다. 다윈은 다가올 폭풍을 예견하고 은퇴하여 일클리로 떠났다.

『종의 기원』에 대한 논쟁

『종의 기원』은 다윈의 가장 잘 알려진 책이고 현대판으로도 널리 보급되어 쉽게 구할 수 있다. 그러나 많은 비판에 당면한 다윈이 이 책을 6판을 거듭하면서 꾸준히 개정을 했다는 것에 주목해야 한다. 따라서 제6판은 초판과 상당히 다르고 최종 판은 그의 이론에 대한 반대를 다룬 추가분인 제7장이 포함되어 있다. 이러한 변화는 원래의 논쟁을 애매하게 할 수 있고, 따라서 초판이 오히려 다윈 사상의 가장 명확한 표현이라고 할 수 있다. 많은 현대판들이 불행하게도 제6판의 내용을 따르고 있으나, 이 초판에 대한 복사판과 용어 색인은 쉽게 얻을 수 있다. 다음의 모든 자료는 따로 언급하지 않는 이상 모두 다 초판임을 밝혀 둔다.

'서론' Introduction은 다윈이 진화의 핵심으로 보았던 적응의 문제로 직접 독자를 유도한다. 다윈은 라마르크설이 적응의 모든 경우를 설명하지 못한 것에 대해 이의를 제기하고, 단순한 흔적 기관의 진보 개념으로는 종들이 어떻게 그들의 환경에 적응하는지에 대한 의문조차 제시하지 못함을 지적한다. 초반부터 다윈은 적응에 의한 종의 기원을 설명할 새로운 기작을 제시하는 것임을 분명히 하고 있다. 『종의 기원』의 본문은 세 부분으로 나눌 수 있다. 제1장에서 5장은 자연 선택의 이론을 개략적으로 서술한 것이고, 제6장~9장 (제6판은 6장부터 10장)은 그가 예상한 그의 이론에 대해 제기될 수 있는 많은 반론들을 다루고 있고, 마지막 결론 부분 (제10~14장, 6판의 제11~15장)에서는 달리 설명될 수 없는 광범위한 현상들을 어떻게 적응에 의한 공통 후손의 이론으로 설명할 수 있는지를 보여 주고 있다. 제1장 '가축화로 인한 변이' Variation under Domestication는 육종가들이 가축화된 종들에 대하여 막대한 변화를 일으켜 왔음을 강조하면서 시작한다. 다윈은 인위 선택의 비유가 독자들로 하여금 자연이 그에 상응하는 선택 과정으로 어떻게 유사한 생물상의 변화를 낳을 수 있었는가를 이해시키는 가장 좋은 방법이라고 확신했다. 바로 이어서 우리는 다윈의 변이와 유전에 대한 이전의 멘델 이론(pre-Mendelian theory)과 조우하게 된다. 1830년대의 문헌들과 마찬가지로『종의 기원』도 현대 생물학과는 상당히 동떨어진 생식에 대한 사고로 만연되어 있다. 생물 집단은 유전적 다양성의 보고이며, 유전자가 한 세대에서 다음 세대로 전달되는 유전의 단위라는 현대적 사고에 상응하는 것이 전혀 없었다. 그 대신에 다윈은 개체간의 차이 즉 변이는 변화한 환경 조건이 생식 과정에 미친 직접적인 효과 때문이라고 주장했다. 그가 생각하기로는 이것으로 왜 가축화된 종이 야생종보다 변이율이 높은지를 설명할 수 있다고 믿었다. 더 자세한 내용은 제5장 '변이의 법칙' Laws of Variation에 잘 나타나 있는데, 여기서 그는 우리가 그 원인을 알 수 없어 단지 우연이라고는 하지만 생물체의 구조 변화는 어떤 원인에 의하여 일어난다고 주장한다. 이 장에서 다윈은 대부분의 변이란 방향성이 없음을 주장하면서도 라마르크설의 일부 역할을 인정하였다.

다윈은 가축화 조건에서 생물의 변이에 대해 논하면서 가축의 무작위적 변이에 대한 일반적인 설명과 육종가들이 유익한 변이체를 만들어가는 작업에 대한 설명으로 넘어간다. 그는 상당한 지면에 걸쳐서 인위적으로 신품종을 만드는 것과 자연 상태에서 새로운 종이 나타나는 데에는 분명히 유사성이 있음을 보여주기 위하여 설명한다. 인위적으로 만든 품종들은 어떤 고정된 자연 형태로 돌아가려고 하지는 않는다. 다윈은 만약 한 조류학자가 다양한 품종의 비둘기들을 가축화되었다는 사실을 모른채 관찰했다면 아마도 그들을 별개의 종, 어쩌면 심지어 별개의 속으로까지 분류할 것이라고 주장했다. 그러면 종에서 이러한 커다란 변이를 만드는 인간의 능력은 어떻게 설명할 것인가? '그 실마리는 선택을 축적케하는 인간의 능력이다. 즉, 인간은 자연이 만드는 끊임없는 변이들을 자신에게 유용한 방향으로 축적시킨다'고 다윈은 설명한다.

제2장 '자연에서의 변이'Variation under Nature에서 다윈은 선택의 재료 역할을 하는 변이가 야생 집단에도 존재하는지 여부에 대해 의문을 제기한다. 그는 자연 상태에서 사는 야생종들이 생식을 방해받지 않기 때문에 야생에서는 변이가 훨씬 적을 것이라고 생각했다. 그러나 개체간의 차이는 분명히 발생하고 심지어 가장 중요한 구조들조차 변이의 대상이 된다. 이에 대한 증거로 다윈은 한 곤충 종에서 신경계의 주요 형태적 변이들을 보여주었던 러벅(Lubbock, John)의 연구를 인용했다. '이러한 개체간의 차이들은 인간이 어떤 주어진 방향에서 가축화를 통해 개체간의 차이를 축적시킬 수 있었던 것처럼 자연 선택이 축적되도록 그 재료들을 제공할 수 있으므로 우리에게 매우 중요하다'고 다윈은 설명한다.

제2장의 대부분은 야생종들에서 나타나는 다양한 변이의 종류에 대해 설명하고 있다. 다윈은 많은 종들이 그들의 생활 영역의 일부분인 국부 상황에 적응하여 상당히 뚜렷하고 영속적인 품종들 또는 변종들을 형성한다는 사실을 지적했다. 자연사학자들은 변종들이 단일 조상에서 유래한 공통 후손에 의해 형성되었다고 가정해왔었다. 그러나 하나의 특이한 형태가 변종인지 별개의 종인지에 대해 의견의 불일치가 종종 있었다. 다윈은 신종 생성에서 변종은 단지 하나의 중간 단계이기 때문에 이러한 혼동이 일어난다고 주장하고 있다. 즉 '적응한 변이체는 마땅히 초기의 종이라고 불릴 수 있을 것이다'. 따라서 '종'이라는 용어는 임의적

이다. 하나의 종은 매우 잘 적응한 변이체로 경험 많은 자연사 학자들의 대다수가 종이라고 지칭할 것이다. 일단 이와 같은 견해가 받아들여지면 은연중에 종을 분리하던 장벽은 무너지고 모든 새로운 형태의 생명을 생성하는 것을 설명함에 있어서 변이의 적용 방식이 분명해 진다.

제3장은 모든 종이 자손을 과잉 생산함으로써 유발하는 '생존 경쟁' Struggle for Existence에 대해 소개하고 있다. 만약 생존 가능한 것보다 더 많은 개체들이 태어난다면 생존을 위해 제한된 자원을 확보하기 위한 개체간의 경쟁이 심화될 것임은 명약관화하다. 다윈은 이러한 아이디어가 맬더스가 인간 사회에 적용했던 『인구론』에 그 기원을 두고 있음을 뚜렷이 밝혔다. 그는 맬더스의 이론을 모든 동물계와 식물계에 선택 압력으로 적용하였다. 자연계에는 식량의 인위적인 증가도 없고 교잡의 선택도 없다.

경쟁은 같은 종이나 유연 관계가 깊은 변종에 속하는 개체들 사이에서 가장 심각하다. 그 이유는 이 경우에 개체들은 정확히 똑 같은 자원을 놓고 경쟁하기 때문이다. 어떤 개체가 살아남고 어떤 개체가 죽을까 하는 것은 많은 요소들에 의해서 결정된다. 많은 경우 새끼들이 소멸될 때 식량 부족이 치명적인 요인이지만 집단의 개체 수가 감소하는 것은 포식자 때문인 경우도 있다. 다윈은 종들간에 나타나는 복잡한 상호 작용을 강조한다. 이 상호 작용에서 각 종은 잡아먹고 잡아먹히는 종들에 의해서 개체 수가 조절된다. 『종의 기원』에서 많은 독자들은 비록 다윈의 자연 선택의 이론을 받아들이지 않았더라도 생물들간의 복잡한 연계망에 대한 그의 강조에 깊은 감명을 받는다. 다윈은 비록 자연이 밝고 즐거워 보여도 그 이면에는 끊임없는 생존 경쟁이라는 냉혹한 자연의 법칙이 있음을 인정했다. 그러나 그는 『종의 기원』에서 지나치게 삭막한 자연의 모습만이 부각되어 보이지 않기를 원했다.

그는 그의 이론이 자연이 현명하고 자비한 하나님에 의해 창조되었다는 절대적인 믿음에 도전하기 보다는 그 믿음을 수정할 수 있기를 원했다. 그는 최종적으로 사람들이 그의 책을 초도덕적인 자연관의 기초로 보아주기를 원했다. 그래서 그는 생존 경쟁에 대한 이 장을 다음의 글로 끝맺고 있다.

  "이 생존 경쟁을 반추해 보면, 자연의 전쟁도 무한히 계속되는 것은 아니며, 거기에는 아무런 두려움도 없다. 죽음은 순간적이며, 힘있고, 건강하고, 행복한 것들만 살아남고 번식한다는 신념으로 우리 자신을 위로할 수도 있다."

  제4장 '자연 선택' Natural Selection은 다윈의 이론에서 가장 핵심이 되는 부분이다. 인위적인 선택과 야생 개체들의 주변 환경에 대한 의존도의 중요성을 상기시킨 후, 그는 다음과 같은 내용을 기술해 나갔다.

  "어떤 사람에게 유리하게 작용할 수 있는 변이가 있고 또 다른 변이가 어떻게 해서든지 생존 경쟁에서 그 사람에게 유리하게 작용할 수 있다고 할 때, 수천 세대의 기간 동안에 이러한 변이는 여러 번 일어났을 것이며, 이러한 경우 이 변이를 지닌 사람은 다른 사람에 비해 어떤 면에서든 생존에 유리했을 것이고 그들의 종족 번식에 나름대로 기여했을 것이다. 반면에 해로운 변이가 일어난 사람은 생존하기가 어려웠을 것이다. 좋은 변이는 보존되고 나쁜 변이는 도태되는 것이 바로 자연 선택인 것이다."

  다윈은 자연의 힘과 인간의 힘을 비교할 때 훨씬 강력한 것은 자연임을 강조하였다. 그는 또 자연 선택은 주위 환경에 대처하는 개체의 능력을 증진하는 데에만 관여할 뿐이라고 주장하였으나, 우리는 이 자연 선택이 생물의 발전을 도모하는 요인 중의 하나임을 알게 되었다.

물론 생존보다는 생식이 더 결정적인 요인이다. '성적 선택' Sexual Selection을 언급한 부분에서 다윈은 배우자를 찾는데 유리하게 작용하는 형질은 최고도로 발전하게 된다고 주장하였다. 수사슴의 뿔과 새의 밝고도 현란한 색깔은 많은 종에 있어서 수컷의 잘 발달한 이차 성징이 좀더 많은 암컷을 유혹할 수 있는 방편이 될 수 있음을 보여 주고 있다.

다윈은 자연 선택이 지배하는 세계에서는 여러 가지 형태의 형질이 흥망성쇠를 거듭한다는 것은 필연적일 수밖에 없다고 설명하였다. 어떤 종들은 경쟁 종에 의해 절멸될 수 있으며, 절멸한 종이 차지하던 공간은 살아남은 종이 차지하게 된다. 제4장의 말미에서 그는 최초의 단일 시조형에서 수많은 자손형들이 생겨나는, 이른바 분지 과정에 대하여 상세히 설명하고 있다. 자연 선택은 안정된 자연 환경 아래에서도 특수 세분화를 유도할 수 있다. 다윈은 그 과정을 진화 계통수의 고전이 되는 그림을 가지고 설명하였다. 다윈의 계통수에는 중앙 줄기, 즉 진화의 '주 방향' main stem이 결여되어 있다. 각각의 종이 이주의 과정에서 맞닥뜨리는 환경의 변화에 자신만의 방법으로 적응하기 때문에 어느 가지가 주 계통인지를 나타내지 못한 것이다. 따라서, 사람을 동물 종 진화의 최상위에 위치시킬 방법이 없다.

제6장 '진화론이 지닌 문제점' Difficulties on Theory은 종의 기원에 대한 다윈의 이론에 이의를 제기할 수 있는 예상 가능한 반론에 대해 방어하는 내용을 담고 있다. 최종판에서 추가된 '자연 선택 법칙에 대한 여러 견해들' Miscellaneous Objections to the Theory of Natural Selection이란 장에서는 그가 예견한 문제점들을 제기한 비평자들에 대한 다윈의 반론을 다루고 있다. 제6장에서 나타나

는 첫 번째 문제는 잘 알려진 종 사이에 있을 법한 과도기적 형태에 대한 결여이다. 연속 진화의 법칙에서는 종간에 갭이 있어서는 안된다고 생각할 때, 이것은 매우 중요한 문제가 된다. 그러나 다윈은 이것이 진화가 분지적 분기 과정(branching divergent process)에 의한 것임을 의심하는 명분이 될 수는 없다고 주장하고 있다. 분기(divergence)란 것은 제대로 특수화되지 못한 것들이 계속적으로 절멸되어 가는 과정에서도 이루어지기 때문에 중간 형태가 현재까지 존재하라는 법은 없다는 것이다. 그는 '종이란 웬만큼 잘 정의된 대상을 지칭하는 것이기 때문에, 변화하는 와중에서의 뒤얽힌 혼돈 상태에서의 중간 형태는 종으로서 존재하지 않는다'라는 관점을 가지고 있었다.

다음으로 나타나는 문제점은 독특한 습성이나 구조를 지닌 종의 기원에 관한 사항이다. 예를 들어, 어떻게 하여 날지 못하는 포유류가 박쥐로 진화했을까, 중간 형태란 걷기나 날기 모두에 부적합한 상태일텐데 하는 문제이다. 이에 대하여 다윈은 나무 사이를 활강하는 능력에서 차이를 나타내는 날다람쥐의 존재를 주장한다. 이것이 다리와 날개 사이의 중간 상태도 생존할 수 있으며, 박쥐의 날개가 생겨난 것은 바로 선택의 과정임이 확실하다고 하였다. 그는 종은 원래 변화하는 것이며, 나무에서 살지 않는 딱다구리류와 물에서 살지 않는 거위류가 좋은 예라고 하였다. 이러한 예들은 각각의 생명체들은 살아가는데 완벽하게끔 신이 창조하였다는 주장에 대한 정면 도전이기는 하였으나, 생명체들은 끊임없이 자기가 살기에 좋은 환경을 찾고 있으며 이러한 와중에서 진화가 이루어질 수 있음을 보여주고 있다.

다윈은 사람의 눈과 같이 고도로 복잡한 구조물의 진화를 설명하는데 따르는 문제점을 언급하기도 하였다. 그는 무척추동물에서도 복잡성의 정도에 차이가 있는 눈이 진화했다는 사실은 시각

형성에 중간 단계가 있으며 이것이 그 종의 생존에 유리하게 작용한다고 하였다. 상상가능한 중간 상태의 복잡한 기관이 없음이 확인된다면 그의 이론이 잘못된 것이라고 인정하면서도, 다윈은 그러한 기관은 알려진 바 없다고 주장하였다. 또 다른 문제는 중요치 않다고 생각되는 기관의 존재이다. 자연 선택이 생존에 유리한 변이에만 국한하여 작용한다면 모든 형질이 환경 적응에 유리한 것이어야 한다. 그러나 생명체들이 불필요한 형질들도 지니고 있음을 우리는 잘 알고 있다. 다윈은 이 문제를 다음과 같이 설명하고 있다. 기린의 꼬리는 언뜻 보면 파리를 쫓는 데나 사용하는 것 같지만, 열대 지방에서는 많은 종류의 포유류들이 기생충의 공격으로부터의 방어 능력에 따라 그 생존이 결정된다는 것을 알아야 한다.

제7장은 진화가 동물의 행동을 설명할 수 있다고 믿은 다윈에게는 특별한 흥미 대상이 되는 '본능' Instinct을 다루고 있다. 라마르크 신봉자들은 본능이란 학습에 의한 습성이 점진적으로 누적되어 생명체의 유전적 구성 요소가 된 것이라고 설명한다. 그러나 다윈은 이 이론이 일벌이나 일개미의 본능을 설명할 수 없다고 하였다. 그는, 외부 형질의 경우에서와 마찬가지로, 본능에 대해서도 자연 선택이 작용한다고 믿었다. 어떤 특정 종에서는 본능적 행동에도 변이가 있음을 볼 수 있다. 가령, 조상인 늑대로부터 물려받은 개의 공격적인 본능적 행동을 사람이 근절시킬 수도 있다. 선택에 의하여, 유용한 변이를 골라 유용한 본능으로 고정시킬 수 있다는 것이다. 일벌 등의 경우에서도 선택은 개체뿐만 아니라 콜로니 단위에도 작용할 수 있음을 보여 준다.

제8장에서는 '잡종' Hybridism에 대한 개념을 언급하고 있는데, 이 부분이 비판자들에게는 좋은 표적이 되고 있다. 동일 종 내에서 형성된 변이체들 사이엔 교배가 가능하지만, 전통적 개념에서

볼 때 다른 종간의 교잡은 불가능하다. 다윈은 변이체와 종 사이의 구분이 일상적으로 생각하는 것처럼 명확한 것이 아니라고 주장한다. 종간의 불임성도 경우에 따라 차이가 있음을 식물 잡종의 연구를 근거로 주장한다. 유연 관계가 먼 종 사이에서도 가끔 잡종 자손이 얻어진다는 것이다. 이로 미루어 볼 때, 변이체와 종 사이에는 뚜렷한 구분이 없다고 다윈은 결론지었다. 두 연관 종은 진화의 과정 중에 분기하면서 상호 교배력이 점차 감소하여 결국에는 불임으로 간다는 것이다.

제9장은 '화석 자료의 불완전함에 관하여' On the Imperfection of the Geological Record이다. 다윈은 진화란 항상 천천히 그리고 점진적으로 일어나는 현상이라는 굳은 믿음을 가지고 있었다. 그러나 진화적인 조상형이 없이 불쑥 나타난 신종의 화석 기록이 문제임을 깨닫게 되었다. 다윈은 이러한 불연속성은 화석 기록이 불완전한 결과이지 종이 갑자기 나타난 것을 의미하는 것은 아니라고 주장하였다. 그는 두 연관 종 사이에 중간형이 틀림없이 존재하나 단지 이를 찾아내지 못했을 뿐이라고 주장하였다. 후일 자손들 사이에서 확실한 중간형이 발견되지 않더라도 공통 조상으로부터의 분기는 얼마든지 있을 수 있다는 것이다. 그러나 이 같은 복잡한 형태의 연관성을 살펴볼 수 있는 기록은 거의 찾아볼 수 없다. 다윈은 진화의 전과정이 화석으로 보존되어 있으리라 기대해선 안된다고 주장하였다. 화석을 포함하는 광물은 특정 환경에서만 형성되기 때문에, 연속적으로 보이는 지층의 퇴적 사이사이에는 수많은 시간이 숨겨져 있다. 설혹 우리가 연속적인 퇴적 표본을 가지고 있다 하더라도, 진화학상의 변화가 멀리 떨어진 지역에서 일어나 화석 속에 남아 있지 않을 수도 있다는 것이다.

현존하는 모든 생물 그룹이 어떤 특정 시기에 돌연히 출현하는 것도 생각해볼 문제이다. 캠브리아기 초기에 거의 모든 근대형 생물이 쏟아져 나온 이른바 '캠브리아기의 폭발적 진화' Cambrian explosion가 대표적인 예이다. 다윈 시기에는 지질학적 명명이 통일되지 않아 초판에서는 실루리아기라고 했었다. 다윈은 기록의 불완전은 이 경우에도 해당한다고 하였다. 수많은 종이 쏟아져 나온 캠브리아기 전에도 수많은 세월이 존재했으나 화석이 발견되지 않고 있을 뿐이라는 것이다. 오래 전에 대륙이 갈라지고, 그 시대의 화석은 현대의 바다 속으로 가라앉았을 수도 있다는 것이다. 다윈이 할 수 있는 일이란 선캠브리아기의 바위로부터 화석이 발견되어 지질학적 기록의 미비점을 보충해 주었으면 하는 희망을 표현하는 것뿐이었다.

그 다음 장은 화석 기록에 대한 논의를 계속하고 있으나 다윈은 '생물체의 지질학적 연속성' On the Geological Succession of Organic Beings이라는 공세적인 입장을 취하고 있다. 즉, 기록의 불완전을 인정한다 하여도, 공통 자손의 학설을 기초로 예상한대로 화석은 분포하고 있다는 것이다. 고생물학자들은 대개 시간상 중간 형태의 화석이 형질상 중간형임에 동의하고 있다. 오웬과 같은 학자들은 조상형들이 가끔은 좀더 확실한 현대형과 떨어져 있는 경우를 보여 주기도 하였다. 그렇다면 돼지와 낙타는 형질상 중간 형태인 화석을 포함하여 단일 그룹으로 묶을 수 있게 된다. 다윈은 이러한 조상형들이 좀더 특수화한 현대종으로 진화해 나간 조상임이 명백하다고 생각하였다.

다음의 두 장에서는 '지리학적인 분포' Geographical Distribution를 다루고 있는데 다윈 자신이 진화를 믿게 된 증거들을 다루고 있다. 다윈은 구세계와 신세계 동물상 사이의 차이를, 두 지역 모두가 같은 조건을 갖추고 있기 때문에, 기후라는 단어로는 설명할 수 없다고 주장하였다. 아프리카의 타조와 남아메리카의 타조는 거의 비슷하다. 허나 자세히 살펴 보면 각 대륙의 특성을 그대로 보여준다. 지리학적 분포의 주요 결정 요인은 자유로운 이주에 대한 장벽이다. 육상 동물의 경우엔 대양이 가장 커다란 장벽이다. 반대로 건조 지대는 해양 생물의 최대 장애물이 된다. 다윈은 성공적인 종은 도저히 통과할 수 없는 장벽에 막히기 전에는 최대한으로 퍼져 나가면서 그들에게 닥치는 지역적 조건에 적응할 것이라고 주장하였다. 이 주장대로라면 이주의 주된 장애가 종이라는 그룹을 정의하는 요소가 될 수 있다. 다윈은 갈라파고스 제도의 예를 들어 대양을 가로지르는 식물의 씨나 동물의 알의 이동을 설명하였다.

'생물체의 상호 유연 관계'Mutual Affinities of Organic Beings를 다룬 다음 장에서 다윈은 그의 학설을 자신 있게 설명해 나간다. 그는 종을 분류하고자 노력하던 박물학자로서 맞닥뜨렸던 여러 현상을 상기하면서 이 모든 것이 공통 조상의 학설로만 설명이 가능하다고 하였다. 분류의 기본 방식은 비슷한 종들을 묶어 속으로, 속들을 묶어 과로, 과들을 묶어 목으로 하는 과정을 담고 있다. 이러한 연관성을 모르는 채 박물학자들은 분류의 '자연 법칙'Natural System을 찾고 있었던 것이다. 그러나 다윈은 이제 이 법칙이 상상 속의 것이리라는 의문을 갖게 된 것이다. 창조자의 계획인가? 다윈은 신성한 계획이 존재한다면 자연 속의 연관성에 대하여 우리는 아무런 생각을 할 필요가 없을 것이라고 생각하였다. 그러나 다윈의 이론은 어떻게 하여 종을 유연 관계가 있는 것끼리 묶을 수 있는가를 설명해 줄 수가 있다. 분류의 자연 법칙이란 종간에 진화적 관계를 표현하는 것이었고 진화 계통수의 단면으로 나타나는 것이었다.

다윈은 이어 발생학적 측면을 다루었는데, 여러 종류의 동물들이 성체에서보다는 발생중인 배의 시절에 서로 닮은 유사성들을 보인다는 것이다. 그는 이러한 사실은 적응을 위한 변형이 대부분 성장의 후기에서 일어나며 초기의 발생 패턴에는 변화가 없음을 설명해 준다고 믿었다. 다윈에게 있어 발생 중인 배는 덜 변형된 상태의 종으로서 자연적 연관성을 밝히는데 아주 좋은 자료였다. 몇몇 경우에 있어 배는 실제로 화석 기록으로 알려진 조상형과 아주 유사하였다. 그러나 이것은 인간의 배 발생은 화석 기록에 의해 밝혀진 진화의 전과정을 반복하는 것이리라는 소위 진화재현설과는 거리가 멀었다. 다윈은 창조의 목표로서의 인간에 이르는 발생 과정에는 흥미가 없었고 또 인간의 배 발생을 진화의 주기둥으로 생각하고자 하는 생각도 없었다.

이어서 다윈은 흔적 및 퇴화 기관에 대해 언급하게 된다. 많은 종들이 사용하지 않거나 발생이 되지 않는 기관들을 가지고 있다. 창조론자들은 이러한 구조가 '대칭성의 유지를 위해' 또는 '설계도의 완성을 위해' 필요하다고 주장할 것이지만, 다윈은 신성한 계획에는 설명이 필요 없을 것이라고 주장하였다. 진화론자들은 흔적 기관이 한때는 유용했던 구조였으나 지금은 종의 변화된 습성 때문에 불필요한 것으로 남아 있는 것이라는 확실한 설명을 해주고 있다는 것이다. 유전 현상에 의해 그 구조는 어느 기간 보존되지만 자연 선택에 의해 점차 사라져 불필요한 구조물을 형성하는데 드는 에너지를 아끼게 된다.

결론에서 다윈은 그의 새로운 접근이 내포하는 바를 요약하였다. 그는 창조설에 입각한 경험론자들이 뿌려놓은 편견을 젊은 학자들이 제거해 주기를 희망하였다. 그가 새로운 이론을 제기하기까지 얼마나 힘들었는가를 밝혔다. 살아 있는 생물체 사이의 기본적 유사성이 '지구상에 존재했던 모든 생물체는 아마도 하나의 원시 생명체에서 뻗어 나온' 것으로 추론하게 하였다. 최초의 생명체는 아마도 신성의 기적에 의했을 것이라고 하였다. 다윈이 진정 이를 믿었는지는 확실치 않다. 그러나 그는 파스퇴르와 같은 생물학자들이 생명은 자연발생적으로 생겨난 것이 결코 아니라고 주장한다는 것을 알고 있었다. 다윈은 생명체의 궁극적인 기원에 대해서는 별 흥미가 없었다.

다윈은 그의 진화론이 자연과학사에 크게 기여하기를 바랐다. 특히 그는 '인간의 기원과 역사를 탐구하는데 한가닥의 빛이 던져졌다'는 표현을 하기도 하였다. 종의 기원에서 인류에 대한 언급을 한 것이 이 부분만은 아니다. 그러나 다윈은 여기에서 그의 진화론이 하등 생명체로부터 인간의 기원에 관한 것까지를 총망라한다는 것을 확실히 언급한 것이다. 그는 진화론을 인간에게까지 확대하면 동물과 인간의 차별성을 주장하는 전통 견해 때문에 폭발적인 비판 논쟁이 야기될 것을 잘 알고 있었다. 그는 인간의 기원을 자세히 다루는 것을 피함으로써 분쟁을 최소화하려 했으나 이 부분을 끼워 넣음으로써 그의 이론에 대한 믿음을 확실히 하였다.

이 위험한 함축성을 상쇄하기 위하여 다윈은 독자들로 하여금 그의 학설이 신과 자연의 관계에 대한 전통적인 믿음과 상충되지 않는다는 점을 이해시키려 애를 쓴 것으로 보인다. 그는 창조자는 독단적인 기적보다는 법으로써 세상을 지배하며 '자연 선택은 각 개체의 최상 조건을 유지케 하기 위하여 작용함으로써, 신체적이고 정신적인 자질을 완벽함으로 이끄는' 것이라고 주장하였다. 사람으로 이어지는 직접적인 언급은 없으나, 자연 선택의 전체적인 효과는 계속되어 사람은 결국 창조자가 선택한 과정의 산물이라는 내용을 담고 있다. 자연 선택은 어쩔 수 없이 생식의 법칙에서 파생된 것이며 이것은 결국 세상을 복잡하게 진보시킨 신에게도 최상의 방법이라는 것이다.

자연의 싸움에서, 기근과 죽음의 와중에서 우리가 생각할 수 있는 최상의 형태는 고등 동물의 생성일 것이다. 진화론적 입장에서 보면 생명체에는 위대함이 숨어 있다. 중력의 법칙으로 돌고 있는 단순한 이 행성에서 최초로 생긴 하나 또는 몇몇의 원시 생명체에서 이와 같이 아름답고 경탄할 만큼 다양한 형태의 생물들이 생긴 까닭은 생물은 진화의 소산이기 때문이다.

제8장
다윈설의 출현

다윈은 이미 과학자로서 존경을 받아왔으나,『종의 기원』을 발표한 후 대중적인 인물이 되었다. 그의 인생을 두 가지 다른 관점에서 평가하여야 할 것이다. 다윈의 한 모습은 한 개인으로서, 만성적인 병으로 가족과 함께 은둔 생활을 하면서도 학문을 계속하려 고뇌하는 모습이다. 다른 다윈의 모습은 지금까지 신학자와 도덕가만이 다루어온 영역을 과학자들이 지배하려는 과학 운동의 태두로서, 새로운 진화론으로 논쟁을 불러일으킨 대중적인 상징으로서의 모습이다. 이와 같은 두 가지의 모습은 물론 서로 연관이 있다. 다윈은 그의 이론을 널리 알리는 일에 큰 관심을 가지고 있었으며 후크와 헉슬리와 같은 동조자들과도 친분을 유지하였다. 그의 공적은 자신의 책을 저술하고 계속하여 개정하였으며, 진화 과정의 자연 현상을 밝히기 위한 과학적인 연구를 지속적으로 수행한데 있다. 그리고 그는 가능한 한 많은 과학자들과 정보를 주고받을 수 있는 거대한 정보망을 구축하였다. 이 시기에 수많은 과학자들과 교신한 그의 수많은 편지들이 이미 출판되었으나 아직도 『서한 일람표』*Calendar of Correspondence*의 많은 편지들이 출판되기를 기다리고 있으며, 이 시기에 이러한 교류는 그의 활동에 많은 도움이 되었다.

이 때 다윈이 생각한 진화론은 다윈설의 개념으로 바뀌고 있었다. 바깥 세상에서는 과학자들이나 일반 대중들이 진화라는 개념을 자신의 입장에 유리하게 해석하고 있었다. 후커와 월러스를 포함한 몇 몇 생물지리학자들은 다윈설을 증명하는 연구를 계속하여 발전 시켰다. 하지만 많은 사람들은 그들을 '다윈주의자' Darwinians라고 불렀는데, 그 이유는 일반인들이 다윈을 단지 대토론을 시작한 중요한 사람으로만 보았을 뿐, 다윈의 자연선택설이 진화가 어떻게 이루어지는지를 설명하는 설득력 있는 증거라는 것을 알지 못했기 때문이다. 헉슬리와 같은 지지자들조차도 현대 생물학자가 가장 중요시하는 다윈의 생각을 이해하는데 한계가 있었던 것 같다. 몇 명의 생물학자들은 라마르크설이나 그때까지 생각해온 경향의 반다윈주의적 진화론을 공개적으로 펼치기 시작했다. 다윈의 위대한 업적은 자연 선택의 기작을 증명하지 못하였음에도 불구하고 동시대 대다수의 동료들이 진화의 기본 관념에 대한 생각을 다시 갖게 한 것이다. 우리는 이미 『종의 기원』이 얼마나 현재의 예상과 잘 맞게 쓰여졌는가 살펴보았다. 다윈의 논리가 세부적으로는 맞지 않는 부분이 있다 해도 전체적인 다윈의 진화론은 정말로 놀라운 예지이다. 다윈의 업적을 평가하는데 있어서 최근의 생물학자들도 원본의 내용을 거의 그대로 받아들이는 『종의 기원』을 저술하여 19세기말 진보주의자들이 진화 사상을 갖도록 그들의 생각을 변화시킨 기폭제로서 다윈의 역할을 고려해야만 할 것이다.

그 당시 대부분의 사람들이 생각하였던 것과 다른 다윈이 생각하였던 다윈설은 그의 후반 연구로도 알 수 있다. 『종의 기원』

제10장에서 논의한 인류 기원에 대한 그의 견해를 제외하더라도, 다윈은 그의 새로운 과학적인 논법으로 독자들을 이해시키기 위하여 몇 가지 주제를 선택하였다. 그는 인류로 진화하기까지의 과정의 불연속적인 화석 기록에 큰 관심을 갖지 않았다. 볼테르의 소설 『캉디드』*Candide*에서 처럼 그는 위대한 업적을 남긴 사회를 떠나 은거하여 자신의 정원을 가꾸기로 결정하였다. 그는 지렁이, 난초의 수정, 식충 식물과 덩굴 식물을 연구하였다. 이러한 연구는 이상적이거나 큰 의미를 갖는 과제는 아니었지만, 자연의 역사를 다윈이 생각하였던 진화로 설명하는데 도움을 주었다. 그러나 다윈의 생명의 진화에 대한 접근 방법은 생명의 기원인 모든 생물 집단을 밝혀내야 한다고 생각하는 박물학자와 고생물학자들의 접근 방법과는 달랐다. 다윈의 진화에 대한 생각은 지금의 어떤 생물 집단에서도 볼 수 있는 적응 모습에서 생명의 기원을 추정할 수 있는 길이 있다는 것이다. 그의 연구는 어떻게 이 이론을 발전시켜야 하는지에 대한 관점에서 보면 완벽하게 이치에 맞았지만, 빅토리아 여왕 시대의 진보론을 증명하기 위하여 진화론을 지지하던 그의 지지자들의 생각과는 많은 차이가 있었다.

정원 가꾸기

여러 면에서, 다윈의 가정 생활은 『종의 기원』의 발간에 영향을 받지 않았다. 다윈은 여전히 만성병에 시달리고 있었고 그는 6주 동안 일클리에서 물 치료를 받았지만 큰 도움은 되지 못했다. 『종의 기원』의 복사본을 월러스에게 보내면서 그는 여섯 달 동안 아무도 찾아오지 않은 것에 대해 불평을 했다. 1859년 11월 다운으로 돌아와서 그는 바로 법정의 배심원으로 봉사해야 했기 때문에 매우 지쳐서 집으로 돌아오곤 했다. 그는 1860년 한해 동안 대부분을 다운에서 보내며, 자연 선택이 다양한 변이성을 갖게 한다는 실질적인 증거를 제시해준 「사육, 지배하는 동물과 식물의 다양성」*Variation of Animals and Plants under Domestication*에 대해 연구를 하였다. 이 연구는 뒤로 연기되었는데 그 이유는 그가 1861년 터키에서 8주 동안 휴가를 가졌지만 1863년 9월에 다시 병을 얻어 6개월 동안 아무 것도 할 수 없었기 때문이었다. 2년이 지난 후에야 벤스-존스 박사가 처방한 엄격한 식이요법 덕택에 그는 점차 회복되었다. 그는 남은 여생을 이와 같은 방식으로 살았는데, 하루에 몇 시간 일을 할 수 있다가도 때때로 병이 재발하여 모든 일을 그만 두어야만 했다.

가족들은 늘 다윈의 건강 문제에 대하여 조심하였다. 다윈은 3명의 자녀들과 살고 있었는데 1860년 당시 조지는 15살, 프란시스는 12살, 레오나르도는 10살이었다. 다윈은 1858년 월러스의 논문이 도착한 후 며칠 되지 않아 8개월 된 막내 아들 찰스를 잃는 불행을 겪었다. 1862년 엠마와 레오나르도 역시 급성 홍열을 심하게 앓았으나 다행히도 곧 회복되었다. 이 아이들이 성장해 과학에 대해 흥미를 갖게 되어, 조지는 1868년 케임브리지대학에서 우등생으로 수학 학위를 취득한 후, 천문학 및 실험 물리학 교수가 되었다. 프란시스 역시 케임브리지대학에서 수학과 자연과학을 공부하여, 이후 아버지를 도와 방대한 식물 연구를 수행하였다. 다윈이 사망한 후 프란시스는 케임브리지대학에서 전임 강사로 식물학의 리더가 되었다.

다윈은 부인이 큰 소리로 소설책을 읽어주는 것을 즐겨 듣곤 했다. 그는 자서전에서 불행한 최후에 대응하는 방법이 있어야 한다고 고통을 호소하였다. 그는 또 자신의 오랜 취미였던 시와 그림을 점차 잃어가고 있었으며, 이제서야 세익스피어가 참을 수 없도록 시시하다는 것을 알게 되었다고 기록하고 있다. 말미에 그는 자신의 정신이 어떤 사실로부터 법칙을 이끌어내는 기계와 같다고, 다시 말해 과학적 사고를 제외한 모든 정신 능력이 쇠퇴하였다고 슬퍼하고 있었다. 그의 소설에 대한 애정은 사실 이 표현에서는 과장된 것처럼 보이지만, 확실히 그는 과학 때문에 그 이외의 것에 신경을 쓸 여유가 없었다.

1860년대 초, 다윈의 주요 관심사는 진화의 예를 확인하는 것이었다. 자연선택설의 발표로 그는 변화의 기작에 대한 뚜렷한 설명으로 생명의 다양성에 대한 논란의 교착 상태를 깰 수 있었다. 분명히 그는 자연선택설이 진지하게 받아들여지길 원했으나, 우선은 어찌 되었던 진화의 기본 개념이 받아들여지는 것이 더 중요하다고 생각했다. 실제로 자연선택설은 19세기 전반에 걸쳐 뜨거운 논쟁의 대상이 되었으나, 진화의 일반적인 예들이 점차 밝혀지면서 그 교착 상태가 깨어졌다. 다윈은 이미 과학계에 제시할 수 있는 몇 가지 중요한 구체화된 증거를 갖고 자신의 이론을 확신하였다. 그는 보수주의자들로부터 거센 반발을 받았으나, 자신의 신봉자들이 그의 이론이 받아들여질 때까지 비난의 광풍을 막아줄 수 있을 것이라고 믿었다. 소수이지만 정예 진화론자인 이들이 어려움을 극복하고 궁극적으로 과학계의 대다수를 전향시키는 설득 작업을 개시하였다. '만약 우리가 지지자를 만들 수 있다면 우리는 곧 승리 할 것이다'라고 그들은 확신했다.

후커는 『종의 기원』에 대한 호의적인 평을 할 수 있는 확고한 전향자였고, 1860년에 출판한 『태즈매니아의 식물상』*Flora of Tasmania*의 서문에서 진화에 대한 확실한 지지를 보냈다. 헉슬리 역시 중요한 지지자로 열광적으로 『종의 기원』을 받아들였다. 운 좋게도 그는 런던의 『타임스』*Times*지로부터 이에 대해 논평을 해

줄 것을 부탁 받아, 논쟁의 아주 초기 단계에 대중에게 긍정적인 평가로『종의 기원』을 알릴 수 있는 기회를 얻을 수 있었다. 그가 자연선택설을 기꺼이 받아들인 이유는 자연선택설이 모든 문제의 해답이 된다는 확신 때문이 아니라, 아직 풀리지 않은 물음에 대해 새로운 아이디어를 제시하여주기 때문이었다.『종의 기원』이 출판된 뒤 다윈에게 보낸 초기의 편지를 보면 그는 분명히 진화론에 의혹을 갖고 있었다. 그는 "당신은 당신 스스로 자연은 도약하지 않는다는 사실을 받아들여 정신적인 무거운 부담을 지게 되었다"고 주의를 주고 있다. 동료 헉슬리 등은 변이를 생성하는 어떤 힘에 의해 새로운 형질이 돌연히 나타날 것이라는 관점을 갖고 있었다. 그럼에도 불구하고 그는『종의 기원』이 학계의 관심을 끌기를 원했다. 그는 다윈이 반대자들의 반박에 대해 너무 태연하다고 충고했다. 왜냐하면 그의 친구들 중 도전적인 기질이 있는 몇몇은 날카로운 반박을 준비하고 있었기 때문이다.

1860년대 말이 되면서 다윈은 몇몇 지지자들을 얻을 수 있었다. 그들은 라이엘 외에 네 명의 지질학자, 네 명의 동물학자, 두 명의 생리학자, 그리고 다섯 명의 식물학자들이었다. 그러나 곧『종의 기원』에 대한 불리한 비평들이 제기되기 시작하였다. 특히『에딘버러 평론』*Edinburgh Review*에서의 오웬의 비평에 당황하였으며, 앞으로의 길고 힘든 논쟁이 염려되기 시작했다. 새로 진화론을 지지하는 사람은 소수였고, 게다가 지금까지의 지지자들도 되돌아설 것이 두려웠다. 하지만 몇 해가 지난 후, 이와 같은 경향은 바뀌기 시작하여 1864년 다윈은 왕립학회에서 커풀리 훈장(Copley Medal)을 받게 되었다. 1860년대 말까지 논쟁은 계속되었으나, 대다수의 과학자들이 입장을 바꾸었고, 보수적으로 되돌아갈 가능성은 없는 듯했다. 진화론의 확산에 대한 좋은 예가 1868년 나리지(norwich)에서 열린 영국학술협회(British Association)에 후커가 참석한 것에 대해 헉슬리가 다윈에게 쓴 편지에 담겨 있다.

　"나리지(norwich)에서 중대한 모임이 있었는데, 후커 선생은 비상시
에는 언제나 그랬듯이 큰 영향력을 발휘하였습니다. 한가지 유일한
결점은 다원설 신봉자 일색으로, 퍼거슨의 불교 사원에 대한 강연에
서조차 다원설을 다루었다는 것입니다. 당신은 생전에 당신의 생각이
옳다고 학계에서 인정받는 행복을 누릴 수 있을 것 같습니다.
　추신 : 나도 진화론자가 될 준비가 되어 있습니다. 더 이상 주저할
필요가 없어요."

진화론이 옳다는 것은 자연 선택이 생물을 변화시키는 전체 기
작 중의 일부에 불과하다고 여겨짐에도 불구하고 의심의 여지가
없었다. 진화론의 점진적인 확산은 다윈의 초기 지지자의 활동에
의한 것이었다. 그리고 다윈 자신도 지속적인 격려와 논리의 개
발을 게을리하지 않았으며, 자신의 생각을 책으로 발간한 것이다.
1866년 말까지 그는 「사육, 재배하는 동물과 식물의 다양성」이라
는 논문에 노력을 집중하여 논문이 채택되도록 노력하였다. 여기
에서 그는 적절한 문헌 자료를 가지고 상세하고 놀랄만한 생물
종의 다양성에 대한 증거를 제시했다. 그는 또한 유전에 대한 자
신의 이론인 범생설을 요약하여 수록하였다. 1860년대에 보충하
였으나, 그의 이론이 초기부터 그가 마음에 갖고 있던 생각의 산
물이라는 사실은 의심할 여지가 없었다. 현대 유전학과는 차이가
있는 '범생설' pangenesis은 원래 오래 전에 생겨난 이론이었다. 실
제로 이에 대항하는 가장 일반적인 비판 중 하나가 히포크라테스
시대 이후에 계속 거론하던 개념을 재연했다는 것이었다. 다윈은
신체의 모든 부위가 '제뮬' gemmule이라 불리는 미세한 입자로부
터 발달하기 시작한다고 믿었다. 제뮬이 신체를 순환하다가, 생식

기에 모이고, 양친으로부터 제뮬이 수정난에서 혼합되면서, 배아는 제뮬 자체의 발생력에 의하여 생장하게 된다는 설이다. 현대 생물학의 입장에서 볼 때 이 범생설은 일고의 가치도 없는 잘못된 생각임이 틀림없다.

독창성의 결여는 별 문제로 하더라도, 범생설은 주목을 받지 못한 채 '세포설'cell theory에 의해 압도되었는데, 세포설의 출현으로 인하여 어떤 제뮬이 세포와 독립적으로 존재한다는 범생설이 받아들여지기 힘들게 되었다. 진화론에 미친 이 범생설의 영향에 대하여 역사학자들 간에 논쟁이 분분하다. 다윈의 아들인 프란시스는 그의 부친에 대한 저서 『아버지 다윈의 생애와 서한들』Life and Letters and More Letters에서 범생설의 중요성을 축소 시켰는데, 그는 범생설의 논리가 비과학적이라는 것을 알고 있었던 것 같다. 이 때문에 어떤 역사학자는 진화를 생식 과정과 외부 환경과의 상호 작용으로 간주한 다윈의 진정한 관심사를 그의 아들이 왜곡시켰다고 까지 평하였다. 다윈은 전 생애를 통하여 양성 생식의 역할에 관심이 깊었으며 그는 자연 선택이 종의 기원 이후의 시기까지 작용을 할 것으로 믿었던 것 같다.

그렇다면 이 양성 생식 이론이 진화의 메커니즘에서 의미하는 것은 무엇일까? 다윈이 멘델의 유전학의 핵심이 되는 개별 유전의 개념을 수용하지 않았으며 이는 그가 범생설에서 벗어나지 못한 요인이 되었다는 것은 널리 알려진 사실이다. 범생설에 의하면, 자손의 형질들은 부모의 신체의 적당한 부위로부터 유래된 많은 소체로부터 유래하였다고 가정하여, 유전이란 부모 형질들이 서로 섞이는 과정이며 부모의 형질들이 멘델의 법칙처럼 불변의 단위로 전달되는 것은 아니라는 것이다. 아이즐리(Eiseley)는 이와 같은 '혼합 유전'blending heredity이 자연 선택을 불가능하게 한다고 해석하였다. 젠킨(Jenkin, Fleeming)은 1867년에 『종의 기원』

을 재해석하면서 우수한 새로운 형질은 혼합에 의하여 제거되는데 이는 새로운 형질을 갖고 있지 않은 개체와의 교잡에 의하여 세대를 거치면서 그 효과가 반감되기 때문이라고 하였다. 마치 흰 페인트 통에 검은 페인트를 넣고 저은 것과 같이 원래의 형질 효과는 사라지게 된다는 것이다. 아이즐리는 선택이란 우수한 새 형질이 하나의 단위로 유전되어 페인트의 예에서 처럼 희석되지 않을 때 비로소 효과적으로 작용할 수 있다고 제안하였다. 아이즐리의 주장에 의하면 다윈 자신이 젠킨의 혹평 때문에 고심하였다고 한다. 범생설은 현대의 유전자 개념처럼 소체가 유전 단위로 전달된다기보다는 소체가 부모의 신체로부터 떨어져 나와 혈관을 타고 도는 것이기 때문에 어떤 의미에서 획득 형질의 유전을 인정하는 것이다.

근대 역사학자들은, 전반적인 의미에서 범생론과 같은 맥락인 아이즐리의 개념을 부정하는 경향이 있었다. 실제로 우수한 변이종이 풍부하다는 전제하에서 유전이 혼합에 의한 것이라면 자연선택이 이루어 질 수 있을 것이다. 젠킨은 아주 새로운 형질을 가진 하나의 개체를 줄곧 생각하여 왔다. 다윈은 이를 심각하게 받아들였는데 진화가 불연속적인 단계로 이루어지기보다는 작은 변이 형질의 출현이 얼마나 빈번히 일어날까 하는 의구심을 갖고 있었기 때문이다. 젠킨의 견해가 알려지기 전에도 윌러스는 생물 집단 내에서 대부분의 형질에 어느 정도는 변이가 존재한다고 주장하였다. 예를 들면, 사람의 신장의 경우에 있어서 키가 아주 큰 사람과 작은 사람의 범위가 있고 대부분의 사람은 평균치에 해당하는 것이다. 변이 모델에 있어서 혼합은 전혀 문제가 되지 않는데 이는 키가 큰 사람들이 유리한 환경에 놓여 있을 때 선택적으로 커지기 때문이다. 이때 몇몇에 불과한 예외적으로 큰 개체에만 유리한 것이 아니라 평균치 보다 큰 모든 개체에게도 유리할 것이다. 현재 우리는 다윈의 유전 이론이 멘델의 유전 법칙을 예기하지 못하였다는 점에서 잘못되었다는 것을 잘 알기 때문에 이 점이 다윈의 이론이 당대에 제한적으로 받아들여지게 된 주된 요인으로 생각하는 오류를 범하기 쉽다. 사실상 이 때의 유전이란 개념은 자연선택설에 반대하기 위하여 제기된 것에 불과하며 비다윈적 진화 메커니즘에 훨씬 더 강하게 작용하는 요인이 있을 것이라는 사실을 우리는 알게될 것이다.

다윈은 변이의 유전에 대하여 연구하면서 진화에 관한 새로운 연구 과제를 구상하고 있었는데 비록 자신을 식물학자라고 생각하지는 않았지만, 이 연구 테마는 진화가 어떻게 식물을 지구상에 출현 시켰는지를 증명하기 위한 것이었다. 그가 식물 연구를 수행하던 다운 하우스에는 매우 큰 정원이 있었고, 그는 1863년에 그곳에 고온실을 설치하였다. 장남 프란시스는 아버지의 조수로서 다양한 교배를 시도하면서 조악한 현미경으로 많은 식물의 씨앗을 세는 등 연구하는 동안에 많은 어려움이 있었다고 회고하였다. 다윈의 좌우명은 "끈기 있게 버텨야 성공한다(It's dogged as does it)"였으며 수년간에 걸친 그의 노력으로 일련의 중요한 연구 결과를 얻게 되었다. 식물 연구의 첫번째 과제는 야생 난초의 수정에 관한 연구였다. 다윈은 1860년부터 1861년까지 이 연구에 심혈을 기울였고 린네학회에 그 결과를 발표하였으며, 1862년에 『영국 및 외국산 야생난에서 곤충이 매개하는 수정에 관한 연구』 *On the Various Contrivances by Which British and Foreign Orchids are Fertilized by Insects*란 저서로 발간하였다. 이 논문에서 다윈은 곤충에 의해 꽃가루가 전달되어 타가 수정이 일어나도록 진화한 메커니즘의 복잡성을 제시하려고 노력을 하였다. 프란시스의 기록에 의하면 그의 아버지는 자연사 연구에 있어 목적론적으로 해석하였으며, 난의 연구 결과로 가장 복잡한 꽃조차도 적응 목적을 갖고 있음을 밝혀냈다고 술회하였다. 다윈은 또한 꽃의 형질이 덜 발달한 여러 종이 있음을 밝혀서 이들의 진화 과정을 설명함으로써 자연 선택에 의한 진화 메커니즘에 접근하고자 하였다. 곤충 역시 꽃의 구조와 함께 진화하였는데 이는 꽃의 꿀에 접근하는 것이 곤충의 생존에 매우 중요하기 때문이다. 사실상 다윈은 복잡한 구조로 되어 있는 식물과 이에 의존하여 살아가고 있는 곤충이 과연 창조자가 개별적으로 고안하여 창조하였을까 하는 반론을 제시하였다. 다윈 자신은 분명히 신의 창조를 의심하였고, 적응의 복잡성을 자연 선택이란 진화 메커니즘의 간접적인 증거로 간주하였다. 난의 꽃구조에 대한 설명은 식물에게 자가 수정보다는 다른 개체에서 온 꽃가루와 수정되는 것, 즉 타가 수정이 유리하다는 가정에 기초를 두고 있다. 물론 다윈은 1830년대 이후 수정 과정에 관심이 있었지만, 타가 수정에 관한 그의 연구는 우연한 관찰의 결과였고, 리나리아 벌가리스(*Linaria vulgaris*)라는 두 식물군에서 타가 수정한 식물들이 훨씬 더 생활력이 있는 것을 관찰한 후였다. 따라서 다윈은 이렇게 증가한 활력이 식물에게 교잡이 필수적으로 일어나게 하는 메커니즘을 발달시키는데 중요한 요인이 되었다고 확신하였다. 이렇게 우연한 관찰로부터 진화 메커니즘을 의도적으로 증명하기 위해서 11년 동안이나 연구를 한 후 1876년에 『식물계에서 타가 수정과 자가 수정의 영향』*The Effects of Cross and Self-Fertilization in the Vegetable Kingdom* 이라는 저서를 출간하기에 이르렀다. 그는 또한 달맞이꽃과 같이 형태가 다양한 종류의 꽃을 가진 종들을 연구하여 이 현상을 타가 수정과 연계하여 1877년에 『동일 종에 존재하는 다른 형태의 꽃』*The Different Forms of Flowers on Plants of the Same Species*이라는 저서를 발간하였다.

다윈은 식물의 운동에 관한 일련의 실험, 특히 덩굴 식물의 감아 오르는 능력에 관하여 연구하였다. 이 실험에서도 그는 역시 감아 오르는 힘이 자연 선택에 의하여 발달한 적응임을 증명하는 데 주력을 하였다. 그는 호프같은 식물이 지지대 주위를 감아 올라가는 메커니즘과 다른 종들에서 덩굴손을 이동하여 지지대를 감아 오르는 능력을 조사하였다. 다윈은 많은 식물들이 감아 오르는 능력을 얻게된 사실을 알고 난 후부터 모든 식물들이 원시적인 운동력을 갖고 있다고 믿게 되었다. 그는 이 결과를 논문으로 1865년 린네학회에서 발표하였고 그후에 여러 번의 수정을 거쳐서 1875년에 『덩굴 식물의 운동과 생태』*The Movement and Habits of Climbing Plants*이라는 저서로 발간하였다. 다윈은 1880년 또 다른 저서인 『식물의 운동력』*The Power of Movement of Plants*에서 어린 싹이 감아 오르는 현상은 싹의 끝이 빛에 민감하게 반응하여 생장에 영향을 받아 굴곡 효과가 생긴 때문이라고 기술하였다. 1860년에 다윈은 흔히 볼 수 있는 끈끈이주걱인 드로세라(*Drosera*)가 곤충을 잡아 소화하는 능력에 관하여 관심을 가졌다. 그는 끈끈이주걱이나 다른 식충 식물이 어떻게 곤충을 잡아 소화하는가에 관한 일련의 실험을 하였다. 식물의 민감성에 관한 그의 관심이 얼마나 대단하였는지는 그가 후커에게 보낸 편지에 잘 나타나 있는데, 그 내용은 '나는 혼신을 다하여 끈끈이주걱을 연구한 끝에 당신은 믿지 못하겠지만, 몇 가닥의 끈끈이 털을 모용선 위에 놓으면 이것이 끈끈이주걱 표면의 모용 중의 하나를 안쪽으로 휘게 하고 이어서 줄기에 존재하는 모든 세포 내용물의 상태를 변화시켜 준다는 확실한 결과를 얻게 되었소.'였다. 다윈은 이러한 능력이 식물에게 질소를 공급하여 특히 양분이 적은 토양에서도 잘 성장할 수 있도록 고안된 매우 중요한 적응이라고 확신하였으며, 이 내용을 그는 1875년에 출간한 『식충 식물』*Insectivorous Plants*라는 저서에 담았다.

다윈이 지질학자로 활동하였던 1830년대부터는 땅속 벌레들의 활동에 관심을 가져 광범위한 연구를 하였다. 1842년에 다운 근처 평야에 지표면에서 7인치 깊이에 묻었던 분필 조각들이 29년이 지난 1891년에는 땅속벌레들에 의하여 지표면까지 떠올려졌음을 발견하고, 즉시 땅속 벌레들이 1년간 떠올린 흙의 양을 계산하여 본 결과, 에이커 당 떠올려진 흙의 총량은 18톤이나 되었음을 알게 되었다. 그는 땅속 벌레들의 활동은 식물 생장에 도움이 되는 부식토의 생산에 중요할 것으로 확신하였는데, 이는 땅속 벌레가 썩은 나뭇잎을 흙과 함께 먹어 소화하는 과정에서 토양을 비옥하게 하는 동시에 토양에 공기가 잘 통하도록 한다는 것이었다. 결국 땅속 벌레들은 오랜 세월을 거쳐 자연 환경의 상태를 바꿔주는 토양생태학의 활력소이며 중요한 지질학적인 요소로 작용한다고 밝혔다.

다윈이 생애를 마치기 1년전인 1881년 머레이(Murray)가 출간한 『땅속 벌레들의 활동에 의한 부식토의 형성』*The Formation of Vegetable Mould Through the Action of Worms*은 큰 호응을 얻어서 3,500부나 팔렸고, 이 저서 내용에 대한 엄청난 문의 편지가 쇄도하였다. 다윈이 정원 애호가들로부터는 주목을 받을 만 한 주제를 선택하였음은 분명한 사실이었으나, 이 지렁이 연구는 빅토리아 여왕 시대의 그가 진화론 창시자로서 받아야할 만큼의 주목을 받지는 못하였다. 다윈의 후기 연구는 당시 최대의 관심사인 진화론에 대한 연구를 보강하기 위한 진화의 증거가 될 만한 작은 예를 찾는데 집중되었다. 말하자면, 지구상의 생명체의 역사에 관한 전반적인 기술보다는 그가 주장한 자연선택설의 견지에서 본 어느 특정한 적응의 기원에 관한 연구를 하였던 것이다.

그러나 그가 보다 높은 차원에서 진화에 관심이 없었던 것은 아니다. 그 예로, 다윈은 1860년 라이엘에게 보낸 편지에서 포유

동물의 조상이 될 수 있는 두 가지 계통을 제시함으로써 그가 진화 메커니즘에 대하여 단계적 모델(step-by-step model)보다는 분기 모델(divergent model)을 더 선호하였음을 알 수 있다. 그러나 이를 증명할 수 있는 화석을 확보할 수 없음을 안 다윈은 생명체의 기원을 찾아갈 수 있는 주요 단계에 관하여는 일반인에게 언급하기를 피하였다. 그 당시 많은 사람들은 진화의 연구 목표가 지구상에 존재하는 생명체의 역사를 재현하는 것이라고 생각했지만 다윈은 이에 대한 증거를 제시할 수 없음을 익히 잘 알았기 때문에 이를 기피하였고, 그는 결코 화석 증거를 통하여 이러한 목표에 접근하려들지 않았다. 진화를 설명하기 위한 다윈의 추구가 바로 이점에서 19세기의 다른 진화론자들과 달랐다. 가장 최근에 진화한 종이 형성되는 과정을 설명함에 있어서 현존하는 종을 대상으로 삼았던 것은 이와 같은 연구를 진화의 먼 과거까지 연장함으로써 또 다른 문제점을 초래할 수 있음을 그는 알고 있었기 때문이다. 고생물학자들은 여전히 화석 증거를 가지고 현존하는 생명체의 기원을 설명하기 위하여 노력하고 있다. 그러나 다윈의 이론은 현재 일어나고 있는 작은 규모의 변화에 관한 연구로부터 이루어진 것이다. 즉, 현존하는 생명체에 끊임없이 영향을 주고 있는 실제의 과정들을 설명하는데 주력하였던 것이지 오래 전 과거에 일어난 진화의 고리를 재구성하려는 것은 아니었다. 다윈이 말년에 식물 연구를 한 것은 어떤 점에서는 당대의 많은 사람들이 가장 의문스러워 했던 지구 생명체의 기원에 관한 중요한 문제를 외면한 것이다.

다윈주의자

1860년대에 이르러 헉슬리를 포함한 다윈의 지지자들에 의해 영국의 학계는 다윈의 진화론을 광범위하게 수용하게 되었다. 진화론에 대해 적의적 태도를 보이거나 관망을 하던 대부분의 생물학자들은 변이에 의해 새로운 종이 생겨난다는 다윈의 기본적인 생각을 지지하게 되었다.『종의 기원』은 이러한 변화를 일으키는 데 결정적인 역할을 했고, 많은 진화론자들은 새로운 생물학 분야를 탄생시킨 다윈의 업적을 높이 평가해서 그들 자신을 기꺼이 '다윈주의자'라고 불렀다. 그렇다면 다윈주의자는 실제로 누구를 말하는 것일까? 그들은 실제로 무엇을 믿었고, 변이를 어떠한 방식으로 다루었을까? 현재의 역사학자들은 그러한 질문에 답하는 것이 결코 간단한 문제가 아니라고 이야기한다. 몇몇 다윈주의자들은 다윈이 제시한 가설에서 파생한 주제들에 대해 연구를 했다. 반면에 어떤 이들은 진화론 중에서 다윈 자신이 무시한 측면들만을 취했고, 심지어 자연 선택이 진화의 기작으로서 유효한지에 대해서 의문을 제기하는 부류도 있었다. 다윈의 생애 동안 자연선택설에 관한 해결하지 못한 문제들이 남아 있었고, 그의 지지자들 또한 그 문제들을 해결하기보다는 이에 대해 논쟁을 벌였다. 이러한 식으로 자연선택설에 대한 비판들이 증가하였고, 1890년대에는 진화론을 반다윈주의적으로 해석하는 이론들까지도 등장하게 되었다.

한 역사학자는 19세기의 다윈주의를 명백하게 정의하는 것은 불가능하고, 몇몇 경우에는 우리가 '유사다윈주의자'라고 부르는 사람들의 관점이 다윈의 반대자들의 관점과 크게 다르지 않다고 주장한다. 다윈설의 출현은 과학계의 충격적인 사건이었고, 연구 내용의 변화뿐만 아니라 신념의 변화라는 관점으로도 이해할 수 있다. 대부분의 다윈의 반대자들은 다윈의 이론이 자연을 신의 계획된 구조물로 간주하는 오랜 신념을 붕괴시킬 가능성에 대해 우려했다. 그들은 다윈의 이론이 진화 과정을 신이 부여한 구조와 목적을 갖는 과정으로 제시할 때만 진화론을 받아들이려고 했다. 몇몇 유사다윈주의자들 역시 다윈이 제시한 진화 과정을 완전히 열린 관점에서 받아들이지 않고, 변화의 방향은 완전히 물질적인 힘의 조절에 의해 결정되는 것으로 보았다. 그럼에도 결국 다윈설이 성공적으로 받아들여질 수 있었던 이유는 자연선택설의 일반적인 수용뿐만 아니라 서구 시민 사회에서 과학을 새로운 권위의 원천으로 삼으려 한 사람들이 진화론을 체계적으로 연구했기 때문이다.

다윈주의자들이 공통적으로 과학적 자연주의자들이었다 할지라도 그들 모두가 동일한 학문적 배경을 지니고 있었거나 동일한 이유로 다윈의 이론을 받아들인 것은 아니다. 다윈과 가장 유사한 연구 배경을 가진 다윈주의자는 월러스 같은 생물지리학자들이었다. 종의 지리학적 분포는 환경에 대해 생물이 적응한다는 명확한 증거를 제시했고, 따라서 자연 선택이 진화의 가장 주된 기작이라는 다윈의 주장을 간접적으로 지지했다. 그러나 생물학자들 모두가 이러한 방식으로 다윈의 이론에 접근한 것은 아니었다. 예를 들어, 헉슬리는 분류학자가 아니라 형태학자였다. 그는 현생 종과 화석 종의 구조를 연구해서 그들 사이에 존재하는 유사성을 발견하려고 했다. 형태학자들은 생물이 그들을 둘러싼 환경의 변화에 적응하는 방식이나 지리적인 분포의 기작에 대해서는 별로 관심을 갖지 않았다. 그들은 생물을 분류하기 위해 사용하는 추상적인 관계를 가상적인 조상을 통해 실제적인 관계와 연결하는데 진화론을 활용할 수 있다고 보았다. 형태학적 연구의 전통은 다윈 이전에 거의 정착되어 있었기 때문에 진화론이 나온 후에도 그 전통을 고수할 수 있었다. 대부분의 형태학자들은 변이가 무작위적으로 일어나기보다는 미리 결정된 경로를 따라 진행한다는 생각에 매료되었다. 자연 선택은 단지 적응할 가망이 없는 진화의 경로를 제거하는 역할만 하고, 새로운 발생의 원천은 진화를 인공적으로 정돈된 형태로 만드는 어떠한 정해진 경향이라는 것이다. 그러한 관점에서는 자연 선택은 단지 진화의 이차적 기작이고, 실제적인 변화는 변이의 방향을 정해주는 몇몇 다른 힘의 결과라고 생각할 수 있다.

반면 진정한 다원주의자들은 다윈 자신이 그의 독창적인 관점을 발전시키는데 결정적인 영향을 준 근본적인 문제들에 대해 지속적인 관심을 보였다. 예를 들어, 후커와 월러스는 생물의 지리학적 분포를 설명하기 위해 진화론에 관심을 갖게 되었다. 후커는 다윈과 논쟁을 벌인 후 수년 뒤에 진화론이 그의 생각을 설명하는데 효과적이라는 것을 알게 되고, 『종의 기원』을 지지하게 되었다. 그는 종의 이주가 진화 과정에 미치는 역할을 이해하기 위하여 식물의 지리적인 분포를 계속적으로 연구하게 되었다. 다원과 후커는 이후에도 식물 분포의 기작에 대한 논쟁을 계속했다. 후커는 지금은 대양 안으로 가라앉았지만 이전에 대륙 사이를 잇고 있던 육지의 존재로 그것을 설명하려고 했고, 다윈은 폭풍우에 의한 운반 등의 우연한 기작으로 설명하려고 했다.

월러스 또한 충실한 다원주의자이자 자연선택설의 강력한 대변자였다. 그는 종과 다양성 사이의 관계와 생물지리학의 문제에 관한 많은 책을 출판했다. 그는 또한 다른 종들 사이의 생식 불능, 배우자 선택을 비롯한 자연 선택과 관련된 주제들에 대한 의견을 다윈과 계속적으로 교환했다. 분류학자이자 탐험가로서 후커와 월러스는 진화가 종들의 우연한 이주에 의해 영향을 받는지, 고립된 생물 집단이 그들의 지엽적인 환경에 어떻게 적응하는지 헤아릴 수 있었다. 그들은 또한 지리적인 변화가 점진적으로 지구의 환경을 형성하는 동안 진화가 어떠한 방식으로 종들의 발생과 소멸을 야기했는지를 보일 수 있었다. 예를 들어 월러스는 오세아니아와 아시아의 생물 서식지 사이의 경계인 '월러스 선' Wallace's Line을 처음으로 규명하고, 해수면이 낮았던 시기에 동물들이 이주한 결과라고 설명했다. 이러한 분류학자들은 진화가 종이 어떠한 환경에 노출될 것인지에 관계없이 미리 결정된 방향으로 종을 형성시키는 어떠한 경향에 의해 지배될 지도 모른다는 가정을 할 필요가 없었다.

혁슬리는 그 성격을 규정하기가 어렵다. 그는 다윈설의 반대자들에 대해 맹렬한 공격을 퍼부었기 때문에 '다윈의 충견'이라고 불리운 만큼, 언뜻 봐서는 다윈의 충실한 지지자로 보인다. 그는 『종의 기원』을 읽은 후에 '그것을 생각하지 못했다니 얼마나 어리석었는가' 라고 회상했다고 스스로 기록하고 있다. 하지만 최근의 연구에 의하면 혁슬리는 자연선택설에 대해 미온적인 반응을 보였던 것으로 보인다. 그는 진화의 기작에 대한 그럴 듯한 가설이 없기 때문에 진화론을 인정할 수 없다고 주장한 철저한 과학적 자연주의의 옹호자였다. 앞에서 언급했듯이 그는 처음부터 진화가 변이에 대한 선택뿐만 아니라 가끔은 돌발적인 도약에 의해 작동할 수도 있다고 주장했다. 그는 또한 변이는 일정한 방향으로 진행하고, 자연 선택은 단지 진화의 경로가 위험한 방향으로 벗어날 가능성을 제거한다고 주장했다.

다윈주의자를 다윈이 제시한 이론에 동조하여 그 방향으로 연구를 진행한 학자로 본다면, 혁슬리를 다윈주의자로 간주할 근거는 전혀 없다.

실제로 혁슬리는 전형적인 유사다윈주의자에 속한다. 그가 진

그림 13. 다윈의 진화론을 적극적으로 옹호하여 다윈설이 정착하는데 큰 역할을 한 헉슬리
(Thomas Henry Huxley, 1825~1895)의 청년기의 모습

화론을 받아들인 이유는 다윈설의 실제 논리를 인정해서가 아니
라 그의 생각을 과학적 자연주의로 설명하기 위한 갈망 때문이었
다. 헉슬리는 다윈과 같은 분류학자가 아니라 전형적인 형태학자

였다. 헉슬리도 다윈과 후커처럼 그의 명성의 일부를 항해를 통한 연구 결과로 얻었다. 그는 1846년에서 1850년까지 HMS 방울뱀호(Rattlesnake)에 승선하여 이 기간의 대부분을 호주의 바닷가에서 보내며 새로 발견한 해양 생물의 기재와 분류를 통해 명성을 얻었으나 다윈과 달리 종들의 지리적인 분포에 대해서는 관심을 갖지 않았다. 만일 그가 진화를 염두에 두었다면 다양한 종류의 생물들의 구조 사이의 관계에 자연주의적인 기초를 제공할 수 있었을 것이다.

1860년대 초의 헉슬리의 고생물학적인 연구에는 진화의 가장 기본적인 생각들 중 어떠한 것도 나타나 있지 않다. 1860년대 말에서야 그는 진화에 대한 증거를 제시할 수 있는 화석 기록상의 '결손 고리' missing link에 대해 연구하기 시작했다. 하지만 이러한 태도의 변화를 낳은 자극은 다윈의 저서가 아니라 독일의 진화론자인 헤켈(Haeckel, Ernst)이 1866년에 저술한 『일반 형태학』 Genellele Morphologie으로 보인다. 비록 헤켈이 『종의 기원』을 읽고 고무되어 진화론자가 되었다고 할지라도, 그는 자연 선택에 대해 거의 이해하지 못했고, 19세기 발생주의의 전형적인 표현으로 보일 수 있는 이론을 제시하였다. 헤켈은 현존하는 동물의 배의 발생은 그 종의 진화적 경로를 반복한다고 주장했다. 그리고 배가 명백한 목적을 가지고 성숙하는 것과 마찬가지로 헤켈은 진화의 경로를 생물의 탄생에서부터 인간으로 직접적으로 이어지는 줄기를 갖는 나무에 비유했다. 인간으로 진보하는 것이 자연의 주요한 목적이고, 모든 다른 종의 발생은 단지 부가적이라는 것이다. 『일반 형태학』이 영어로 번역된 후에 유명해진 헤켈은 1876년과 1879년에 『창조의 역사』 The History of Creation 와 『인류의 진화』 The Evolution of Man 라는 책을 각각 출간하는데, 그 책들에서 진화는 하나의 유일한 목표를 달성하는데 필요한 과정이고, 진화생물학자의 가장 중요한 역할은 현생 종과 화석 종의 연구로부터 유추한 종 발생의 주요 단계를 재구성하는 것이라고 주장한다. 헉슬리가 헤켈 진화론의 관점에 고무되었다는 사실은 그가 진정한 다윈주의자인지를 재평가하는 작업이 필요하다는 것을 의미한다. 1860년대 후반에 헉슬리는 새로 발견한 화석을 사용하여 진화론을 뒷받침하려는 시도에 적극적으로 관여하게 되었다. 그는 가장 초기에 발견한 결손 고리의 하나인 시조새(*Archaeopteryx*)가 파충류와 조류의 중간 단계로서 중요한 의미를 갖는다는 것을 평가한 최초의 사람이다. 또한 그는 화석이 현재의 종이 진화한 경로를 완전하게 밝히는데 결정적인 역할을 할 수 있을 것이라는 관점을 널리 확산시켰다.

그러나 종의 진화적 경로를 밝히기 위해서 화석을 사용하는 방법은 다윈의 접근법은 아니다. 다윈이 헉슬리의 시도를 의미 있게 보았으리라는 것은 의심할 여지가 없지만 지구상에 존재하는 생명체 발생의 모든 형태를 재구성하려는 시도는 다윈의 관심사가 아니었다. 따라서 과학자로서 헉슬리는 유사-다윈주의자였다. 그의 실제적인 관심은 진화론이었지 자연선택설이 아니었고, 그는 단지 진화 경로의 모형을 설정하려고 했을 뿐이다.

다윈이 형태학자들처럼 생명체의 발생 양상을 재구성하는데 관심이 있었던 것이 아니었고, 헉슬리도 과학적인 면에서 진정으로 다윈의 진화론을 신봉하는 사람이 아니었음에도 불구하고 다윈의 『종의 기원』이 과학계에 자리를 잡을 수 있게 되었던 까닭은 무엇인가? 또한 다윈의 지지자들 중에는 진화론의 기작인 자연선택설의 깊은 의미를 이해하지 못했던 사람들도 꽤 있었는데도 불구하고 생물의 일반적인 변화 과정을 진화론으로 설명하는데 성공한 이유는 무엇일까? 1860년에 영국의 옥스퍼드에서 열렸던 영국학술협회에서 헉슬리가 윌버포스(Wilberforce, Samuel) 주교의 진화론를 부정하는 의견을 잠재웠던 논쟁은 창조설과 진화론간의 대결로 유명한 예가 되었다. 이로 인해 과학적인 합리성이 전통적인 맹신보다도 우수하다고 생각하게 되었다. 하지만 이러한 믿음은 과학이 종교와의 싸움에서 항상 승리자라는 과거 자신들의 견해를 강화하기 위해서 과학적 합리주의를 표방하는 사람들에 의해 만들어진 잘못된 것이라고 생각한다. 사실 논쟁의 내용면을 볼 때 헉슬리는 회의에 참석한 대부분의 사람들을 이해시키지는 못했으며 다윈의 진화론이 일반적인 진화론으로 발전하는데는 상당한 시간이 걸렸다. 왜 이러한 일이 일어났는지를 이해하기 위하여 역사가들은 과학계와 빅토리아 문화계에 가해진 사회적 압력에 대한 거센 반발이 일어난 이면을 조사하면 해답을 찾을 수 있을 것으로 생각하였다.

새로운 견해에 따르면 다윈이 진화론을 생물의 변화를 설명하는 한정된 관심의 영역으로부터 당시의 영국과 서방 세계의 권력 구조의 변화를 설명하는 하나의 이론으로 연결시킴으로써 과학과 문화적인 혁명을 함께 시작할 수 있었다는 것이다. 계속되는 사회적인 불안을 이기기 위해서 산업화를 통해 부를 축적한 중산층들은 옛 지주들 대신에 자신들이 사회를 움직여야 한다고 생각하였다. 이러한 격변기에 과학의 영역은 하나의 커다란 전쟁터를 방불케 하였다. 그 이유는 성서의 권위에 대한 도전으로 국교인 성공회의 이념적인 토대를 격하시키며, 기존의 사회 구조가 신성하게 형성되었다는 것에 대한 이견을 제시할 수 있었기 때문이다. 다윈의 진화론은 중요한 과학적인 창조물로 자연이란 점진적으로 변해가는 시스템이라고 설명하고 있다. 이러한 진화론적 관점을 사회 구조에 적용시켜 볼 때 사회적인 변화는 오래된 형태가 새로운 것으로 대치되는 자연적인 진화의 연속으로 볼 수 있다는 논리가 형성된다. 일반적으로 현재는 과거보다 낫다는 것을 감안하면 변화라는 것은 궁극적으로 모든 사람들에게 이익이 될 것이라는 것을 은연중에 모든 사람들에게 심어 주게 된다.

다윈과 그의 추종자들은 자연과 사회를 바라보는 새로운 방법으로서 진화론을 생각하는 하나의 그룹을 형성하게 되었다. 하지만 이러한 시각을 갖는데 있어서 후커나 헉슬리에게는 개인적인 다른 이유가 있었다. 이들은 과학자들과 기술자들의 전문 기술이 산업화를 이루는데 큰 기여를 하였으므로 과학 기술이 사회를 이루는 하나의 새로운 주체로 반영되어야 한다는 것이었다. 헉슬리는 방울뱀호의 항해에서 돌아왔을 때 직업을 얻기가 매우 어려웠기 때문에 이러한 생각이 절실하였다. 『종의 기원』이 나오기 전에 과학자로서의 위상을 정립한 헉슬리는 마인스왕립학교(Royal School of Mines)의 고생물학자로서 직업을 얻게 되었다. 그에게 있어 진화론은 과학적인 지식의 영역을 넓혀주었고, 사회는 과학자를 하나의 전문 직업인으로서 대접해야 한다는 주장을 뒷받침해 주었기 때문에 매우 중요하였다. 따라서 자연의 법칙을 연구했던 과학자들에게 있어 진화론은 지적인 권위를 나타내는 새로운 원천이 되었으며, 과거에 인간의 본성은 어떻게 연구하여야 하는가에 대하여 방법을 설정하였던 도덕주의자들과 신학자들로부터의 지적인 권위를 빼앗을 수 있게 되었다.

우리는 이미 다윈의 『종의 기원』을 극보수주의 전통 안에서 조사하였는데 『종의 기원』이 발표되기 전에 그가 추종자들을 한데 묶어 모든 사람이 진화의 이슈에 관심을 갖도록 과학계를 재편하기 위해 토대를 만들었던 의도적인 노력을 생각해야 한다. 20세기 초에 라마르크와 쳄버스의 생각은 보수적인 전통에 충실한 생물학자들이 불신하였으며, 진화론은 물질적이고 혁명적인 것으로 낙인 찍히게 되었다. 진화론을 새로이 주장하기 위해서는 이러한 잘못된 인상을 없애 줄 신중한 노력 즉, 진화론이란 물질적이지만 전통적인 사고의 전반적인 토대를 흔들어 버리는 것은 아니다라는 것을 믿게 해주는 것이 필요했다. 다윈이나 헉슬리 같은 중산층 과학자들은 창조설에 대한 공격을 할 수 있으면서도 혁명적인 방법에 의해서가 아니라 점진적인 조절에 대한 기초 이론으로 진화론을 재정립하는 방식으로 진화론을 재천명할 필요성이 있었다.

다윈은 생물지리학과 동물의 육종 연구를 통해 얻은 지식이 자신과 동료들이 그 동안 찾고 있었던 점진적인 변화관에 대한 새로운 시발점을 제공해 줄 수 있다는 것을 알게 되었다. 다윈은 그와 친분 관계에 있으면서 이러한 새로운 시발점을 환영해 줄만한 생물학자들과 조심스럽게 접촉하였는데 여기에는 자연선택설에 대하여 깊이 있는 논쟁을 잘 이해하지 못하는 헉슬리도 그 중 한 사람이었다. 다른 과학적인 여러 관심사에도 불구하고 이들을 함께 묶어 놓았던 고리는 자연의 변화 혹은 발달 과정은 종교에서 주장하는 신성한 '운명예정설' predestination에 의해서라기 보다 자연의 법칙에 따른다는 것이다. 진화를 오로지 자연의 법칙에 의해서만 다스려지는 과정으로 설명함으로로써 사회적인 변화도 자유주의 철학의 핵심인 인간의 개인적인 노력의 결과라는 것이라고 설명할 수 있게 되었다. 다윈의 진화론은 단순한 개인적인 생각이 아니라 자신만의 독특한 방법으로 여러 사람의 과학적인 연구를 모아 취사선택함으로써 집대성한 것이었다. 종종 의도하는 바와는 다른 이론들이 튀어나오기도 하였지만 자연의 법칙과 그 법칙이 의도하는 바를 강조함으로써 다른 사람들로 하여금 점진적인 변화 과정을 일반적인 진화론으로 믿게 하였다.

후커와 같은 생물지리학자는 일반적인 진화의 경우와 자연 선택에 대한 자세한 논쟁의 진가를 잘 알고 있었다. 헉슬리는 젊은 과학자로서 새로운 사회를 만드는데 매우 야심에 차있었지만 자연 선택의 논리를 이해하지는 못했다. 하지만 그는 동물의 형태에 대한 연구가 진화 사상을 기초로 하지 않고는 불가능하다는 정도로 진화를 인정하고 있었고, 또한 사회를 재조직하는데 도움이 될 수 있는 새로운 아이디어를 갈망하고 있었던 터였다. 다윈의 영향 덕분에 헉슬리는 자신의 연구를 재정립하기 위한 기초로서가 아니라 라마르크의 잘못된 이론에 의해 진화론에 가해진 불신을 풀 수 있는 새로운 아이디어로서 자연선택설을 환영하였다. 그는 진화를 설명하는 기작인 자연 선택을 잘 이해하지 못하여 한편으로는 꺼려하는 점도 있었지만 다윈의 편에서 기꺼이 싸울 준비가 되어 있었다. 그는 마침내 고생물학 연구에서 진화의 생각을 적용하기 시작하였지만 실제로 지구상의 생명체의 역사를 재구성하는데는 헤켈의 영향이 컸다. 헉슬리가 점진적인 변화론에 기초한 진화론을 믿기로 결정한 것은 1860년대의 사회적인 불안과 긴장감에 의해 고무되었는지도 모른다. 헉슬리는 혁명보다는 개혁에 무게를 두고 일하는 사람임을 표방함으로로써 진화적인 변화를 통해 사회가 발전한다는 것을 실천해 옮기는 하나의 훌륭한 모델을 제공해 주었다.

1860년대에 다윈의 진화론을 더욱 그럴 듯하게 만들었던 것은 다윈이 스스로 연구를 통해 접근의 폭을 넓혔고, 그 동안의 발생학적인 연구들을 이용한 덕택이였다. 진화는 궁극적으로 빅토리아 시대의 중산층 사람들에게 세계는 점진적으로 변화한다는 세계관을 갖도록 해주었다. 위의 방법을 통해 다윈을 옹호하는 사람들은 다윈의 진화론에 대한 충성심을 유지하였으며, 자연주의와 진보적인 철학에 대한 공통된 신념이 함께 연결되어 있었다. 당시만 해도 보수주의 경향을 갖는 많은 과학자와 비과학자들이 있었으며, 진화론에 대한 찬성 의견이 압도적이지 못했다. 이러한 상황이라 다윈설의 지지자들은 자신들의 목적을 달성하기 위해 매우 조심스럽게 정치 게임을 할 필요성이 있었다.

다윈은 새로운 아이디어를 받아들일 준비가 되어 있는 사람들과의 접촉망을 형성하여 정책이 수행되는 현장과 새로운 정책이 결정되는 과학계 이면에서 논쟁할 때 이들에게 의존을 함으로써 좋은 출발을 할 수 있었다. 운좋게도 그는 특히 정치 게임을 하는데 숙련이 되어있는 추종자들을 선택하였다. 헉슬리와 후커는 과학계에서 상당한 영향력을 발휘했던 비공식적인 엑스클럽 (X Club)의 회원이었다. 진화론에 대한 이들의 관심사가 달라 서로간에 공공연하게 논쟁을 하면서도 그들은 공동의 적을 향해 단합된 모습으로 최전방을 지켰고, 진화에 관한 논문이 발표되도록 하고 그들의 주장에 동조하는 과학자들이 직장을 얻도록 도와주는 등의 노력을 아끼지 않았다. 다윈이 헉슬리를 끌어들였을 때 헉슬리가 기대에 어긋나지 않았던 것은 공공연하게 주교와 싸우는 것이 아니라 정치 게임을 통해서 목적을 달성하였기 때문이었다. 현대의 과학자들은 다윈의 새로운 이론이 성공한 비결은 초기 추종자들이 대중과의 관계를 원만하게 유지하였던 기술에 있었다고 하는 주장을 인정하고 싶지는 않겠지만 다윈의 주장이 성공할 수 있었던 것이 이미 과학계에 정치적인 혁명의 씨앗을 뿌려 놓았기 덕분이라는 것은 누구나 인정하고 있다. 혁명이 성공한 후로 다윈은 자신의 접근 방법에 합당한 논리선상에서 일련의 구체적인 연구를 심혈을 기울여 수행했다. 하지만 헤켈과 헉슬리가 추진하였던 지구의 점진적인 변화론과는 꽤 거리가 있었다.

다윈은 과학계의 친구들이 어려울 때 돌봐주는 따뜻함을 보여주었다. 1872년에 후커가 그라드스톤 정부에서 임명한 비정한 노동부장관의 영향 아래에 있게 되어 후커의 직위가 위협을 받게 되었다. 다윈과 헉슬리는 후커가 관료 사회로부터 방해를 받지 않고 과학적인 일을 수행하는데 필요한 자율권을 찾아 주기 위해 적극적으로 노력하였다. 일년 뒤에 헉슬리는 과로로 병이 났는데 다윈이 쓴 다음의 편지를 보면 이들이 얼마나 굳게 인간적으로 연결되어 있는지를 알 수 있다.

　"친애하는 헉슬리,
　나는 당신의 친구들 몇몇으로부터 그들이 2,100파운드를 당신의 은행 구좌에 입금하였다는 사실을 알려달라는 요청을 받았소. 우리가 이렇게 한 것은 당신이 건강을 회복하도록 충분한 휴식을 취하게 하기 위해서였소. 이렇게 함으로써 우리의 가장 진지한 소망을 위하여 일치된 모습으로 그리고 우리가 공공의 관심사를 위해서 함께 활동하고 있다는 확신이 선다고 생각하오. 우리는 당신의 따뜻한 친구로서 서로 낯설거나 단지 안면만 있지는 않다는 것을 알려주고 싶소. 당신이 우리가 했던 얘기들을 들을 수 있다면, 혹은 우리의 내면의 생각을 읽을 수 있었다면 우리가 정말 형제지간과 같은 사랑을 당신에게 느끼고 있다는 것을 알 수 있을 것이오. 당신도 그렇게 생각하고 있을 것으로 확신함으로 기꺼이 우리가 당신을 도울 수 있는 기회를 주기 바라오. 당신을 도울 수 있다면 그보다 기쁜 일이 어디 있겠소. 당신을 도와야 한다는 생각은 각자의 마음에서 스스로 우러나온 것이오."

　　　　　　　　　　　　당신을 사랑하는 친구 다윈으로부터

　헉슬리는 건강을 회복한 후 19세기말의 가장 존경받는 과학자 중 한 사람이 되었다. 다윈은 또한 말년의 월러스가 생활 보조금을 얻도록 도와주기도 하였다.
　웬만한 사람들은 다윈설의 반대자들이 진화론의 주창이 과학계목을 조여온다고 불평을 했던 이유를 알 수 있을 것이다. 다윈설의 추종자들은 이 특별한 이데올로기에 대하여 개별적으로 충성심을 보이고 깊이 몰두함으로써 강한 유대를 맺는 그룹을 형성하였다. 물론 이러한 그룹은 공통된 연구 과제에 의해 유대 관계를 갖고 있는 것은 아니라는 것을 알 수 있다. 왜냐하면 생물지리학과 적응 진화의 연구에 의한 진짜 다윈설이 헉슬리와 같은 유사 다윈주의자에 의한 형태적인 연구와 학문적으로 연결된 것이 거의 없었기 때문이다. 자연이란 자연의 법칙에 의해 일관적으로 다스려진다는 강한 믿음이 이들을 함께 묶어 놓았으며, 이러한 믿음으로 인해 비록 그들의 연구가 잘 연결이 안 될지라도 공동 전선을 형성할 수 있었다. 다윈의 커다란 승리는 진보주의자들이 빅토리아 시대의 사상을 전환시키기 위한 촉매제로 진화론을 이용하려 한데 있었다. 지역적인 적응의 압력에 의해 진화가 일어난다는 주장은 마치 엉터리같은 진화의 기작으로 보이지만 이는 생명체의 변화를 설명해줄 새로운 기작의 탄생을 알리는 것으로 일반적인 진화 논쟁에서 자연의 발달에 대한 과거의 그럴듯한 설명들을 바꿔 놓았다.

다윈설에 반대했던 사람들은 성서에 근거하여 창조설을 믿고싶어 했던 완고한 보수주의자들만은 아니었다. 반대자들 중 많은 사람들은 진화에 대한 일반적인 생각을 받아들이고자 했으며, 이를 자신의 믿음에 융합시키고자 하였다. 하지만 일반적으로 이들 반대자들은 자연의 법칙이 삼라만상에 적용된다는 다윈의 호소를 맹신하는 이데올로기적 믿음을 의심하였다. 이들은 다윈설의 핵심인 "진화란 우연한 발달이다"라는 것을 반대하였는데 이는 그들이 자연 현상이란 어느 정도 신의 의지의 발로이며, 진보란 매일 사소하게 일어나는 것들이 합해진 것이 아니라고 믿었기 때문이다. 진화를 반대하는 많은 과학적인 논쟁이 있었는데 그 내면에는 진화라는 것이 중산층이 선호하는 진보에 대한 개혁적인 견해에 대한 모델로서 작용할 수 있다는 다윈주의자들의 가정에 저항하고자 하는 의도가 도사리고 있었다. 논쟁 중의 어떤 것은 헉슬리 같은 유사다윈주의자들에 의해 그런대로 가치가 있는 것으로 평가되었는데 그 이유는 이들 논쟁은 종종 생물학에서 형태학적인 연구의 가치를 반영하고 있었기 때문이었다. 하지만 다윈은 우주의 형성에 대한 자연의 의도가 있다고 주장하는 반대자들과는 확연하게 다른 견해를 가지고 있었다. 헉슬리 같은 사람도 자연이 그 어떤 커다란 힘에 의해 지배된다는 전통적인 견해를 반박하는데 진화론을 이용하고 싶어했다. 진화론의 반대자들은 자연이 설명할 수 없는 커다란 힘에 의해 지배된다는 생각을 유지하고자 했고, 또한 진화론에 대한 그들 나름대로의 다른 생각을 방어하기 위하여 강력한 논쟁을 준비할 각오가 되어 있었다.

제9장

역풍을 헤치고

　다윈은 변이에 관한 논의를 재개함으로써 어쩔 수 없이 오랫동안 피해왔던 반대 의견에 부딪쳐야 한다는 것을 잘 알고 있었다. 물론 1840년대에 비해 세상이 많이 변했지만 아직도 대부분의 과학자들과 종교 사상가들은 그들의 오랜 자연관에 대한 다윈의 도전에 상당한 거부감을 갖고 있었다. 보수적인 자연주의자들은 다윈의 이론에 관련된 온갖 전문적인 논증들을 제시하며 다윈으로 하여금 『종의 기원』의 개정판 등을 통해 이모저모 답을 하도록 했다. 또 그의 이론이 지니고 있는 신학적 내지는 도덕적 결함을 지적하는 이들도 적지 않았다. 다윈은 그리 대단하지는 않지만 영향력 있는 자연주의자들로 하여금 그의 아이디어를 사용하게끔 함으로써 초창기의 공격을 그런 대로 막아낼 수 있었다. 그러나 첫 몇 해 동안은 불안한 상태였다. 상황이 조금만 달랐어도 그의 자연선택설은 사라져 버릴 수도 있었다. 자연선택설은 진화에 대한 자명한 해답이 아니었으며 당시로서는 지극히 앞서가는 이론이었으므로 그의 생애를 통해 비판이 끊이지 않았다. 다윈주의자들이 단순히 학문적으로만 반대자들을 물리칠 수는 없었다. 그들은 과학계의 안팎에서 정치적인 투쟁도 해야 했다. 그러다 보니 다윈설에 대한 일반인의 인식은 원래 다윈이 의도했던 것과 상당한 차이를 보이게 되었다.

다윈주의적 혁명을 연구하는 사학자들은 이 논쟁에 대해 얘기할 때 종종 1860년대에 다윈주의자들이 얼마나 성공적이었는가에만 초점을 맞추는 것 같다. 따라서 자연선택설의 기원에 관심이 있는 현대 다윈주의자들은 초기의 반대는 단기적이었다고 믿는 경향이 있다. 그들은 다윈이 종의 진화에 대해 명확한 해답을 제공했으며 그것을 이해하지 못하는 동료들을 이해하지 못했다고 생각한다. 현대 생물학자들이 다윈설의 비판에 조금이나마 가치를 부여한다면 그것은 바로 유전 분야일 것이다. 알다시피 다윈의 이론은 뒤이을 멘델의 법칙을 예견치 못했다. 다윈설에 대한 작금의 반대는 당시 상황을 다르게 평가한다. 그들은 다윈의 이론이 처음부터 근본적으로 문제가 있었으며 당시의 반대 의견들이 지금도 유효하다고 생각한다. 그러한 비판에 대한 다윈의 대답은 근본적으로 잘못된 구조를 지탱해 보려는 안간힘으로 여긴다. 이러한 현대적 비판들은 초창기 다윈설의 성공을 빅토리아 시대의 자본주의가 지닌 물질주의적 관념론에 부합한 덕이라고 간주해 버린다.

관념론이 논쟁의 한 요인이었음은 이미 설명한 바 있다. 다윈의 이론은 헉슬리 등과 같은 진보주의자들에 의해 당시 과학계를 지배하고 있던 보수주의를 공격하는데 쓰여졌다. 그렇지만 자연선택설을 그저 단순히 빅토리아 시대 자본주의의 발로로만 간주한다면 많은 현대 생물학자들이 다윈의 이론이 지니는 가장 중요한 의미를 잘못 이해하도록 만드는 엉터리 다윈설이 팽배하였던 것을 알지 못할 것이다. 또 다윈설에 대한 비판이 1879년대 이후

점점 더 강력해졌다는 사실도 받아들이기 쉽지 않아질 것이다. 이 점은 자연선택설을 공격하거나 지지하는 과학적인 의견을 평가할 때 특별히 유념해야 할 것이다.

이 논쟁의 저변에 깔려 있는 문제들을 이해해야 논쟁의 전모를 객관적으로 볼 수 있다. 자연선택설이 지니고 있는 과학적인 난점도 사실 적지 않았다. 다윈이 미처 예견치 못했던 유전의 문제만이 전부가 아니다. 다윈의 반대자들은 오로지 국지적인 환경의 영향으로 진화가 일어난다는 점을 더 집중적으로 공격했다. 마구잡이로 일어나는 생물의 이동이나 새로운 환경에 개체군이 적응해나가는 여러 가능성에 의해 생명의 역사가 결정된다는 예측불허의 체계가 그들이 반대한 가장 큰 문제였다. 그들은 역사란 이미 정해져 있어서 예측한 대로 전개된다고 믿고 싶었다. 그들의 주장을 귀담아 들을 필요가 있다. 왜냐하면 그것이 바로 19세기 생물학의 특성을 반영하기 때문이다. 헉슬리조차도 다윈이 이루어 놓은 자세한 연구 결과를 이해하지 못하고 추상적인 계통 선상에서 진화를 이해하고 있었다. 헉슬리가 그랬으니 다른 이들이야 오죽했겠는가?

다윈설의 반대자들의 동기를 이해하려면 다윈이 정립하려 했던 프로그램이 당시의 과학 전통과 상당한 차이가 있었음을 인정해야 한다. 생물지리학적 관점은 19세기 후반 자연사에서 그저 작은 부분에 지나지 않았으며 화석 증거 전체를 설명하려는 욕구에 밀려 빛을 보지 못했다. 또 멘델의 법칙이 등장하기 전까지는 진화의 기작에 대해 자연선택설보다도 더 그럴 듯하게 보이는 학설들이 많이 있었다. 유전학적 지식의 결여가 자연선택설을 실용 불가능하게 만든 것이라기 보다는 변이와 유전에 대한 전근대적인 개념이 라마르크의 이론을 비롯한 많은 다른 기작들을 낳게 했다는 것이다. 자연선택설에 대한 공격에만 집착할 것이 아니라 반대자들이 내세운 대체 개념들도 이해해 둘 필요가 있다. 그래야만 후기 빅토리아 시대의 진화론을 보다 명확하게 파악할 수 있고 또 왜 다윈의 이론이 당시의 상황과 잘 조화하지 못했는가를 이해할 수 있을 것이다.

다윈의 캠페인이 성공적이었음은 그의 반대자들이 자기들도 진화의 기작에 대한 나름대로의 이론을 제시해야겠다고 느끼게 되었다는 사실로 가늠할 수 있다. 그들은 사실 창조설을 단숨에 던져버리고 새로운 종이란 예전의 어느 종이 변하여 생긴 것이라는 기본 개념을 받아들인 것이다. 그들의 공격은 다윈이 그 과정을 어떻게 설명했느냐에 집중되었다. 그들의 공격과 그들이 내세운 대체 가설들은 자연선택설의 문제는 진정 생명의 발달이 신의 뜻을 밝히는 구조를 지녔다는 믿음에 대한 도전이었다는 것을 보여주었다. 환경의 영향에 의해 변이가 무작위적으로 선택된다는 것을 받아들인다는 것은 완전히 물질주의로 전락함을 의미했다. 자연계의 규칙적인 패턴이나 합목적적인 증거를 찾아야만 그들의 전통적인 믿음을 고수할 수 있었다. 이러한 과학적 논쟁은 당시의 종교적인 문제를 반영하지만, 한편으론 빅토리아 시대를 변화시키고 있던 관념론적 논쟁도 반영한다. 헉슬리 역시 자연선택설의 타당성에 대해 의문이 없었던 것이 아니었지만 진보란 늘 일어나는 자연 현상의 결과일 수밖에 없다는 견해를 따르기로 한 이상 다윈설을 지지하기로 마음을 먹었던 것이다. 그러나 대부분 반대자들에게는 바로 그 전제가 걸림돌이었다. 진화는 일어날 수도 있으며 그것이 조물주의 계획을 펼쳐 보이는 것이라면 그 과정 중에 단순히 일상적인 현상으로 간주하지 못할 신비한 증거가 있어야 한다고 믿었다.

이런 점으로 보아 논쟁은 복잡해질 수밖에 없었다. 대부분의 중견 과학자들은 비록 진화의 개념을 받아들인다 해도 자연신학의 전통과 결별하는 것을 주저했다. 몇몇 신학자들은 진화를 자신들의 방식대로 인정할 수만 있다면 받아들일 의사가 있었다. 몇몇 자연주의자들은 자연선택설이 받아들이기 쉽지 않은 이론이었지만 다윈설의 관념론적 프로그램에 동조하기로 했다. 사회적 다윈주의자들은 피상적으로 다윈주의적이거나 다분히 라마르크식의 모형을 가지고 그들의 진보 개념을 펼치는 데 사용했다. 다윈의 과학적 이론 자체와 당시의 다양했던 종교적 또는 관념적 입장과의 복잡한 관계를 이해해야만 어떻게 진화론이 후기 빅토리아 시대의 사고 방식에 자리를 잡게 되었는지 알 수 있다. 과학과 종교간에 단순한 이해 관계란 있을 수 없다. 진화론은 비록 진보주의자들과 보수주의자들 모두 그들 나름대로 자신들의 구미에 맞게 진화 모형들을 만들기는 했을 망정 결국 그들의 사고 체계 안에 자리를 잡게 되었다.

유신론적 진화론

공격은 바로 시작되었다. 가끔 찾는 대영박물관에서 어느 날 한 성직자는 다윈을 가리켜 '영국에서 가장 위험한 인물'이라고 힐책했다. 1860년 영국학술협회의 옥스퍼드 회의에서 윌버포스 대주교의 공격은 종교와의 대립을 보여주는 좋은 예이며 그에 대한 헉슬리의 답변이 우리가 생각했던 것만큼 효과적이지 못했다는 것이 현재의 평가다. 그때는 이미 적대적인 비평이 정기 간행물에 나타나기 시작했던 터라 다윈은 그의 이론을 방어하기 위한 캠페인을 시작해야만 했다. 다윈은 많은 자연주의자들이 자연선택설을 받아들이기 힘들어 하지만 진화론에 대한 전반적인 재평가를 기대하고 있다고 믿었다. 그는 자신의 이론이 지니는 큰 의미에 관해서는 자연이 조물주에 의해 힘을 부여받았다는 일반인들의 믿음과 조화를 이룰 수 있기를 희망했다. 하지만 그는 신의 의도에 대한 그의 생각들이 당대의 다른 이들의 생각들과 맞지 않는다는 것을 잘 알고 있었다. 비판이 더해감에 따라 많은 이들은 자연선택설이 신의 조화를 설명하는 가설로 적합하지 않다고 믿었다.

다윈의 자서전에는 다윈은 자신의 이론이 갖는 종교적 의미에 대한 나름대로의 생각이 길게 적혀있었다. 그는 『종의 기원』을 집필하던 시절까지만 해도 그 자신이 만물이 신의 섭리에 의해 움직인다고 믿고 싶어하는 유신론자였으나 그 후 몇십 년간의 논쟁을 거치며 서서히 '불가지론자'agonosticism가 되었다고 실토했다. 조물주가 모든 종들을 일일이 만들었을 리는 없지만, 다윈은 동물들이 주어진 환경에서 삶을 즐길 수 있어야만 자연 선택이 가능하다고 믿었다. 이러한 생각은 선한 조물주께서 생물로 하여금 변화하는 환경 속에서 늘 적응할 수 있도록 진화의 과정을 만들어 놓으셨다는 견해에서 그리 벗어나지 않는다. 의심할 여지가 없는 불행한 일들은 이런 사실에 대비되어 존재할 뿐이라는 것이다. 자연신학의 추종자들은 포식 동물이란 병들고 늙은 동물을 빨리 죽여주기 위해 조물주가 마련한 것이라고 믿었다. 진화가 진행하려면 적응하지 못하는 것은 제거되어야만 했고 따라서 불행은 어쩔 수 없는 현상이었다. 다윈은 이 같은 반대 의견을 이해했고 그래서 세상을 일반 법칙에 의해 조정하며 진화 과정의 부산물로 발생하는 개체 수준의 불행을 책임질 이유가 없는 존재로서 조물주를 받아들였다.

다윈이 끝내 진보의 개념을 버리지 못한 이유는 그의 유신론 때문이었음이 거의 확실하다. 세상을 목적을 가진 체계로 보는 진보주의자에게 변화란 의미 있는 방향성을 지닐 수밖에 없었다.

세계는 그저 건강한 생물체들의 집단을 유지하는 것만으론 부족했다. 무언가 더 발전하는 상태를 향해 전진한다는 징후가 있어야만 했다. 그 진화의 계단 맨 꼭대기에 우리 인간이 서야 한다는 믿음과 일치할 수 없는 진화적 계통수로 정리되는 다윈의 이론으로는 인간이 진보의 예정된 목표가 될 수 없었다. 헤켈과 같은 유사다윈주의자들도 진화 계통수의 본 줄기는 인류를 생산하기 위해 존재했다고 믿었다. 그러나 다윈이 가졌던 진보의 개념은 그보다도 훨씬 비조직적이었다. 그는 그저 진화수의 각 줄기가 제각기 더 복잡한 생명체의 탄생을 향해 움직여 가는 간접적인 경향이 있다고 믿었다. 물론 간편한 생활에 적응하다 보니 오히려 퇴보하는 경향을 보이는 기생 생물의 경우처럼 예외도 있다. 우리는 이미 『종의 기원』의 여러 곳에서 다윈이 진보주의를 간접적으로나마 지지한다는 점을 살펴보았다. 진화적인 퇴보 현상은 19세기 말이 되어서야 거론되기 시작했다.

그러나 다윈은 진화의 방향을 결정하는데 신이 직접적으로 관여할 수는 없다고 믿었다. 이 점은 미국의 식물학자이자 그의 지지자였던 그레이와의 교신에 여실히 나타나 있다. 1876년에 출간한 『다윈전집』*Darwiniana*에 수록된 여러 논문에서 그레이는 생물지리학적 증거들을 적응적 진화의 기본 개념을 설명하는데 사용했다. 그러나 절실한 기독교도였던 그는 진화가 신의 뜻을 펼치는 과정이라는 전제 아래 다윈의 진화론을 받아들였다. 그는 처음에는 적응적 진화의 모든 기작이 다 신에 대한 믿음과 합치한다고 주장하려 했다. 물리학적 원리들이 그들을 만든 신의 존재에 대한 우리의 믿음을 바꾸지 않는데 생물학적 원리들이 어떻게 더 큰 문제가 될 수 있겠는가? 그러나 그레이는 결국 다윈의 이론 중 무작위적인 변이의 중요성을 받아들일 수 없었다. 만일 신이 진화의 방향에 영향을 미치고 있다면 그보다는 더 적극적인 조정을 하고 있어야 하지 않는가. 그레이는 종들이 어느 비평자의 말처럼 '창조의 쓰레기'scum of creation라 할 수 있는 목적 없는 변이들을 생산하지 않을 것이라고 다음과 같이 주장했다. '그래서 점진적이고 정연하며 적응한 자연의 형태들이 미리 정해진 구도를 의미한다면, 또 적어도 변이를 일으키는 물리적 원인을 아직 모르고 있다면, 변이가 유리한 방향으로 일어날 것이라고 다윈 선생에게 그의 가설의 철학을 수정하도록 요청해야 할 것이다.' 다시 말해서 신이 모든 종의 진화가 원하는 방향으로 진행되게끔 새로운 변이의 흐름을 조절한다는 것이다.

바로 다윈 지지자 중 한사람이 자연선택설에 반대하는 근본적인 논쟁을 제기하였다. 변이의 원인이 밝혀지지 않았는데, 목표를 향해 진화한다는 가정을 왜 할 수 없는가? 다윈은 이런 부류의 생각이 자연선택설을 불필요한 것으로 간주하여 결국에는 거부하리라는 것을 깨닫고 그레이의 질문에 편지로 답하였다. 또 공개적으로는 『가축과 작물의 변이』에서 결론을 말하였다. 여기에서 그는 자연 선택을 절벽에서 떨어진 돌에서 쓸모 있는 돌을 고르는 건축가에 비유하였다. 이러한 경우 누구도 돌멩이가 건축가의 소망에 따라 절벽에서 떨어진다고는 생각하지 않는다. 변이의 원인은 모르지만 육종가들이 원하지 않는 변이 산물도 항상 생기게 된다. 따라서 사냥개를 육종하는 과정에서 수없이 똥개도 나오듯이 의도적 변이를 생산하려면 자연 도태 혹은 인위 도태가 쓸데없는 것을 모두 제거해야 한다.

"우리는 '변이가 유익한 길을 따라 진행한다'는 그레이 교수의 의견에 동의할 수 없다. 각각의 특정한 변이가 처음부터 모두 예정된 것이라면 여러 가지 결함이 있는 불완전한 기관의 구조적 신축성이나, 필연적인 생존 경쟁을 거쳐 적자 생존 즉 자연 선택이 일어나는 번식력은 자연의 낭비가 아닌가? 전지 전능한 창조주라면 모든 것을 예견하고 모든 것을 결정할 것이다. 따라서 우리는 '자유 의지와 예정된 운명'의 모순에 직면하게 된다."

철학적 논제에 대한 확신이 없는 태도에도 불구하고, 신이 진화 과정에 얼마간 관여한다는 생각에 대해 다윈은 분명히 반대하였다. 자연의 법칙은 차별 없이 진행되고, 그 결과는 자연 선택으로 나타나는 것이다.

다윈의 반대자들은 변이가 예정된 길을 따른다는 가능성을 토대로 하여 다른 진화론을 세우려고 하였다. 물론 종의 기원에 대한 전형적인 창조론자의 견해를 유지하려는 노력도 있었다. 세즈위크는 신의 자리에 자연의 법칙을 대치하려는 다윈의 혁신적 노력에 대해 몹시 분개했다. 그러나 1860년대 후반에는 그가 진화론에 대하여 공공연히 반대하는 일이 뜸해졌다. 다윈 반대자로 간주된 이들도 진화론을 수용하려고 하였고, 그 과정이 오로지 자연 법칙에 의해서 결정된다는 주장만 받아들이지 않았다. 그들은 결정되지 않은 우연에 의한 진화라는 관점에 반대하였다. 그 관점은 다윈 이론의 가정으로서, 변이는 근본적으로 제멋대로 무작위적으로 일어나는 현상이므로 진화에는 방향성이 없다. 단지 국지적 환경에 의한 영향만 받을 뿐이라는 것이 요체였다. 천문학자 허셸경은 『종의 기원』을 '뒤죽박죽' 법칙으로 묘사하고 1861년 『물리지리학』*Physical Geography*에서 다음과 같이 혹평하였다.

"목표를 향한 지성은, 변화 과정들을 일정한 방향으로 기울게 하고, 그 양을 조절하고, 그 분지를 제한하여, 정해진 경로를 따르도록, 끊임없이 작용해야 한다. 그렇다고 해서 그러한 지성이 이미 의도된 정해진 계획대로 법칙에 따라 작용한다는 것을 부정하는 것은 아니다."

신의 계획이 진화 과정을 통해 드러난다는 주장은, 챔버스가 『흔적』에서 제기하였을 때 이단으로 배척되었는데, 이것은 후에 보수주의자들의 반대 주장의 근거가 되었고, 다윈유물론에 대해 보다 심각한 위협이 되었다.

'신성진화론' theistic evolution으로 불리기도 하는 이 이론의 대표자들은 변이가 예정된 방향으로 종을 몰고가는 강력한 힘이라고 믿었다. 그레이는, 신이 그 환경에서 최적의 형질을 갖도록 종을 변화시킴으로써 적응 진화가 일어난다고 생각하였다. 나중에는 라마르크의 획득 형질 이론에도 이 논리를 적용하였다. 그러나, 많은 반다윈주의자들은 진화가 항상 변화하고 있는 국지적 환경에 대해 단순히 적응하는 기능은 아니라고 생각하였다. 내재된 힘이 변이를 일정한 경로를 따라 움직이게 하는데, 이 경로는 반드시 단기간의 적응에 필요한 것과 일치하지는 않는다고 생각했으며, 살아 있는 종과 화석종의 비교에서 나타나는 양상은 불규칙하게 가지를 친 계통수가 아니고, 신이 안내했다는 증거가 뚜렷한 정돈된 계획적인 설계도와 같은 것이라고 믿었다.

어떤 면에서 자연선택설을 반대한 사람들은 일부의 다윈주의자보다 그 이론이 함축하고 있는 것을 더 분명하게 깨닫고 있었다. 결국, 헉슬리와 그레이 모두 변이의 방향성을 수용하였으나, 헤켈의 '점진적 발전론' progression은 생물의 향상이 인류의 생산을 목표함을 함축하고 있었다. 그러나, 그레이를 제외한 유사다윈주의자들은 진화의 힘이 초자연적이기보다는 자연 법칙이라는 것을 받아들일 준비가 되어 있었다. 그들은 진화를 진행시키는 힘을 가정하였으나, 그렇다고해서 진화가 매우 규칙적인 양상을 따르고 따라서 초자연적 힘에 의해 유도된다고는 생각하지 않았다. 사회 지도층은 창조자 활동의 윤리적 의미를 해석할 권리를 갖는 종교 지도자들과의 충돌을 원하지 않았으므로, 신성진화론자들은 초자연 즉 신의 역할을 지지하고 싶어했다. 신성진화론은 환경에 맞추어가려고 하는 개체의 축적된 노력에 의해서만 진화가 일어난다는 혁신주의자의 주장을 반대하려는 보수주의자의 반응이었다.

그 기본 주제들은 그랜트의 라마르크 진화론이나 쳄버스의 『흔적』에 대해 보수주의자들이 반대한 주제와 같은 것이었다. 이번에는 혁신주의자들의 반격이 컸기 때문에 보수주의자들은 진화론의 범주 안에서 초자연적 설계의 개념을 뒤에서 방어하는 열세의 입장에 있었다. 1840년대에 다윈은 후퇴했었으나 이젠 많은 사람들이 그의 생각에 동조하였으므로 반대자들은 새로운 생각을 발표할 수 없었다. 1830년대와 1840년대에, 해부학자 오웬은 라마르크설을 반대하는 대표자였는데, 생명의 역사는 신성 계획으로서만 비로소 이해할 수 있다는 견해를 유지하고 있었다. 오웬은 상대하기 어려운 까다로운 사람이라, 두 사람은 가까워질 수 없었으나, 다윈은 오웬과 자주 토론하였다. 『종의 기원』으로 오웬은 난처한 위치에 놓이게 되었다. 그는 『흔적』의 저주에 동조하지 않았고, 신의 계획이 평범한 일에서 드러날 수 있다는 것을 암시하였으나, 공공연하게 진화론을 옹호하는 입장에 서게 되는 것을 겁내고 있었다. 이제 다윈은 진화의 일반적 의문을 다시 제기하였고, 창조주의 직접 조절을 부정하는 것 같은 급진적인 새로운 기작을 가정하였다. 오웬은 진화를 노골적으로 반대하는 사람으로 취급되었지만, 이것은 그의 위치를 지나치게 단순히 생각한 것이다. 그는 분명히 다윈설의 대표적 반대자로 대두되었지만, 진화의 기본 개념에는 동조하였다. 단지, 그는 수십 년간 반대한 유물론의 한가지 예로 제기된 자연선택설을 거부한 것이다.

오웬은 옥스퍼드회의에서 그의 공격에 대비하여 윌버포스가 답변하도록 미리 준비하였다고 생각되지만, 그 자신의 반응을 『에딘버러 리뷰』에 출판한 『종의 기원』에 대한 긴 해설로 발표하였다. 전형적으로, 오웬은 다윈을 자신의 책을 읽은 가장 급진적 명사로 썼고 다윈이 자신의 논박을 공평하게 편견없이 받아들일 준비가 되어있다고 말하였다. 그러나 다윈은 그 반응이 적대적일 것으로 기대하였고, 『에딘버러 리뷰』에 실린 그의 반박은 그의 기대와 일치하였다. 그는 평론을 언제나 익명으로 출판하였지만, 그 저자가 오웬이라는 점은 의심의 여지가 없었다. 오웬의 인격적인 양면성은 역사가들을 혼란스럽게 한다. 그는 다윈을 무참히 비난한 반면, 이 책이 실제로는 새로운 것이 없다는 것을 암시하는 듯 하였다. 이러한 혼란은 그가 지지하는 신에 의한 진화론에 여지를 주면서 자연선택설에 반대하려는 그의 양면적 요구의 소산이었다. 다윈은 오웬이 그의 주장 일부를 잘못 발표했다고 생각하였고, '이러한 거짓되고 악랄한 공격'에 대해 헉슬리에게 심히 불평하였다. 오웬은 선택설에 대한 그의 반대 입장을 견지하였으나, 그가 실제 신성진화론을 분명하게 지지하는 입장임을 1868년에 출판한『척추동물 해부학』*Anatomy of the Vertebrates*의 결론에서 잘 알 수 있다. 여기에서 오웬은 환경 변화에 상관없이 변화하려는 타고난 진화 경향을 생물의 다양한 아름다움으로 드러나는 창조자의 힘으로 보는 '유도설' derivation theory을 제기하였다.

실제로, 오웬과 생각이 통하고 반다윈파를 만들 수 있는 많은 박물학자들이 있었다. 불행히도, 그 집단은 다윈학파와 같은 결속력이 없었고, 과학계를 장악하고 있는 유물론자들에게 효과적으로 대응하지 못했다. 오웬은 영향력있는 인물이었으나, 그는 동료들과 인화하기 어려운 사람이었고, 헉슬리와 후커의 술책에 빠지기 일쑤였다. 나중에 켈빈(Kelvin Lord)경으로 불리는 물리학자 톰슨(Thomson, William)은 라이엘의 동일과정설을 공격하여 자연 선택을 간접적이지만 강력하게 반박하였다. 1860년대 후반, 켈빈은 뜨거운 지구 내부가 서서히 식었기 때문에, 오랜동안 지구가 안정 상태를 유지할 수 없었다고 주장하였다. 다윈의 자연 선택 과정은 매우 느린 과정이므로, 라이엘의 지질학이 허용하는 긴 시간이 필요했다. 켈빈경의 동일과정설에 대한 공격은 다윈설을 손상시키는 간접 방법이었다. 켈빈경 자신은 진화가 신성하게 주입된 진보적 힘에 의해 가속되어야 한다고 믿었다. 방사선 에너지에 의해 지구가 상당 기간 따뜻하였다는 것을 현재의 우리는 알고 있지만, 이 사실을 19세기에는 알지 못하고 있었다. 라이엘이 잘못일 수도 있다고 믿지는 않았지만, 다윈 자신은 켈빈경의 반박에 대한 마땅한 대답이 없었음을 인정하였다.

켈빈경의 반박은 그들의 이론이 다른 과학 분야에도 모두 적용되는 자연의 기본 법칙이라는 물리학자들의 가정을 나타내고 있다. 그것은 또 다윈의 이론이 표준 과학 방법과 맞지 않는다는 물리학자들의 생각을 반영하고 있었다. 선택이 신종을 만들어낸다는 실험적 증거도 없었고 그 이론으로는 예측도 할 수 없었다. 현대의 모든 진화론자와 같이 다윈은 다른 과학 분야에 적합한 기준으로 진화론을 판단할 수는 없다고 주장하였다. 진화론의 이론으로서의 특징은 의미없이 보이는 여러 범주의 사실에 그 의미를 부여하는 능력에 있다. 이는 유효한 점이었지만, 많은 물리학자들은 이를 받아들일 수 없었고, 현재도 마찬가지이다.

켈빈경의 지구 나이에 대한 논박은 사라지지 않는 대표적 반대 의견이었고, 이것으로 인해 19세기 후반의 많은 생물학자들이 자연선택설의 유효성에 회의를 품게 되었다. 자연 선택이 혼합유전에 의해 일어나지 않는다는 젠킨의 주장은 켈빈의 논박에 의해 고무되었으므로, 다윈은 더 의도적이고 보다 신속히 이에 대응할 필요가 있었다. 동일한 점을 지적한 반대 의견은 많았으나, 다윈설이 성공한 것은 헉슬리를 비롯한 지지자들의 능력에도 그 공로가 있는데, 그들은 반대 이론이 생물학 분야에서 영향력을 행사하지 못하도록 적절히 방어했다. 그래도, 많은 생물학자들은 제멋대로가 아닌 의도적인 어떤 변이가 진화 과정을 이끈다라는 견해를 갖기 시작했다. 오웬같이 그들은 우연의 결과이기엔 너무 인위적인 현생종의 계통과 화석에 나타나는 일정한 형식을 찾아다녔다. 처음에는 다윈주의자들이 이상주의로 되돌아가는 그 작업을 해체하는데 성공하였으나, 이러한 사고 방식은 결코 소멸되지 않고 그 후 수십 년간 계속 등장하였다.

반다윈주의자의 영향력이, 적어도 짧은 동안, 퇴치된 좋은 예는 미바트의 운명에서 볼 수 있는데, 그는 다윈학파를 떠난 대가로 과학계에서 배척당하였다. 미바트는 천주교 신자였으나, 시작부터 다윈 선두 부대에 뛰어들었다. 1862년 헉슬리와 오웬의 지지를 받아 런던의 성모마리아대학(St Mary's College)에서 동물학 석좌교수가 되었다. 그러나 몇 해 지나서, 인류를 향한 생명의 발달을 순전히 자연 과정으로 설명하는데 의문을 갖기 시작하였다. 그는 진화의 기초가 되는 신성 계획(underlying divine plan)을 믿는 오웬에 동조하여, 순전히 자연 법칙으로는 설명할 수 없는 진화의 경향성을 확인할 해부학적, 고생물학적 증거를 찾기 시작하였다.

다윈설을 공격한 그의 책 『종의 창조』*Genesis of Species*를 출판할 즈음, 미바트는 이미 다윈주의자들을 배척하였다. 다윈은 처음에는 그 반대를 최소화하려고 하였다. 다윈은 당시의 심정을 다음과 같이 토로하였다. "방금 미바트의 책을 읽었다. 나는 그가 신학적 열정으로 고무되어 있지만, 객관적으로 『종의 기원』을 평하려고 노력했으리라고 절대 확신한다. 그러나 그는 객관적이지 못한 듯 하다." 미네트는 그들간의 견해 차이에도 불구하고 그의 선의를 강조하는 편지를 쓰면서, 다윈과 의가 상하지 않기를 원하였다. 그러나 『계간 평론』*Quarterly Review*에 실린 미바트의 『인류의 기원』*Descent of Man*의 혹평으로 인해 다윈조차도 그를 정직하지 않은 사람이라고 확신하게 되었다.

나에 대한 존경심에서 그를 방문해줄 것을 거듭 부탁하는 미바트가 쓴 편지같이 간곡한 편지는 없을 것이다. 그럼에도 『계간 평론』에서 그는 나를 적대하고 경멸하고 있다. 나를 이 세상에서 가장 거만하고 추악한 야수로 만들고 있으니 그를 이해할 수 없다. 그의 마음의 밑바닥에는 저주받은 편협한 광신이 있으리라.

이때부터 다윈주의자들은 누구도 미바트와 관계를 갖지 않았다. 헉슬리는 초창기에 미바트가 과학계와 교계가 진화론을 믿도록 애썼던 노력도 조롱하였다.

『종의 창조』는 현대 창조론자까지 포함된, 반다윈주의자들이 계속 반복 사용한 주장들을 많이 담고 있다. 미바트는 복잡한 기관들이 일련의 복잡한 중간 단계들을 거쳐 형성되며 매 단계들은 적응에 따른 개량의 산물이라는 점이 이해하기 어렵다는 것을 강조했다. 그는 다리와 날개의 중간 단계는 걷거나 날기에 모두 부적당하다고 하였다. 그는 또 다윈설이 진화 중인 개체에서 일어나는 많은 변화가 어떻게 서로 조화를 이루는지 설명하지 못한다고 주장하였다. 척추동물과 문어같은 두족류는 왜 유사한 눈을 갖고 있는가? 분명 이것은 우연의 일치로는 설명할 수 없고, 오히려 여러 계보가 유사한 특징을 발달시키기 위하여 신이 의도한 경향으로 진화함을 뜻한다고 주장하였다.

미바트와 오웬은 반다윈주의자들의 생각의 근거 두 가지를 나타낸다. 비록 미바트가 초기에 다윈설을 지지한 것으로 인해 두 사람이 함께 일하기는 어려웠지만, 많은 생물학자들이 자연 법칙으로 모든 것을 설명할 수 있다는 다윈주의자의 주장을 혐오하고 있었다. 처음에는 다윈을 지지했던 생리학자 카펜터(Carpenter, W. B.)는 후에 진화가 자연 선택으로 설명하기에는 너무 규칙적인 양상을 보인다고 주장하였다. 아길 공작(Duke of Argyll)의 『법의 지배』 *The Reign of Law*는 창조주가 순전히 필요에 의해 진화를 의도하지는 않았다는 증거로 벌새 같은 종의 아름다움을 들었다. 그러나 신성진화론은 이에 효과적으로 반론을 제시하지 못하였는데, 그 이유는 그 지지자들이 생각을 결집하는 집단을 만들지 않았고, 또 그 생각이 구시대의 초자연주의의 절충안이었기 때문이었다. 1860년대 후반과 1870년대는 헉슬리와 지지자들이 반다윈주의자들을 영국 과학계에서 맥못추게 만들어 놓아, 다윈주의의 영향력이 크게 강화되었다.

그러나, 19세기 후반에는 유사다윈주의자까지 합세한 반대 의견이 부흥하였다. 미바트와 오웬이 이미 제기한 주장들에 대한 다윈의 대답이 없었으므로, 일부 반대자들은 의기양양하여 자연이 신성한 목적을 지니고 있다고 믿고싶어했다. 미바트의 공격은 진화가 지역 환경에 의한 변이의 자연 선택보다 더 질서와 목적을 갖고 있다는 데 초점을 맞추었다. 그의 주장은 변이가 초자연적 힘에 의해 유도된다고 더 이상 생각하지 않는 후세의 박물학자들에 의해 더 조작되었다. 훗날의 반다윈주의자들은 변이의 진화 경향성이 개체를 성숙시키는 힘에 의해 조절된다고 주장하였다. 이것은 미바트의 공공연한 초자연주의로부터 규칙성을 추구하는 진화론을 분리시켰다. 그 후 수십년간 고생물학자들은 '정향진화설' orthogenesis을 제기하여, 진화의 양상이 환경 변화에 대한 적응 반응이 아니고, 이미 확정된 진화 경로를 따라 진행한다고 주장하였다. 이 이론은 다윈이 생각했듯 변이가 제멋대로 생기는 것이 아니고, 종의 유전적 구성에 의하여 일정한 방향으로 일어난다는 가정에 근거를 두고 있다. 이미 결정된 진화 경향성을 선호하는, 따라서 적응 진화를 거부하는, 신성진화론과 정향진화론자들은 다윈설을 토대로한 진화론을 반박했다. 이러한 생각이 19세기 동안 줄어든 게 아니라 더 커진 것은 초기의 다윈설의 성공이 단지 일시적이었음을 암시하고 있다.

라마르크설의 발흥

진화가 적응의 소산이라는 사실이 자명한 경우에도 다윈의 진화론에 반대하던 사람들은 진화가 근본적으로 신의 목적을 표현한다는 그들의 믿음에 맞추어 자연선택설에 대한 대안을 찾았다. 그들은 획득 형질의 유전이라는 케케묵은 라마르크의 주장에서 그러한 대안을 찾으려 하였다. 다윈 자신은 자연선택설에 대한 보완책으로서 획득 형질의 유전을 결코 배제하지 않았으며, 이에 관한 비판에 대해서는 자연선택설이 설명에 어려움을 겪게될 경우에 획득 형질의 유전이 도움을 줄 것이라고 주장했다. 그러나 다윈의 반대자들에게는 질서 정연하고 목적이 있는 과정으로서의 진화 과정을 지지할 대안을 찾기 위한 방안에서 라마르크설을 들고 나왔다.

라마르크설은 자연선택설보다 훨씬 목적이 있는 기작인 것 같다. 왜냐하면 이 가설은 진화의 과정이 방향을 잡는 데 동물의 행동이 중요한 역할을 하도록 해주었기 때문이다. 라마르크설에서는 무작위적 변이에 의해 만들어진 적응하지 못한 모든 개체는 죽어 없어진다고 생각하지 않고, 변이는 선택한 생활 방식에 적응하기 위한 개체 자신의 노력에 의해 만들어진다고 생각했다. 진화의 방향은 동물이 여러 세대에 걸쳐 환경의 변화에 대처하기 위한 노력으로 결정되며, 그 결과는 유전에 의해 축적된다고 생각했다. 고전적인 예를 들면, 모든 기린들은 높이 달린 나뭇잎을 따먹으려고 목을 빼기 시작했다. 개개의 기린들은 새로운 섭식 방법에 적응하려고 노력하였기 때문에 목의 길이가 점점 길어지기 시작했고, 그러한 개체의 노력은 여러 세대에 걸쳐 축적되어 마침내 기린의 몸에 중대한 변화가 생기게 되었다.

새로운 섭식 습관은 분화를 증가시키는 과정과 함께 동물의 진화 방향을 결정한다. 따라서 획득 형질의 유전은 유익한 경로를 따라서 변이의 방향을 결정하는 자연적인 힘을 제공해준다. 한때 유물론의 견본으로서 무시하였지만, 이제 현명하고 자애로운 신이 만들었을 것 같은 라마르크설은 자연선택설의 대안으로서 내세울 수 있었다. 멘델의 유전 법칙이 알려지기 수십 년 전에 다윈이 라마르크설의 일면을 받아들였다는 사실은 진화가 어떻게 일어나는지에 대해 라마르크설이 아주 그럴싸한 이론이었다는 것을 보여준다.

현대 진화설의 정통적인 역사는 라마르크설과 다른 반다윈설의 기작을 사소한 흥밋거리 정도로 치부하는 경향이 있다. 다윈 스스로가 획득 형질의 유전에 대한 자그마한 믿음마저도 저버릴 수 없었던 사실은 고정된 유전 단위 이론의 필요성을 기대했던 자신의 실패에 대한 당혹스런 반응으로 나타난다. 진화론 발달의 주된 흐름은 다윈의 자연선택설의 초기 형성으로부터 선택설과 유전학의 현대적 결합으로 이어진다. 그러나 19세기 후반의 진화론을 좀 더 면밀히 알아보면 라마르크설이 훨씬 더 주요한 역할을 했음이 드러난다. 오웬과 미바트의 유신론적 진화설은 개체 생장의 적응적, 비적응적인 변형에 의한 정향 진화와 라마르크설에 의해 점차적으로 자연주의적 반다윈설로 넘어갔다. 영국에서는 라마르크설이 다윈설의 신랄한 반대자로 과학계에서 무시당하던 버틀러와 연관되어 있었기 때문에 그 역할이 애매해졌다. 그러나 버틀러만이 유일한 19세기 후반의 라마르크설 신봉자가 아니었으며 다윈에 대한 그의 적대감 때문에 그의 견해가 진화에 대한 개념의 주요 흐름을 나타낸다는 사실을 우리가 망각해서는 안 된다.

통상적으로 라마르크설은 선택설의 유물론을 반대하는 보수주의자들이 지지한다. 라마르크의 가설은 버틀러로부터 버나드 쇼(Shaw, George Bernard)를 거쳐 케슬러(Koestler, Arthur)에 이르기까지 전통적으로 반유물론자들의 지지를 받아왔던 것은 명백한 사실이다. 그러나 1860년대의 다윈설의 신봉자들 사이에서조차 획득 형질의 유전이 중요한 역할을 한다고 믿는 사람들이 제법 있었다. 다윈을 표상으로 간주하는 진보주의의 가장 열렬한 지지자들은 결코 이상적인 반다윈설의 유일한 결과가 아닌, 라마르크설을 받아들였다. 헉슬리가 라마르크설에 기여한 바가 없었다는 것은 사실이지만, 빅토리아 시대에 가장 영향력 있던 진화론자인 다윈과 헉슬리의 뒤를 이은 사회철학자 스펜서는 항상 라마르크설을 자신의 철학의 주요 기반 중 하나로 사용하였다. 사실상 스펜서는 『종의 기원』이 출판되기 훨씬 전에 변이를 공개적으로 지지했었다. 1851년에 발표한 그의 『발생 가설』*The Development Hypothesis*은 생명체의 기원에 대한 문제의 새로운 해답의 근거로 라마르크설을 제안하려 하였다. 스펜서는 오랫동안 신뢰를 받아오지 못하던 라마르크설로 과학자들의 흥미를 끌 수는 없었다. 그러나 『종의 기원』이 세상에 나오게되자 스펜서는 생물체의 일상 생활에서 축적된 영향에 근거한 적응적, 점진적 진화의 연합 이론의 두 기둥으로 자연선택설과 라마르크설을 적용함으로써 철학적 진화 운동의 선두에 나서게 되었다.

스펜서의 철학적인 위치는 다윈과 헉슬리가 둘 다 충실했던 진보주의의 완벽한 표상이었다. 스펜서는 자유방임적 개인주의의 주창자였으며, 개인의 자유에 대한 케케묵은 제한이 없어지면 사회가 필연적으로 진보할 것이라고 주장하였다. 생물학적 진화설은 스펜서의 우주 진보주의의 중요한 기초였다. 인류의 발전은 단지 자연적인 흐름의 불가피한 연속 사건 중 하나라는 것이다. 그래서 다윈과 마찬가지로, 생물학적 진화가 변이를 결정하는 조물주의 힘에 의해 이루어지는 것이 아니라 생명체의 일상 생활을 이끌어 나가는 정상적인 활동에 의해 이루어진다는 것을 보여주는 것이 스펜서에게는 중요한 일이었다. 스펜서는 X클럽의 회원이 되어 과학계의 진보주의자들을 관장하는 핵심 요원이 되었는데 이 일은 당시에 자그마한 놀라움을 던지게 된다. 다윈은 스펜서가 추상적인 사색보다는 관찰하는 데에 더 많은 노력을 하였으면 하고 원했지만 늘 스펜서의 천재성에 다음과 같이 감탄하였다. '스펜서의 글을 읽으면 내 자신이 하찮게 느껴진다. 스펜서가 나보다 두 배 정도 총명하고 영리하다는 것을 나는 즐거이 느끼고 참을 수 있다. 그러나 스펜서가 곤경을 헤쳐나가는 면에서조차 나보다 열두 배나 더 월등하다는 것을 알게 될 때 나는 정말 괴롭다. 스펜서가 사색하는 일을 어느 정도 잃는 대가를 치르더라도 더 많이 관찰하는 훈련을 쌓아 형형을 이루었더라면 그는 훌륭한 사람이 되었을 것이다.'

스펜서는 진화는 개체의 경쟁에 의한 것이라고 믿었다. 그래서 자연선택설이 알려지자 그는 이 설을 기꺼이 받아들였다. 사실 적자 생존이란 단어를 만든 것은 스펜서였다. 다윈은 이 말을 아주 좋아했고 이 구절은 생존 경쟁에 대한 다윈설을 강조하는 강력한 상징이 되었다. 모든 인간의 활동이 자유 기업 원리에 따른다면 사회적 진보가 필연적으로 일어날 것이라는 스펜서의 견해는 스펜서 자신을 다윈의 사고와 빅토리아 시대의 자본주의의 경쟁적 풍조 사이에 생긴 조화의 표시로 보는 전형적인 사회적 다원주의자로 만들어 버렸다. 그러나 스펜서는 자연선택설 때문에 라마르크설을 포기하지는 않았다. 자신의 저서 『생물학 원론』 *Principles of Biology*에서 스펜서는 무작위적 변이에 대한 선택과 획득 형질의 보존은 진화 과정에서 조화를 이룬다고 주장했다. 생존 경쟁은 부적합한 개체를 제거하기 때문이 아니라 인간을 포함한 모든 생물체들이 실패의 결과로 겪게 될 고난으로부터 해방되기 위해 적자가 되도록 도와주기 때문에 중요한 것이라고 주장하였다. 환경의 변화에 대처하기 위한 생물의 노력은 기린의 긴 목과 같은 유익한 새로운 형질을 만들 것이며 그 형질은 다음 세대들에게 물려지게 된다. 생존 경쟁이 없으면 생물은 개별적으로 적응해야 하는 압력을 받지 않을 것이다. 스펜서의 견지에서 보면, 라마르크설과 자연선택설은 둘 다 경쟁 활동의 효과가 축적되어 사회적, 생물학적 진화를 일으킨다는 가능한 방법을 제시하였다.

더 나아지려는 개체의 생존 경쟁에 대한 스펜서의 강조는 몇 가지 점에서 다윈의 자연선택설보다는 생물의 자구 노력에 대한 빅토리아 시대의 믿음을 더욱 명백하게 나타내었다. 스펜서의 입장에서 보면 자연선택설의 문제점은 개체 자체의 노력에 의해 개체 자신이 향상될 수 없다는 것이다. 열악한 형질을 가지고 태어난 개체가 있다면 그 개체는 단지 운이 나빴을 뿐이다. 진화에 맞추기 위해 개체의 자기 향상을 허용함으로써만 완벽한 자유 기업 주의의 정신을 갖는 것이 가능하였던 것이다. 따라서 소위 사회적 다윈설의 대부분은 실제로 생존 경쟁을 통한 진보라는 스펜서의 유력한 사상에 기초한 사회적 라마르크설이었다. 자연선택설은 환경의 압력에 직면하여 자신을 변화시킬 능력이 없는 불행한 개체를 제거하는 이러한 사회 철학의 부정적인 면만을 반영한다.

따라서 자연선택설과 함께 라마르크설은 다윈설이 최초로 제안될 때 핵심에 있던 진보적 사상에 중요한 철학적 기초를 제공했다. 낡은 가설을 없애지 않고 진화설로 일반적인 전환을 꾀했던 다윈의 조급함은 낡은 가설의 수명을 연장시킨 결과가 되었다. 진보 사상에서 보면, 획득 형질의 유전에서 중요한 점은 개체는 새로운 환경에 스스로가 적응하는 힘을 가졌다는 점이다. 스펜서는 여러 세대에 걸쳐 일어난 이런 과정의 피할 수 없는 결과가 진보적 진화라고 믿었기 때문에 자연 활동의 중요성에 대한 다윈의 초기 믿음을 지지하였다. 스펜서 자신은 종교에 관여하지 않았음에도 불구하고 그의 관점은 진보적인 청교도들에게 현대판 전통적 노동 윤리로 받아 들여졌다. 신은 종족의 미래에 완벽을 꾀하는 데 노력을 경주한 개체에게 보상하기 위한 힘을 자연에게 위임했다. 만약 간접적이더라도, 진보는 불가피하게 개체의 활동으로부터 일어난다는 주장은 다윈설의 무신론적인 내용을 명백하게 피하는 방법이 될 수 있다. 진보주의자들은 자신들이 하는 일이 세상의 도덕적 발전에 공헌하고 있다고 확신할 수 있을 것이다. 그리고 전통적인 기독교의 몇몇 요소를 간직하고 싶어하는 그들은 거칠긴 하지만 자연이 정말로 신의 목적을 표현했다고 주장하는 것으로 그들 자신을 위로할 수 있을 것이다.

스펜서가 라마르크설에 대한 지지를 결코 포기하지 않았다는 것은 주목할 만한 일이다. 독일의 생물학자인 바이스만(Weismann, August)이 1880년대에 라마르크설의 문제점을 수정한 '신다윈설' neo-Darwinism을 주장하기 시작했을 때 스펜서는 획득 형질의 유전을 옹호하기 위한 글을 공개적으로 썼다. 유전은 개체의 형질을 엄격하게 결정한다는 주장은 결코 스펜서의 철학의 일부가 아니었다. 자연선택설은 엄격하게 결정된 형질을 강조한다고 바이스만이 지적했을 때 스펜서는 자신의 믿음에 대해 위기를 맞게 되었다. 만약 다윈설을 다윈 자신조차 허락했던 모든 비다윈적 기작을 제거하는 방법으로 다시 정의한다면 스펜서는 자신이 보았던 독단적이고 지나치게 간소화된 선택설을 강력히 반대하였을 것이다. 스펜서는 다윈 진영의 중요한 구성원으로 출발했기 때문에 더 융통성 있는 유사다윈설이 무너지기 시작하면서 스펜서는 반대편에 남을 수밖에 없었다. 그의 태도 변화는 1860년대와 1870년대의 다윈설이 20세기까지 살아남지 못할지도 모를 내부 요인을 지니고 있었다는 것을 명백하게 보여준다.

오웬과 미바트와 같은 보수주의자들은 다윈설의 바탕에 깔린 진보주의적 사상을 반대했다. 인간의 본성은 여러 세대에 걸친 이기주의의 산물 이상이라는 자신들의 믿음을 지키기 위해서 보수주의자들은 조물주가 창조한 작품의 증거를 진화가 보여주기를 원했다. 그들은 개체의 활동만으로 진화가 이루어진다고 믿지는 않았다. 어떤 절대적인 힘이 있어서 자연이 고등한 생물로 나아가도록 길을 잡아주었을 것이라고 믿었다. 이런 이유로 그들은 진보를 추진하는 유일한 힘으로서 적응을 내세운 다윈설을 부인하였다. 그럼에도 불구하고 보수주의자들은 진화는 적응의 소산이라는 것을 받아들이지 않을 수 없었다. 그들의 견지에서 보면 라마르크설의 목적론적 요소는 조물주의 작품을 표현하는 데 있어서 자연선택설보다 훨씬 더 받아들이기에 좋은 것이었다. 결국 라마르크설과 진보주의 사상 사이의 연결 고리는 끊어졌고, 진화의 과정에서 자연은 자신을 명백하게 하는 신의 목적을 표현한다는 믿음과 새로운 연결을 만들었다. 이러한 해석의 최초 주창자 중의 한 명이 소설가 버틀러였다. 그는 미바트와 마찬가지로 다윈을 개인적으로 비방하였고 그 결과 과학계로부터 추방당하는 벌칙을 받게 되었다.

『종의 기원』이 출간되었을 때 버틀러는 뉴질랜드의 양 목장에서 일하던 청년이었다. 그는 순식간에 새로운 이론에 열광적으로 빠져버렸으며 다윈에게 그를 지지한다는 편지를 보냈다. 1872년에 펴낸 그의 소설『에어원』*Erewhon*은 많은 부분을 자연선택설에 대한 풍자로 채웠다. 소설에 나온 에어원 사람들은 기계가 너무 효율적이어서 인간을 대신하게 될까봐 두려워 그들이 가진 모든 기계를 파괴해 버린다. 버틀러는 이것이 자신의 의도가 아니었다는 글을 다시 썼으며, 실제로 몇 번에 걸쳐 다운에 살던 다윈을 방문하였다. 그는 본능이 형성되는 과정에 흥미가 있었고 오랫동안에 걸친 습관은 결국 유전에 의해 고정되어질 것이라고 생각했다. 이것은 바로 라마르크식 개념이었고, 그의 책『삶과 습관』*Life and Habit*을 쓰던 때에 버틀러는 자신이 비다윈적 진화론 쪽으로 끌리고 있음을 깨닫기 시작했다. 그러한 위기는 미바트의『종의 탄생』을 읽은 후에 생긴 것 같다. 그 책을 읽고 버틀러는 다윈주의자가 되지 않고도 진화론자가 될 수 있다고 확신하게 되었다. 미바트는 그 책에서 스펜서의 라마르크설을 언급했고, 버틀러는 뷰퐁(Buffon)이나 에라스므스 다윈과 같은 초기의 진화론자들의 것과 함께 라마르크의 저서를 다시 읽기 시작했다. 버틀러는 획득 형질의 유전설이 자연선택설보다 더 우수한 이론일 뿐만 아니라 다윈이 선배 학자들의 업적을 고마워하지 않았던 실수를 인정할 만큼 정직하지 못했다고 생각하게 되었다.

1879년에 펴낸 자신의 책『진화의 어제와 오늘』*Evolution Old and New*에서 버틀러는 획득 형질의 유전은 진화설과 자연 신학과의 관계를 조정하는 방법을 제공한다고 주장하였다. 무작위적 변이의 자연선택설은 창조자가 우주를 유지한다는 어떠한 믿음과도 양립할 수 없는 시행 착오의 과정이었다. 그러나 동물들이 자신의 환경에서 일어나는 어떤 변화에도 적응할 수 있는 새로운 습관을 선택함으로써 그들 자신의 진화를 조절할 수 있다면 그들의 목적 있는 행동은 자연에서 작동하고 있는 조물주의 마음을 나타낸 것이라고 볼 수도 있을 것이다. 말하자면, 외부로부터 새로운 종을 만들어 오는 대신에 조물주는 자신의 창조력을 위임해준 동물들의 목적 있는 행동을 통해서 진화를 이루어낸다. 나중에 버틀러는 조물주의 역할을 보존하는 가장 좋은 방법은 조물주를 진화 과정에 내면화시키는 것이라는 자신의 주장을 편 편지를 미바트에게 보냈다. 비록 버틀러가 진화의 기초로서 개체의 변화에 중점을 둔 스펜서와 공통된 생각을 갖고 있었다고 하지만 버틀러는 새로운 습관의 결정에서 창조적인 선택의 역할을 강조함으로써 라마르크설에 새로운 차원을 부여했다.

『진화의 어제와 오늘』이 출간되기 직전에 독일의 잡지 『코스모스』 *Kosmos*에는 에라스므스 다윈에 관한 크라우스(Krause, E.) 박사의 글이 실렸다. 이것은 나중에 다윈이 준비했던 『에라스므스 다윈의 일생』 *Life of Erasmus Darwin*의 제 2부로 증보되어 번역되었다. 다윈이 크라우스에게 버틀러의 책을 한 권 보낸 적이 있는데 이 책을 대수롭지 않은 졸작으로 평가한 흔적이 크라우스의 영어판에 나타나 있다. 불행하게도 다윈은 그의 책 서문에서 번역본은 독일 책 원본을 늘려서 만든 것이라는 설명을 빠뜨렸다. 버틀러는 원본을 확인했고 그의 책에 대한 인용이 없음을 발견하였다. 버틀러는 그 번역본이 자신의 『진화의 어제와 오늘』이 출판되기 전에 독일의 한 학자가 이미 자신의 견해에 반대하는 이론을 발표하였다는 것을 보여주려고 시도한 공정치 못한 방법이었다고 확신하게 되었다. 버틀러는 불만을 다윈에게 편지로 토로했고 이에 대해 사과를 받았다. 그러나 이에 만족하지 못한 버틀러는 『아테나움』 *Athenaeum*에 실은 편지에서 공개적으로 다윈의 실수에 대해 비난하였다. 다윈은 동일한 포럼에서 응답하고 싶어했으며 그의 아들 프란시스도 이를 격려해 주었다. 그러나 헉슬리를 비롯한 다른 동료들은 그러한 논쟁에 휘말리는 것은 다윈의 위신에 맞지 않는다고 말렸다. 다윈이 응답을 하지 않자 버틀러는 당연히 유죄를 인정하는 것으로 받아들였고 나아가 자신이 다윈주의자들에 의해 무시당했다는 증거로 해석했다. 버틀러는 나중에 아주 강경하게 자연선택설을 비난하는 책을 많이 썼다. 바이스만의 신다윈설에 대해 1890년에 쓴 회신에서 버틀러는 '이러한 이론을 말한다는 것은 본능적인 혐오를 일으킨다. 그런 낭비와 죽음의 악몽은 불쾌한 만큼 근거가 없다는 것을 견지하는 것이 내게는 운 좋은 일이다.' 라고 썼다.

원래의 다윈주의자들은 버틀러를 하찮은 똥파리로 여겨 떨쳐버리려고 하였다. 그렇지만, 앞에서 말한 바이스만에게 보내는 응신을 쓸 때쯤에는 버틀러는 판국이 변하고 있음을 감지할 수 있었다. 바이스만의 '실무율적 선택설' all or nothing selectionism은 많은 사람들로부터 지지를 받기는커녕 심지어는 스펜서와 같은 소수의 원래 다윈주의자들로 부터도 소외를 당했다. 이제 많은 생물학자들은 버틀러가 제안했던 것처럼 라마르크설이 덜 유물론적인 진화론에 대한 해결책을 제공했다고 받아들이기 시작했다. 아마도 이런 일의 가장 명확한 지표는 버틀러의 견해를 받아들이기 시작한 프란시스 다윈의 훨씬 호의적인 태도일 것이다. 존경받는 생물학자인 프란시스는 버틀러가 그토록 원했던 자신이 과학계로부터 인정을 받을 수 있게 해줄 수 있는 위치에 있었다. 몇몇 모임에서 프란시스는 공개적으로 버틀러의 본능에 대한 라마르크적 해설의 핵심에 놓여 있는 유전과 기억 사이의 비유에 관해 호의적으로 이야기했다. 버틀러가 죽은 후에 프란시스는 전기 작가인 존스와 공동으로 전체적인 일의 흐름을 훨씬 공정하게 볼 수 있는 소책자를 출판하였다.

정향진화설의 출현과 함께 라마르크설의 발흥은 1860년대와 1870년대에 다윈주의자들이 과학계를 주름잡지 못했다는 것을 말해준다. 그 운동은 다윈 자신의 견해를 한번도 완벽하게 나타내 보지 못했다. 왜냐하면 다윈의 지지자들은 다윈 자신보다 훨씬 넓은 범위의 비다윈주의자들의 주장을 인정했기 때문이다. 그러나 이들은 스펜서와 헉슬리가 조성한 진보주의적 사상을 인정하였으며, 자연선택설이 진화 기작의 주요 요소라는 주장은 적어도 말뿐인 호의에 불과했다. 1882년 다윈이 죽은 후에 점차 많은 생물학자들이 발생에 대한 덜 기계론적인 설명에 관심을 돌려 바이스만의 이론에 반응함에 따라 둘 사이는 거리가 멀어졌다.

미국에서 명백한 반다윈주의자들의 움직임이 나타난 것은 훨씬 이전의 일이었다. 그레이는 미국의 과학계를 진화주의로 전환시키는데 도움을 주었다. 그러나 하바드대학교에서 동물학을 가르치는 이상주의자인 아가씨즈(Agassiz, Louis)의 영향은 많은 미국인들이 다윈의 자연주의를 받아들이는 것을 주저하게 했다. 아가씨즈의 원리는 영국의 반다윈주의자들에게는 결여된 체계적인 회로망 같은 것을 제공했다. 코프(Cope, E. D.)와 하이야트(Hyatt, Alpheus)와 같은 고생물학자는 1860년대 후반 이래로 꾸준히 이어온 '신라마르크설' neo-Lamarckism 학파의 초점이 되었다. 그들도 미바트나 버틀러처럼 진화를 조물주의 계획으로 보려했다. 그리고 화석 기록으로 몇몇 생물체들의 발생을 구별할 수 있다고 생각하고 규칙적인 방법으로 이를 증명할 증거를 찾았다. 유신론적 진화주의자로서 시작했기 때문에 19세기 후반에 일어난 라마르크설과 정향진화에 대한 폭발적인 관심의 기초를 다지기 위해 그들은 1870년대에 계속 연구했다. 미국의 고생물학자는 라마르크설은 진화의 과정이 예측 가능하다는 이론의 기초가 될 수 있다는 것을 깨달았다. 한 집단이 새로운 생활 양식을 선택했을 때 그들의 후손은 자신을 위해 계획된 분화의 흐름을 계속해서 증대하는 일 말고는 할 일이 거의 없다. 또한 하이야트는 어떤 종에서 진화의 힘이 바닥났을 때는 멸종의 서막으로 다소 예측 가능한 양식으로 그 종이 노화된 형태로 퇴화할 것이라고 믿었다. 따라서 그의 이론은 라마르크설과 나중에 나타난 정향진화설을 결합한 것이었다.

적극적인 반다윈주의 학파가 초기에 미국에서 나올 수 있었다는 사실은 영국 과학계를 주름잡은 다윈주의자의 성공은 보수주의자들의 반대를 고립시키고 분산시키기 위한 헉슬리와 다른 진보주의자들에 의한 작전의 산물이었다는 것을 명백하게 해준다. 우리는 다윈주의자들이 짧은 기간에 성공했지만, 19세기의 마지막 10년 동안에는 급성장하는 제국주의의 지지에 직면하여 진보주의 사상이 쇠퇴하는 것을 보았다. 새로운 사조의 변화에서 다윈설에 대한 조직적 지지는 떨어졌고, 낡아빠진 반다윈주의자의 논쟁은 또 다시 다윈설을 괴롭히기 시작했다. 1860년대와 1870년대에 미국에서 일어난 일은 10년이나 20년후에 라마르크설과 정향진화설의 지지자들이 자신들은 다윈설의 반대자라고 선언함으로써 영국에서 그대로 반영되었다.

헉슬리, 스펜서 그리고 자연주의의 진보적 사상의 승리를 축하하기 위해서 다윈의 영향에 대한 전통적인 해석은 반대파의 효율적 활동을 경시하는 경향이 있다. 또한 현대의 창조설의 부활은 여전히 진화주의자였던 반다윈주의자가 있었다는 사실을 사람들이 망각하는 경향이 있다. 반다윈주의자의 생각은 과학적 진화설에서조차 흔하다는 간주곡 때문에 다윈설의 초기의 승리는 다윈설의 근대적 성공과는 다르다는 사실을 못보고 지나칠 수는 없다. 우리는 다윈의 『종의 기원』이 과학계를 진화론으로 전환시키는 표상이 되었다는 점에서 그 시대의 진화 사상을 이해하는데 통찰력을 얻을 수 있다. 원래의 다윈주의자의 토론은 다윈 자신의 이론은 말할 것도 없이 유사다윈주의조차도 그 시대의 과학적, 개념적 문제에 대한 자명한 해결책이 아니기 때문에 평행선을 달리게 되어 있다. 다윈은 그의 이론을 지지자들이 받아들이고 이용할 수 있었기 때문에 성공했다. 그 지지자는 적어도 당대의 영국의 상황에서 보수주의적 사고의 요새를 공격하기 위한 무기로서 『종의 기원』을 사용하는데 성공하였다. 그러나 그 당시 반대파는 숨을 죽이고 있었을 뿐, 괴멸되지 않았기 때문에, 19세기 말에 이르게되자 원기를 회복하여 다시 일어나게 되었던 것이다.

제10장
인류의 기원

진화의 기작에 대한 다양한 논쟁들은 결국 인류의 기원에 초점이 맞춰졌다. 대부분의 사람들은 우리가 원숭이의 후예일지도 모른다는 생각 자체를 매우 불쾌해 했다. 윌버포스가 영국학술협회의 옥스포드회의에서 헉슬리에게 그의 조상이 원숭이의 후예임을 인정하느냐고 묻자 이에 대해 헉슬리도 역시 퉁명스럽게 대답함으로써 이 문제는 논쟁의 씨앗이 되었다. 1864년 디즈라엘리는 윌버포스가 초청하여 옥스포드의 쉘도니안 극장에서 물질주의를 주제로 연설을 하였는데, 그는 연설 중 '문제는 사람이 원숭이인가 아니면 천사인가? 신이여, 나는 천사의 편입니다' 라는 유명한 선언을 하게 된다. 여러 인쇄 매체의 만화에서도 사람이 고릴라와 유연 관계를 가지고 있음을 풍자했다. 이러한 연계가 가능하다고 부추김으로써 진화론자들은 영혼불멸의 개념과 도덕성의 전통적 기반을 위협하는 존재가 되었다. 진화론이 옳다고 가정하게 되면 도덕적 가치관의 연원을 새롭게 모색해야만 했다. 그런데 우리는 진화의 메커니즘이란 것이 버틀러 식으로 말해서 폐허와

그림 14. 법학박사이며 대영제국학사원 회원인 다윈은 『인류의 기원』에서 인간을 평가 절하하여 "꼬리가 길고 털북숭이인 나무에 사는 원숭이의 한 종"으로 취급하였다는 내용으로 다윈을 조롱한 『펀치』*Punch*지의 만화

죽음만이 가득한 악몽에 불과하다면 과연 어디에서 그 젖줄을 찾아낸단 말인가 그리고 이런 과정의 산물이라면 과연 야수보다 더 고상하게 행동할 것이라 기대할 수 있겠는가?

다윈 자신은 그의 초기 이론을 세우는 단계에서 위와 같은 문제들에 직면했다. 1830년대 후반의 『M과 N 노트북』에 이미 사람의 지적 도덕적 역량에 대한 전통적 관념을 공격하는 근거를 적고 있다. 그는 처음부터 사람은 단지 매우 진보한 동물에 불과하다는 사실을 받아들였고 사람의 사회적 행동을 생물학적 견지에서 설명하려고 노력하였다. 하지만 그는 이와 같은 노력이 진화론에 대한 상투적인 불신에 도전하는 것임을 알고 있었다. 아무리 자유 분방한 중산층일지라도 감히 이와 같은 식으로 사회 구조를 위태롭게 하지는 않을 것이다. 챔버스의 『흔적』에 대한 대중의 반응은 매우 민감했으며 다윈은 진화론의 사안을 좀 더 자유롭게 논의하기 위해서는 세인의 관심을 좀 더 학술적인 문제로 돌려야겠다고 생각하게 되었다. 따라서 다윈은 『종의 기원』에서 인류의 기원에 대한 문제를 전혀 언급하지는 않지만, 자신의 명예를 지키고 또한 신념을 숨겼다는 공격을 면하기 위해 '인류의 기원과 인류 역사는 재조명될 것이다'라고 함축적으로만 기술하였다. 이 사안은 1871년 다윈이 저술한 『인류의 기원』*Descent of Man*에서 재연시키기 전에 이미 전면에 부각되어 1860년대 내내 격렬한 논쟁이 계속되었다.

우리는 진화론의 문제를 다루는데 있어 다윈 자신이 공헌한 점과 그를 포함한 진화론자들의 생각에 대한 대중의 반응 사이에 어느 것이 더 중요한지 다시 한번 가늠해 볼 필요가 있다. 다윈은 인류의 본능이 동물로부터 기원되었음을 밝히기 위한 연구 영역을 확대하기를 주창하였고, 그가 인류의 동물 기원설의 창안에 공헌했음을 부인할 사람은 아무도 없다. 그러나 인간 본능에 대한 그의 편견 중 일부는 빅토리아 시대의 영국인에게 보편적이었음을 간과해서는 안된다. 특히 그는 백인 남자를 가장 진보한 인류 유형이라 믿었다. 이러한 선입관들은 대중들의 반응을 규정하고 동물기원설의 기본 개념이 수용 가능한 여건을 조성하는 등 대단한 위력을 발휘하였다. 극단주의자들은 자기가 처한 위치에 너무 강하게 집착함으로써 사실을 쉽게 왜곡할 수 있다는 사실도 인식해야 한다. 사실 대부분의 빅토리아 말기 사상가들은 초보적인 진화 개념을 용인하고 있었지만 어떻게 사람이 원숭이로부터 기원하였는가에 대한 그들의 신념은 다윈의 제안을 따른 것도 아니었고, 현대적 견해를 예견한 것도 아니었다. 이에 따라 또 다시 목적론적 발생 개념이 대두되었다. 즉 사람들은 진화 과정을 통하여 본능으로부터 윤리적으로 가치있는 목표가 생겨나는 것이라 전망함으로써 동물 조상설을 용인할 수 있었다. 사람이란 태초부터 불멸의 영혼을 지닌 만물의 영장이 아니라, 진화 과정을 통하여 본능으로부터 보다 높은 지적 상태를 지닌 현재의 인류로 진화하였다고 생각한 것이다.

다윈설이 대중에 미친 영향에 대해 이렇게 해석할 경우 진화론이 빅토리아 시대의 사람들로 하여금 물질주의 철학을 자유롭게 받아들이게 했다는 주장은 다소 의심스럽다. 자연선택설을 반대하는 사람들은 적자 생존이 인류의 고등성을 찬양하는 모든 희망을 가장 악랄하게 부정하는 잔악무도한 본능의 표상이라고 집약하였다. 이 상황에서 지성이나 윤리성은 무의미해진다. 근대의 반다윈주의자 대부분은 다윈설의 물질주의적 의미만을 부각시켰으며, 빅토리아 시대의 사람들로 하여금 이를 믿도록 종용하였다. 한편 자본주의론과 제국주의론이 진보라는 미명하에 적응하지 못한 개인과 종족은 죽거나 노예가 되어야 한다는 무자비한 사회적 다윈주의 정책을 충동질했다고 주장하기도 한다. 무자비한 힘은 전통적인 사랑의 미덕과 교체되었고 다윈의 가르침에 대한 영향에 감사하는 연민만이 남게 되었다.

사회적 다윈주의자들은 진화 과정 자체가 윤리적 목표를 추구하려는 힘을 지니고 있다는 사실을 무시함으로써 진화론의 영향력을 지나치게 극대화한 것으로 현재의 사학자들은 생각하고 있다. 소위 수많은 다윈주의자란 작자들은 선택설의 명백한 의미조차도 올바르게 평가하지 못했던 것이다. 그들에겐 본능이 너무 험악한 것으로 비추어졌을 지 모르지만, 가혹한 환경이 생명체를 보다 높은 의식 단계로 이끌 수 있으므로 본능은 결코 무의미한 혼돈은 아니었다. 보수적인 사회 관념과 전통적인 윤리론을 불식하고자 하였던 자유론자들은 사회의 진화가 윤리적으로 의미 있는 목표를 지향함으로써 사회 발전을 가져온다고 확신하였다. 스펜서의 진화 철학에서는 진보란 환경과 조화를 이루려고 혼신을 다하는 개인들이 여러 세대에 걸쳐 쌓은 노력의 결과라 보았다. 인류학자 역시 근대의 유럽 문명은 모든 종족이 궁극적으로 도달하고 싶어하는 최상의 사회 발전상이라 생각하였다. 따라서 다윈설의 물질주의자는 거리가 멀지만 이와 동등한 생물학적 가치를 지니는 사회적 진화주의가 독자적으로 나타나게 되고 이는 다윈설의 분지형 발생 이론을 전복시키려는 진보주의자적 시각을 활성화시키는 계기가 되었다.

인류의 기원

다윈이 초기에 경험한 많은 사실들은 인류의 기원에 대한 그의 후기 연구에 기초 자료가 되었다. 그는 노예 반대 운동에 깊숙이 관여하였던 집안에서 태어났으며 남아프리카에서 목격한 흑인 노예의 처우에 대해 반감을 가졌음은 이미 살펴본 바 있다. 이에 따라 그는 신이 흑인을 백인의 노예로 쓰기 위해 따로 만든 종으로 격하한 '다원 발생론자'polygenist의 견해와는 달리 인류의 모든 종족을 하나의 종으로 보았다. 그러나 비글호 탐사 기간 중에 경험한 푸기인들의 생활에서 가장 하등한 종족의 삶이 얼마나 미천한 가에 대해 깊은 인상을 받았다. 다윈 자신은 인류가 신성한 창조물이라는 개념에서 자유로와 질 수 있게 됨에 따라 원시 수렵, 채취자인 푸기 원주민의 생활 유형을 어떤 형태의 문명 혹은 농경 사회 이전의 초기 인류 종족이 가졌을 조건의 실례로 간주했다. 많은 후기 진화론자들은 이러한 원시인들을 세계 곳곳에 아직까지도 존재하고 있는 인류 조상의 원형인 '살아있는 화석'living fossil이라고 간주하였을 것이다. 그러나 다윈은 경험을 통해서 이는 지나치게 단순화한 논리라는 사실을 깨닫게 된다. 기근이 닥치면 나이든 여자들을 먹을 정도로 푸기 원주민들은 신이나 윤리의 개념을 갖고 있지 않았으나, 피츠로이가 영국으로 데려간 세명의 원주민들은 피상적으로나마 문명에 대한 교육을 받았다. 다윈은 푸기 원주민의 생활 방식이란 그들에게 강요된 조건들에 대한 적응의 결과임을 깨닫는다.

만약 푸기 원주민들이 유인원과 인간 사이의 결손 고리가 아닌 진정한 의미에서의 인간이라면 그들의 부족한 문명 가치관은 더 나은 환경에 처할 경우 새로운 문명 가치관으로 교체되어 그들의 지성에 각인될 수 있을 것이므로 이는 정신 활동의 진화에 대한 단서를 제공할 수 있다. 분명히 종교적이나 윤리적인 감각들은 신성하게 주입된 본능이 아니라 교육에 의해 우리의 지성 속에서 창조된 사고의 습관이다. 다윈은 감각의 흔적에 의해 인류의 세계관이 형성된다는 견지에서 지성의 작용을 설명하고자 했던 감각론자들의 철학적 전통을 의식하고 있었을 것이다. 에라스므스 다윈은 동물들조차도 그들의 뇌에 각인된 본능적인 행동 양식은 없으며, 모든 행동은 환경에 대한 지적인 반응에 의한 것이라고 주장하였다.

창조자에 의해 모든 종의 동물은 그들 생활에 적합한 본능을 부여받는다고 주장하던 자연주의자들은 다윈의 입장을 혹독하게 비판하였다. 이와 같은 자연주의자적 관점은 인간의 의식이란 신성하게 창조된 윤리적 본능이라는 믿음에 딱 들어맞는 것이었다. 본능의 진화적 절충이라는 밑그림을 그린 이는 라마르크였으며 젊은 다윈에게 많은 영향을 주었다. 라마르크는 실제로 본능이란 오랜 기간동안 습득한 습관으로서 결국 유전적인 본능으로 전환한다고 주장하였다. 후천적으로 습득한 특성은 기린의 목과 같은 신체적 구조와 마찬가지로 정신적인 기능도 유전한다는 것이다. 진화 과정을 통하여 습득한 정신적 습관은 생물학적으로 각인된 행동 양식으로 전환하며, 실제 본능이란 이전 세대로부터 물려받은 무의식적인 기억이라는 것이다.

라마르크의 견해는 19세기의 대다수 사람들에게 인성의 기원에 대한 사상적 토대를 제공하였다. 만약에 진화가 이런 식으로 진행한다면 지능은 발생 과정 동안의 여러 행동을 지휘하며, 각 세대마다 환경에 적응하기 위해 노력하는 동안 지능은 향상될 것이다. 이와 동시에 성공적인 행동 양식은 본능으로 전환되고, 세대가 바뀜에 따라 치능은 새로이 직면한 신선한 도전과 타협해야 할 것이다. 그토록 자부하는 도덕적 역량이나 지도적 인사의 지능도 사회 집단 속에서 적응하는 동안 진화적으로 발달한 본능으로부터 기원하였을 것이다. 우리의 조상이 부족을 이루며 사는 것을 배웠기에 협동하는 행동을 포함한 여러 형태의 사회적 교류를 가능하게 하는 본능이 형성되었을 것이다. 확실히 이러한 입장은 신으로부터 부여받은 윤리 본능이 곧 의식이다 라는 주장을 묵살하였지만, 그렇다고 해서 사람들을 물질주의 신봉자로 전락시키지는 않았다. 인류의 기원에 있어서 적어도 윤리적 힘은 이전 세대에 축적된 지성 활동에 의해 의식적으로 창조된 것이다. 지성은 본능과 별개가 아니라 진화 과정을 통하여 본능과 일체가 된 것이다.

다윈 자신이 그의 『M과 N 노트북』에서 진화론에 입각하여 인간의 의미를 탐구한다는 생각을 가지기 시작한 것은 이러한 맥락에서였다. 그는 모든 본능이 ―우리가 도덕성이라는 이름으로 고상하게 여기는 인류의 사회적 본능까지도― 진화를 통해 창조되었음을 확신했다. 그 결과 다윈은 우리들의 본능적 행동도 자식을 키우는 수단으로서의 가족 단위에 근거한 독특한 삶의 방식에 적응하는 자연적 단계의 결과로서만 이해할 수 있다는 제안을 통해, 도덕을 생물학의 한 현상으로 이해하려 했다. 도덕을 포함한 사회적인 본능들은 우리에게 강요되는 보이지 않는 어떠한 더 고상한 힘때문이 아니라 단지 그 본능이 인간의 생존에 유용하기 때문에 인류에게 각인되어 왔다고 생각했다. 그러나 다윈은 그가 행하는 일의 개인적인 의미에 대해서도 날카롭게 인식하고 있었다. 그는 자신의 아이들을 통해 발전해 가는 정신 세계에서 여러 정신적 기능들이 나타나는 순서를 이해하려 노력했다. 이러한 관찰은 정신의 기능들이 진화를 통해 만들어지는 과정의 이해에 단서를 제공한다고 느꼈다. 그가 의도하는 바는 인류가 정서가 결여한 자동 인형에 불과하다는 주장은 물론 아니었다. 그는 이 단계에서 여전히 진화는 전체적으로 볼 때 이 세상에 좀 더 고차원적인 정신적 기능을 창조하는 조물주의 방식으로 진행한다고 느끼고 있었다.

대다수의 동료 진화론자들과는 달리 다윈은 습관을 본능으로 변화시키는 라마르크의 기작이 진화를 통해 새로운 행동 양식이 창조되는지를 설명하는 유일한 방식은 아님을 점차적으로 깨닫게 되었다. 라마르크 식의 과정은 일개미나 일벌처럼 생식 불능인 곤충들의 본능에 대해서는 설명하지 못했다. 왜냐하면 그러한 곤충들은 말 그대로 획득 습관을 자손에게 전달할 수 없기 때문이다. 1840년과 1850년 사이에 다윈은 자연 선택이 그 자체로서 어떻게 변화하는 생활 양식에 부응하여 본능을 변화시켜 가는지를 설명할 수 있음을 차차 실감하게 되었다. 본능이란 어떠한 방식으로 두뇌에 각인된 것이라고 가정한다면, 이는 다른 개인적 특성과 마찬가지로 개개인이 지닌 특성의 변이의 일종이라고 보아야 할 것이다. 자연 선택은 본능이 가장 유리한 방향으로 변이한 개인을 가려 낼 수 있다. 이는 조상의 지적 활동이 새로운 본능을 창조한다고 보지는 않기 때문에 진화를 보다 더 유물론적인 관점으로 이해한 것이다. 정신적 진화도 물질적 진화처럼 무작위적인 변이에서의 선택에 근거한 시행 착오의 과정이라는 것이다. 이것이 버틀러와 같은 라마르크주의자에게 호되게 공격당한 다윈의 후기 견해이다.

선택 이론을 동물 본능의 기원에 적용한 부분이 『자연 선택』의 여러 장과 다윈이 1850년대 후반에 집필한 『종의 기원』의 한 장을 차지한다. 이 주제에 대한 다윈의 여러 견해들은 정신 진화의 분야에 있어서 다윈의 제자가 된 로메인스가 많이 집필하였다. 그러나 『종의 기원』에 대한 대중의 반응은 다윈이 인류의 기원에 대한 물음에 좀 더 직접적인 설명을 하지 않을 수 없게 했다. 이는 결국 진화론으로 동물과 인간의 정신 수준의 근본적인 차이의 설명이 가능하다는 것을 그의 반대자들에게 그리고 필요하다면 지지자들도 납득시켜야 함을 의미했다. 결국 그는 그의 주장을 유연하게 펼치기 위해 자연 선택과 라마르크설 둘 다에 호소해야 했다.

이에 대한 설명은 인류가 영장류와 얼마나 가깝게 연관되었는지에 대한 생물학적인 질문에서 시작했다. 라마르크는 인류는 유인원과 유사한 종류에서 진화하였음이 틀림없고 대중은 마음에 이 가상의 조상과 진화론을 긴밀히 관련시킬 것이라는 점을 분명히 했다. 다윈 자신은 우리가 지금 현존하고 있는 유인원에서 진화했으며 인간도 유인원과 같은 부류라는 것을 확실히 느꼈다. 대중은 우리가 고릴라와 같은 현대의 유인원에서 진화했다는 인상을 받았다. 그러나 다윈의 진화 모델은 인간은 고릴라에서 직접 진화한 것이 아님을 확실히 했다. 따라서 유인원류와 인류는 공통의 조상에서 진화해 왔으나 오늘날 현존하는 유인원류는 인간의 조상의 형질을 완전히 보존하고 있지는 않을 것이다. 화석상의 증거가 없는 상태에서 우리는 단지 공통의 조상은 현존하는 유인원보다 덜 진화한 유인원 종류였을 거라고 추측할 수 있을 따름이다.

진화론의 반대자들은 인류의 유인원 조상설에 대해 생각을 비약시켜 인류와 현존 유인원 사이에는 자연적 진화 현상으로는 메울 수 없는 상당한 차이가 있음을 주장하며 진화론의 신빙성을 떨어뜨리려 했다. 일반적인 개념으로 자연적인 진화를 믿는 이들을 상대로 1840년대에 극단 라마르크 주의자들과의 대결한 이래 오웬은 인류와 유인원 사이의 연결에 대해 반대하는 운동을 벌여 왔다. 1858년에 그는 이러한 증거로 유인원과 인류의 뇌 구조에는 해부학적으로 커다란 차이가 있음을 주장했다. 그는 특히 유인원의 뇌에서는 '소 해마령' hippocampus minor이라는 부분이 결여되어 있음을 주장했다. 그는 유명한 헉슬리와 윌버포스의 대결이 있기 며칠 전에 열린 1860년도 영국학술협회의 학회에서도 이 입장을 고수했다. 헉슬리는 『종의 기원』이 출판되기 훨씬 전부터 오웬의 견해에 대한 반대를 표시해 왔다. 옥스퍼드 회의에서 그는 그의 주장을 가능한 빨리 출판하여 구체화할 것을 약속해 가면서 오웬에 대해 단호히 반박하였다. 1861년의 논문에서 헉슬리는 인간과 유인원의 뇌의 차이는 단지 정도의 차이일 뿐이며 인간의 더 높은 정신 능력을 설명할 만한 독특한 구조는 없음을 증명하였다. 1863년 『생물계에서의 인간의 위치』*Man's Place in Nature*라는 저서에서 그는 이 주제를 확대하여 인류는 원숭이가 유인원과 유연 관계가 있는 것 보다 더 가깝게 유인원과 유연 관계가 있음을 증명했다.

헉슬리는 인간과 유인원 사이엔 신체적으로는 차이가 없다는 것을 보여주었지만 인류가 유인원 조상으로부터 진화해 왔는지와 인간의 고차원적인 지적 능력이 유인원 수준의 정신 작용에서 어떻게 진화해 왔는지에 대해 증명하지 못했다. 후자의 경우가 더 중요한데 심지어 다윈의 가장 가까운 추종자들도 보수적인 사상가들의 반대 견해를 따르고 있었다. 라이엘은 진화론에 오랫동안 의심을 품고 있었는데 그 이유는 진화론이 인간을 짐승과 연관을 지음으로 인해 인류의 정신 수준을 위협하기 때문이었다. 1863년에 출판한 그의 『인간의 조상』*Antiquity of Man*에서 그는 진화론이 옳다면 인류는 갑작스러운 도약을 통해 만들어져서 유인원과는 유연 관계가 그리 많지 않게 되었을 것이라고 했다. 다윈은 라이엘의 주장을 부정했다.

1860년대에 '유심론'spritualism으로 개종한 월러스의 반대 또한 자연 선택이 인류에게 더 고차원적인 형질을 제공할 수 있는지에 대한 의심을 증폭시켰다. 1869년에 출판한 『지질학 원론』의 제10판의 종설에서 라이엘은 무언가 더 고차원적인 힘이 인류의 진화를 유인원과는 다른 방향으로 이끌었다고 주장하였다. 이 견해는 1870년에 발표한 「자연선택설이 박물학에 미친 영향」*Contributions to the Theory of Natural Selection*이라는 논문에서 상세하게 전개하였다. 다윈은 '당신도 알고있듯이 유감스럽게도 나는 당신과 매우 다른 견해를 가지고 있다. 나는 인간의 진화를 설명하기 위해서 다른 동물에게는 적용되지 않는 특별하고 부가적인 법칙이 필요하지 않다는 것을 알고 있다'고 편지를 썼다. 월러스가 인간의 정신은 초자연적이라는 전통적 견해를 수용한 일이 다윈에게 그 자신의 견해를 대중 앞에 밝힐 필요성을 느끼게 했다. 그는 그 당시 이미 1871년 2월에 나올 『인류의 기원』*Descent of Man*을 집필하고 있었다. 다윈은 후커에게 다음과 같이 푸념했다. '나는 며칠전 내 저서의 마지막 교정을 끝냈습니다. 그 일에 온 정열을 쏟았음에도 불구하고 나는 이제 그 책이 출판할만한 가치가 있는지조차도 모르겠습니다.' 그러나 『인류의 기원』은 후세에 인간의 기원에 대한 연구에 주요한 공헌을 하게 되었다.

다윈은 인류는 유인원과 해부학적으로 매우 유사하다는 견해를 입증하기 위해 헉슬리 및 다른 권위자에게 의지할 수 있었다. 그러나 정신적 기능이 그의 주요 관심사였으므로 『인류의 기원』의 대부분을 인간의 높은 지적 능력은 인류에게만 유일한 것이 아님을 납득시키기 위한 증거로 기술하였다. 다윈은 개와 유인원과 다른 고등 동물들도 최소한의 기본적인 지적 요소를 가지고 있으며 심지어는 도덕적 감각을 갖고 있는 것처럼 보여지는 행동을 많이 인용하였다. 그 중의 하나를 예로 들면 다음과 같다.

"수 년 전 동물원의 한 관리인이 포악한 비비에 물려서 생긴 자기 목덜미의 깊고 큰 상처를 내게 보여주었다. 그 관리인의 친구였고 같은 구역에 있던 조그만 미국원숭이는 큰 비비를 매우 무서워하였음에도 불구하고 자기의 친구인 관리인이 위험에 처한 것을 보자 그를 구조하기 위해 목숨을 걸고 비비에게 달려들어 소리를 지르고 물어뜯어 비비의 주위를 딴 곳으로 돌려 관리인이 도망칠 수 있게 하였다."

이 예를 현대 과학자들은 동물의 행동을 의인화하여 해석한 것으로 보고 있다. 그러나 인간의 모든 정신 능력이 인간보다 열등한 동물로부터 기원을 두고 있다는 생각은 다윈에게 중요한 의미가 있었다. 즉, 정신의 진화는 완전히 새로운 것의 창조가 아니라 열등한 지적 능력의 수준이 향상됨으로써 이루어진 결과로 본 것이다.

다윈은 또 다른 저서에서는 인간의 행동에서 동물적인 흔적들을 많이 발견할 수 있다는 점을 1872년에 출판한 『인간과 동물의 감정 표현』*Expression of the Emotions in Man and the Animals*에서 지적하였다. 다윈은 이 책에서 우리들의 정서적 행동은 우리보다 하등한 동물에서 이미 나타나고 있는 행동 양식들과 유사하다는 것을 증명하려 했다. 코웃음칠 때 입술이 말려 올라가는 현상은 이빨이 아직 무기로 쓰였을 당시 적에게 이빨을 과시하기 위해 으르렁거리는 동작의 흔적일 것이다. 이러한 예시들을 통해 다윈은 독자들로 하여금 우리들의 행동이 지금까지 우리가 보통 생각해 온 것과는 달리 하등한 동물의 행동에서 크게 벗어나지 못했으며 우리의 행동 양식은 여전히 우리의 조상인 동물로부터 유래하였다는 점을 납득시키려 했다.

그러나 어떻게 인간이 가장 가까운 유연 관계에 있는 동물보다도 훨씬 높은 수준의 정신적 능력을 획득하였는지에 대한 중요한 문제와 씨름한 것이 저서 『인류의 기원』이었다. 인류가 진화 과정에서 예정된 목표일 수 없다는 것을 알고 있음에도 불구하고 그 저서의 많은 부분에서 점진적인 진화에 대한 다윈의 견해가 드러나 있다. 그러나 다윈은 자신이 제시한 분지 모델에 의해 진화가 일어난다고 확신하고 있었으므로 단순한 점진적인 진화로는 인간 정신의 기원을 설명할 수 없음을 알고 있었다. 많은 진화론자들은 정신적 진보는 필연적인 것으로 믿었다. 시간이 충분히 흐르면 생명은 인간의 수준으로 발전해 간다고 믿었다. 이러한 관점에서 보면 무언가 특별한 면이 우리 조상에게 있어서 그들이 매우 높은 지성으로 발전할 수 있게 했다는 제안은 정신적 진보의 필연성과는 맞지 않게 된다. 다윈은 그러한 생각이 인류의 기원에 대한 본질적인 문제를 교묘히 빠져나가는 수단임을 알았다. 만일 정신적 진보가 필연적인 것이라면 왜 유인원이 우리의 조상에 맞추어 우리 인류와 같은 수준에 도달하지 못한 것일까? 진화의 분지 모델에서는 왜 공통의 출발점에서 두 갈래가 각기 다른 방향으로 갈라져 나왔는지를 명확히 하는 것이 필수적이다. 역설적으로 다윈의 이론은 우리 조상에게 영향을 주었을 특별한 환경을 지적할 것을 다윈 자신에게 요구하고 있다. 왜냐하면 이러한 설명으로만이 인간이 유인원과 다르게 획득한 정신적 능력의 차이를 설명할 수 있기 때문이다.

실제로 다윈은 왜 인간이 유인원과는 다른 행동을 진화시켜왔는지 설명하기 위해 현대 진화론자들이 말하는 소위 '적응 시나리오' adaptive scenario라는 것을 제공해야 했다. 그의 이론의 요점은 우리들의 정신에서 인간만이 갖고 있는 독특한 특징에 주목하는 것이었다. 인간은 직립 자세를 하고 있고 두발로 걸어 다닌다. 다윈은 이점이 유인원이 적응한 환경과 다른 종류의 환경에 적응하게 된 인간의 특징을 나타내는 것이라고 생각했다. 유인원은 조상 전래의 나무에서의 생활 방식을 계속하기에 유인원으로 여전히 남아 있다. 그러나 우리의 조상들은 숲에서 벗어나 탁 트인 평원에서 직립으로 걸어다닐 수 있도록 진화하였다. 이는 우리의 손을 자유롭게 하여 원시적인 연장인 돌과 막대기를 사용할 수 있게 했다. 이렇게 다윈은 우리의 지능은 우리 조상이 겪은 생활양식의 변화에서 온 특이한 부산물임을 지적했다. 이러한 삶의 새로운 방식에서 자연 선택은 한 군집에서 직립 보행을 하고 점차적으로 지능의 발달을 증대시킨 개개인에게 호의적이어서 오늘날 그 지능을 더 잘 이용할 기회를 가질 수 있게 한 것이다.

왜 우리 조상들이 직립으로 걸어다녔는지에 대한 다윈의 제안은 현대 인류학자에 의해 받아들여지지 않았다. 그러나 이는 왜 인간이 유인원으로부터 진화적으로 분리될 수 있었는지를 설명하는 데에는 선구적인 업적이었다. 원시 인류의 화석에서 최소한 초창기의 인간이 뇌의 용량이 증가하기 전부터 직립하였다는 점에 대해서는 다윈이 옳았음이 입증되었다. 그와 동시대인들 중 대다수는 두뇌가 인간 진화의 길을 선도하지 않았음을 받아들일 준비가 되어 있지 않았다. 대부분의 사람들은 직립은 지적 능력 발달의 원인이 아니라 결과라고 믿고 있었다. 다른 여러 분야에서와 마찬가지로 19세기의 진화론자들은 진보의 필연성에 대한 신념에 물들어 있어서 다윈이 해명하려고 애쓰는 문제의 중요성을 인식하지 못했다.

다윈은 우리의 도덕성은 사회적 본능과 발전하는 지성 사이의 상호 작용으로 인식했다. 그는 사회화의 증가가 지성의 증가를 가져오는 건 아니라고 믿었는데 이는 유인원이나 다른 여러 동물들이 가족 집단으로 생활한다는 것을 알고 있었기 때문이다. 그러한 행동 방식을 가진 동물들에선 진화 과정이 자연적으로 협동적인 행동 양식을 고무시키고 심지어는 어느 정도의 자기 희생까지도 감수하게 한다. 부분적으로 이러한 현상은 오늘날 말하는 '집단 선택' group selection의 결과인데 왜냐하면 협력을 통해 얻어지는 잇점 때문에 더 강하게 발달한 사회적 본능을 가진 집단은 그러한 본능이 덜 강한 집단을 대체할 것이기 때문이다. 다윈은 또한 사회적 관습의 상속을 통해서도 본능이 창조될 수 있을 것이라고 주장함으로써 라마르크주의적인 요소도 인정하였다. 그는 많은 원시 부족들이 기꺼이 다른 이와 협력하는 것은 그 부족에 한정되어 있음을 알았다. 이방인들은 도덕의 영역에 포함시키지 않았다. 이는 사회적 본능이 집단의 이익을 위해 생겨났다는 견해와 일치한다. 우리의 본능적인 감정이 집단 이익을 위한 절대적인 도덕 기준에 부합될 때에만 인간의 지성으로 확장되어 왔다. 사회가 커져감에 따라 우리는 불가피하게 우리에게 다른 이를 존중하는 것은 절대 선임을 납득시키기 위해 종교와 도덕의 이론을 창조하면서 진화가 우리에게 강요하는 도덕률을 일반화시켜 왔다.

우리는 왜 종교 사상가들 그리고 일부 진화론자들까지도 이 이론을 깊이 있게 전개함을 꺼려하는지 알 수 있다. 그러나 어떤 면에서는 다윈도 그 시대의 다른 사람들과 마찬가지로 어린 아이 수준에 지나지 않았다. 노예 제도에 관한 첫인상이 어떠했었는지는 모르지만 그는 유인원에서부터의 진화에 있어서 유색 인종이 백색 인종보다 뒤떨어진다고 확신했다. 그는 백인의 평균 두뇌 용량이 다른 인종보다 크다는 동시대 권위자들의 뇌용량 측정법을 받아들였다. 그는 큰 두뇌가 높은 지적 능력을 의미한다고 가정하여 유럽인들을 여러 인종 중 가장 상위의 진화 단계에 있다고 보았다. 그는 많은 동시대 사람들과 마찬가지로 유럽인들이 세계를 정복한 것은 그들의 기술력이 발달했기 때문이 아니라 그들이 다른 인종보다 더 지적으로 우수했기 때문이라고 믿었다. 그는 더 열등한 인종은 백인 제국주의자에 의해 쇠퇴, 소멸해 갈 수밖에 없게 만드는 요소들에 대해 자세하게 언급했다. 이러한 관점에서 다윈은 사회적 다윈주의자였다. 그는 흑인들을 잔인하게 다루는 것을 확실히 반대했으나 백인 패권주의는 불가피한 것으로 받아들였다.

한편 다윈은 모든 인종이 공통 조상에서 유래하였으므로 같은 종에 속한다고 확신했다. 그러나 이와는 달리 일부 사람들은 다양한 인종들이 각각 다른 유인원 조상으로부터 유래했고 따라서 완전히 다른 종에 속한다는 생각을 가지고 있었다. 심지어 월러스 조차도 여러 인종들이 아주 오래 전에 각각 갈라져 나왔으며 각각 독립적으로 현대 인류로 발달해 왔을 것으로 추측했다. 그러나 모든 인종 사이에는 종의 특성인 생식적 격리가 존재하지 않고 통혼이 가능하므로 다윈은 이러한 현상이 각각의 인종을 별개의 종으로 구분할 수 없는 결정적 이유라고 생각했다. 다윈은 또한 서로 연계되어 있는 생물들이 독립적으로 동일한 방향으로 진화할 가능성은 아주 희박하다고 생각했다. 그와 같은 평행적 진화의 가능성은 자연 선택과는 합치하지 않는 요인의 존재를 인정해야만 비로소 성립할 수 있었다.

다윈은 열악한 환경에 처한 일부 인종에서도 지능의 진화는 보다 빨리 일어날 수 있다고 생각했다. 그러나 그는 현대 인류에서 매우 다양하게 나타나는 인종별 특징에 대해서는 많은 의문을 가지고 있었다. 가령 흑인의 검은 피부는 열대 지방의 풍토병에 대한 저항성과 어떤 연관을 지을 수 있으나, 모든 신체적 특징을 적응과 연결하여 설명하기에는 무리가 있다고 생각했다. 결국 그는 인종에 따른 특징을 설명하기 위해서는 '성적 선택'sexual selection 이라고 하는 개념의 도입이 필요하다고 생각했고, 이러한 이유에서 『인류의 기원』 후반부는 주로 이 주제를 다루는 데 할애하였다. 만약 어떤 집단에 많이 나타나는 특징이 성적 매력과 연관되어 있다면, 그러한 특징을 많이 가진 사람일수록 보다 많은 후손을 남길 가능성이 높아지고 따라서 그러한 특징은 그 집단에서 보편화될 가능성이 높아질 것이다. 이와 같은 현상의 가장 대표적인 예는 뒷모습이 유난히 돋보여 많은 남자들의 선망의 대상이 되는 하텐토트(Hottentot) 종족의 여인들에게서 찾을 수 있다. 여행가인 버튼(Burton, William)에 의하면 소말 (Somal) 종족의 남자들은 배우자를 고를 때 엉덩이가 제일 발달한 처녀를 고르는 경향이 있다고 한다. 이런 관점에서 본다면 흑인들에게는 엉덩이가 덜 튀어나온 여자가 신부감으로는 가장 매력이 없는 대상일 것이다. 이런 논리의 전개 속에서 다윈은 적응 능력과는 확연히 연관짓기 어려운 인종간 특징을 미에 대한 가치관 차이로 설명할 수 있었다.

사회적 진화론

『인류의 기원』에서는 인류의 종족 문제를 자연 상태에서 진화를 유발하는 원동력이 지배하는 다윈의 진화론적 세계관에 입각하여 다루고 있다. 그러나 이 책이 출간되었을 때에는 이미 진화론의 개념을 인류학자와 고고학자들이 문명과 사회의 발달 문제에까지 적용하고 있었다. 1850년대 후반까지도 인류의 역사는 기껏해야 수천 년밖에 되지 않았다고 모두들 믿고 있었으며, 멸종한 동물의 뼈와 함께 발견되는 원시 석기의 발굴에 관한 뉴스는 사기꾼의 농간으로 치부하였다. 인류의 역사가 수천 년밖에 되지 않았다는 이와 같은 믿음 속에서 창조주에 의해 아담이 문명에 눈뜨게 됐다는 성경 속의 이야기는 보다 설득력이 있었다. 이런 분위기에서는 사회가 아주 원시적인 상태에서 점점 발달해 왔다는 '문화적 진화론'cultural evolutionicm은 어떤 형태이든지 간에 용납하기 어려웠다. 따라서 원시인의 기원에 관한 다윈의 추측과 쳄버스가 쓴 『흔적』에서 보다 직설적으로 제시하고 있는 동일한 관점은 그 시대의 일반인들의 생각과는 많은 차이가 있었다. 그러나 1850년대 끝 무렵, 상황은 극적으로 바뀌고 있었다. 고고학자들은 결국 인류가 아주 오래 전에 원시적인 도구를 사용했고 이것은 원시적 수준의 기술 문명이 이미 오래 전에 존재했음을 보여주는 증거라는 점을 인정할 수밖에 없었다. 따라서 문화적 그리고 사회적 진화론은 선사 시대를 연구함에 있어 중요한 논리가 되었고, 원시인 출현에 관한 진화론적 해석은 점점 설득력을 지니게 되었다.

고고학의 역사를 연구하는 학자들은 이 무렵 고고학자들이 수많은 고고학적 유물을 인류의 시작과 연관시키는 학설을 이 시대에 이르러 갑자기 받아들이게된 배경이『종의 기원』에 관한 논쟁의 결과임을 지적해 왔다. 그러나 근래의 몇몇 연구는 문화적 진화론의 출현이 다윈의『종의 기원』출판과는 전혀 독립적인 사건이었음을 제시하고 있다. 예를 들어 1863년 출간된 라이엘의『인류의 조상』에는 라이엘 자신이 매우 비판적이었던 인류의 기원과 인류의 진화를 지지하는 새로운 증거들이 집대성되어 있다. 선사 시대 중 가장 앞선 시대로서 석기 시대가 있었다는 증거들은 속속 쌓여가고 있었으며, 진화론적 해석에 입각하여 사회 발전을 조망하고자 하는 분위기의 고조는 축적된 기존 증거들을 재해석할 수밖에 없는 상황을 만들고 있었다. 문화적 진화 개념의 대두와 생물학에서 나타난 다윈의 혁명적 사고는 같은 시대에 이루어진 독립적인 발전의 결과였다. 결국 이 두 개념은 가장 원시적인 구석기 시대의 인류가 유인원과 유사한 조상으로부터 진화했으리라는 생각으로 합치된다. 다윈의『인류의 기원』의 출간을 계기로 원시인의 기원에 관한 다윈의 생각과 유사한 개념이 고고학과 인류학에서 십여 년에 걸쳐 급격히 확산되었다.

그러나 문화적 진화론이 생물학적 진화론을 단순히 모방한 것이 아니라는 가장 뚜렷한 증거는 고고학자와 인류학자들이 제시한 발달 모형의 이론이 다윈의 이론과는 전혀 다르다는 점에 있다. 다윈은 생물학적 진화를 나무에서 가지가 나오는 것과 같은 방식으로 생각했던데 반해, 문화적 진화론자들은 사다리와 같은 발달 단계의 모델을 제시하고 모든 인류의 진화가 이러한 단계를 거치는 것으로 추정했다. 러벅(Lubbock, John)과 같은 고고학자는 도구를 만드는 발달 단계에 기초하여 석기 시대를 구분했다. 이들은 또한 현존하는 야만인으로부터 오래된 우리 조상의 모습을 추측할 수 있다고 생각했다. 따라서 원시적 기술에 의존하는 문화를 가진 종족은 유럽인의 조상들이 석기 시대동안 살아왔던 모습을 보존하고 있다고 생각했다. 실제로, 원시적 생활을 하는 종족은 발전을 촉진하는 자극 요인의 결핍에 의해 '문화적 화석' cultural fossil으로 보존되어 있는 석기 시대의 잔재라고 할 수 있었다. 따라서 문화적 진보는 모든 인류가 적어도 잠재적으로는 근대의 산업화된 문명을 지향하는 일련의 직선적 발달 단계로 요약할 수 있다고 생각했다. 타일러(Tylor, E. B.)와 같은 인류학자는 비유럽인의 사회를 연구할 때 해당 종족이 발달 단계의 어느 시점에 와 있는가를 결정하는데 이러한 발달 모델을 이용했다.

다윈 그 자신도 『인류의 기원』에서 이러한 발달 모델을 제시하고 인류가 매우 원시적인 상태에서 진보했다는 점을 부각시키려고 노력했다. 그는 인류가 원숭이로부터 출현했음을 보여주는 화석상의 증거가 없다는 점을 잘 알고 있었으며, 이러한 중간 단계를 지칭하기 위해 '결손 고리'missing link라는 용어를 사용했다. 인류 조상의 초창기 기술의 원시적 형태에 관한 증거는 도구를 만들어 사용하던 아주 오래된 인류의 조상이 지적으로 아직 덜 발달되어 있었음을 지지하는 사례로 간주하여 결손 고리를 보완하는데 종종 이용하였다. 러벅은 다운에 살고 있던 다윈과 가깝게 지내는 이웃이었으며, 다윈은 러벅의 저서인 『선사 시대』 *Prehistoric Times*를 탐독했다. 『인류의 기원』에서 다윈은 고고학자들의 선사 시대의 문화적 발달 모델에 너무 의존한 나머지 정말 중요한 문제점인 왜 우리 인류의 조상이 원숭이 조상들로부터 갈려져 나왔는지에 대한 문제는 소홀히 다루고 있다. 문화적 진화에서 추정하고 있는 발달 단계의 모델은 제반 문화의 발전이 근대 문명의 탄생이라는 하나의 목표에 맞추어져 있다고 가정하고 있으며, 환경적 요인은 왜 일부 인종이 다른 인종에 비해 앞서 있는지를 설명하는 데에만 이용되고 있다. 그러나 이러한 방식의 사고에 집착하는 한, 인류의 진화가 지능의 진화와 맞물려 진행될 수밖에 없음을 간파하고 있는 다윈의 적응 논리가 함축하고 있는 의의를 이해하지는 못할 것이다.

지적 능력의 진화에 관한 분야에서 명실상부한 다윈의 후계자라 할만한 로메인스(Romanes, Georges J.)도 왜 인류가 원숭이보다 훨씬 더 진보했는가에 대한 문제는 거들떠보지도 않은 채 거의 전적으로 발전 단계에만 입각하여 인류의 진화를 생각했다. 그는 무척추동물의 신경계를 연구하는 젊은 생리학자였다. 두 사람은 1874년 여름 처음 만났으며 만난지 얼마 되지 않아 매우 가까워졌다. 로메인스는 『인류의 기원』에 관한 문제에서 지능의 진화에 대해 보다 완벽한 설명을 할 수 있는 연구를 계획하고 있었고, 다윈은 그를 도와주었다. 로메인스가 1881년 출간한 『동물의 지능』*Animal Intelligence*은 고등한 동물의 잘 발달된 지적 능력에 대한 많은 증거를 제시하고 있다. 다윈이 죽고 나서 출간된 『동물의 지능 진화』*Mental Evolution in Animals*와 『인류의 지능 진화』*Mental Evolution in Man*에서 로메인스는 지능 진화 순서의 대체적 윤곽을 제시하고자 했으며, 동물의 지능 진화에서는 다윈이 애초에 『종의 기원』에 포함시키고자 했던 자료에 기초한 본능에 관한 글을 부록으로 싣고 있다.

사실 로메인스의 지능 진화에 관한 학설은 다윈의 생물학적 진화론보다는 스펜서의 철학에 더 많이 의존하고 있다. 그가 취한 접근 방식은 아주 단순한 신경계를 가진 동물의 지적 능력이 사람의 지적 수준에 이르게 되는 논리적으로 타당한 순서를 찾아내고자하는 것이었다. 그는 진화의 압력이 어떻게 그와 같은 성공적인 진보를 가져왔는가 하는 문제에는 별 관심을 기울이지 않았으며, 스펜서와 같이 진보란 어쨌건 필연이라는 입장을 취했다. 따라서 그는 생활 양식과 서식처의 변화가 인류가 원숭이와는 다른 진화의 행로를 걷게 하는데 필연적인 영향을 미쳤을 것이라는 다윈의 주장을 따르려는 시도는 하지 않았다. 로메인스는 자연선택이 본능이라는 영역에도 작용할 수 있음을 인식했지만, 본능은 학습에 의한 습관의 각인화로 유전이 가능케 되었을 때 생긴다는 라마르크식 설명을 선호하는 스펜서의 견해를 저지했다. 그의 모든 시도는 진화의 목적이 인간 수준에 이르는 지능의 발전에 있음을 암시하고 있다. 그가 취했던 이러한 목적론적 틀을 생각할 때 로메인스가 그의 전 생애를 통해, 비록 중간에 불가지론적 입장을 지지하는 방황기를 거치기는 했지만, 그의 사상이 결국 기독교 신앙에 바탕을 두었다는 점은 별로 놀랄 일이 아니다.

따라서 지능 및 사회적 진화에 관한 다윈 이후의 연구는 유사한 관점에서 인류의 기원에 관한 진보주의적 견해를 지지했다. 분지적 진화론의 관점에서 볼 때 인류의 독특한 진화 경로가 성립하기 위해서는 그에 걸맞는 환경 조건이 반드시 있어야 된다는 다윈의 애초의 생각은, 지능의 진화가 고등한 수준을 향해 진행한다는 가정을 당연시하는 생각에 심취한 다윈과 그의 지지자들의 태도에 의해 결정되고 말았다. 그러나 이러한 진보론적인 학설이 동시대의 사회 정책에 미친 영향은 무엇인가? 그때나 지금이나 다윈의 학설을 비판하는 사람들은 그러한 생각이 무자비한 폭력을 당연시한 나머지 전통적 도덕관을 송두리째 뽑아버릴 수도 있는 물꼬를 텄다고 주장한다. 19세기 후반이 비도덕적인 사회적 다원주의 사상으로 점철되었다는 점을 많은 역사학자가 지적한 바 있으며, 아직도 창조론자들과 같은 현대의 비평가들에 의해서도 이러한 주장이 제기되고 있다. 그러나 다윈과 그의 지지자들에 대한 우리의 연구는 그러한 해석이 적절치 못함을 보여주고 있다. 진화론자들은 인류가 짐승으로부터 진화해왔고, 또 우리의 먼 조상에게는 오늘날 우리가 당연한 것으로 여기는 도덕관도 결여되어 있었다는 점을 인정한다. 그러나 진화론자들은 자연을 아무런 도덕적 기반도 제공하지 않는 목적 없는 체계로는 생각하지 않는다. 진화론은 새로운 도덕관을 세우기 위해 제기하였지 기존의 것을 파괴하고 없애기 위해 제안한 것은 아니다. 자연 그 자체는 우리가 귀중하게 여기는 가치의 증진을 촉진하도록 되어있고, 따라서 우리는 보다 발전하기 위해 피할 수 없는 첨병을 맡고 있는 우리의 위치에 자긍심을 가질 수 있다.

진보주의적 견해의 부정적인 면은 열등한 인종에 대한 입장에서 찾아볼 수 있다. 러벅과 같은 인류학자들은 현재의 야만인들은 문화적으로 훨씬 발달한 백인보다 지적 능력이 하위 수준에 머물러 있기 때문에 원시적인 문화를 가지고 있다고 믿었다. 따라서 그들은 야만인들을 문화적으로나 지적으로나 현대 사회에 이르는 과정에서 인류의 생물학적 진화 초기 단계에 머물러 있는 살아있는 화석이라고 생각하였다. 또한, 그들은 야만인들을 비록 화석은 발견되지 않았지만 사람이 원숭이로부터 진화하는 과정에 있어야할 결손 고리의 살아있는 화석이라고 간주하였다. 이러한 견해는 다윈의 『종의 기원』이 출간되기 이전에 벌써 스펜서의 진화론에서 명백하게 나타난다. 스펜서는 지능의 발달이 문화의 발달과 병행하여 진행한다는 주장이 생물학적 진화론에 의해 설득력을 가질 수 있다고 생각했다. 즉 지적 능력이 보다 우수한 종족이 보다 발달된 문화를 갖게되고 보다 발달한 문화는 다시 지적 능력의 발달을 촉진할 수 있다는 것이다. 이 모델에 의하면, 문명이 발달하지 않은 종족은 지능도 열등하다고 생각할 수밖에 없다. 빅토리아 시대의 사람들은 그들의 산업화에 의한 진보가 백인의 지적 우수성을 반영하며 따라서 타민족을 정복하는 것이 정당하다고 생각했다. 적자 생존의 원리에 입각한 개념을 도입할 필요도 없이, 진화론은 산업화가 되어있지 않은 사회를 지적 원시성의 산물로 볼 수 있도록 했다. 따라서 하등한 종족은 진화의 실패작이며, 이유야 어떻든 간에 그들은 진화의 과정에서 뒤쳐졌고 백인들의 수준을 결코 따라잡을 수는 없다고 생각했다. 따라서 보다 진보한 인종이 열등한 종족을 말살하는 것은 시간 문제라고 보았다. 따라서 사회적 다윈주의는 19세기에 팽배했던 열강의 제국주의에 이념적 바탕을 제공한 셈이다.

우리는 다윈이 미개한 종족에 대해 고의로 그들을 잔혹하게 다루는 것에는 혐오했지만, 기본적으로는 위와 같은 생각을 지니고 있었음을 알게되었다. 결국 그는 환경이 열악하여 백인이 침투하기 어려운 지역을 제외한 모든 지역에서 고등한 인종이 하등한 인종을 정복하는 것은 피할 수 없는 대세라고 보았다. 그가 말년에 쓴 한 편지에서 그는 인종사이에서 벌어지는 적자 생존에 관해 다음과 같은 결론을 내리고 있다. '그리 멀지 않은 장래에 수많은 하등 인종이 고도로 개화한 인종에 의해 멸종될 것이다'. 하물며 하등 인종에 대해 훨씬 더 무자비한 태도를 지닌 일반인들이 그들의 생각을 정당화하는 수단으로 적자 생존의 원리를 아전인수로 받아들였던 것은 당연한 지도 모른다. 원래 적응하지 못한 진화의 한 부류를 제거하는 수단으로 설정된 자연 선택의 논리가, 산업화된 사회에서는 자원을 적절히 이용하지 못하는 종족을 그들이 살고 있는 지역에서 축출하는 정책을 정당화하기 위해 위정자들에 의해 이용되었다. 진보주의의 문제점은 목표 지향적 성격을 지니는 진화론에 대한 믿음이 자연의 실패작에 대한 부도덕적이고 무자비한 태도에 결부되어 있다는데 있다. 진화는 지능의 발달을 고도화하는 방향으로 진행하므로 제대로 따라오지 못하는 대상은 필연적으로 제거되어야 한다는 생각이 바로 그것이다. 다윈의 진화론과는 다른 유형의 진화론을 지지하는 사람들조차 미개한 종족을 제거함에 있어 자연 선택의 부정적 역할만을 이기적으로 받아들였다. 왜곡되고 사악한 사회적 다윈주의로 인해 지난 1세기 동안에 수많은 소수 민족이 지구상에서 사라졌거나 사라져가고 있어서 인류의 다양성에 큰 재앙을 초래하고 있다.

　그러나 산업화한 유럽의 주민들 사이의 경쟁 관계는 어떠한가? 자유방임주의적 자본주의 논리가 그 극단으로 치닫고 있는 상황에서 사회적 다윈주의의 전형은 무제한적인 개인주의일 것이다. 생존 경쟁은 게으르고 우둔한 사람들을 도태시켜 가장 능력 있는 자들만 진보를 향해 나아갈 수 있는 수단으로서 미화되었다. 사회적 다윈주의자들의 이론에는 이와 같은 초도덕적인 세계관을 합리화시키는데 사용할 수 있는 요소들을 내포하고 있다. 순전히 자연 선택에 의해 지배되는 세상에서 선의 유일한 기준은 성공이며, 성공은 그 대가를 불문하고 쟁취할만한 가치가 있는 것으로 믿게 되었다. 일부 역사가들은, 다윈설이 모든 전통적인 가치관이 폭력에 대한 숭배 속에 사라지도록 하는 물질만능주의의 길잡이 역할을 수행하였다고 평가하고 있다. 따라서 스펜서는 종종 진화론과 자유 기업 체계에 도취된 나머지 인간성을 망각한 사회적 다윈주의자의 선구자로 그려진다. 스펜서는 새로운 자본주의 이데올로기를 설계하는 대표 설계사로도 묘사된다. 자본주의 이데올로기는 성공적인 사업가들이 다윈의 이론이 적자 생존이 진보를 가져온다고 주장함으로써 자신들의 무자비성을 정당화하는데 이용하였다.

도대체 어떤 사람들이 실제로 다윈설의 미명하에 사회에 적응하지 못한 사람들을 제거하는 수단으로서의 투쟁을 정당화하였는가? 현재의 연구에 의하면 19세기 말에 사회적 다윈주의의 전형적인 예를 찾기는 어렵다고 한다. 사회적 다윈주의란 용어를 그 시대에 사용하지 않았던 것은 확실하며, 20세기 초에 이르러 이 용어가 오용되기 시작하였다. 게다가 다윈설의 논리성과 당대의 자본주의의 정당화 사이에 적절한 연결 고리가 성립하기 어렵다는 것이다. 다윈이 그가 살았던 당대의 사회를 특정짓는 개인주의로부터 자신의 영감 중 일부를 얻은 것은 확실하다. 그는 맬더스의 『인구론』은 물론 아담 스미스의 『국부론』을 읽고 영향을 받았다. 그러나 다윈이 사용한 개인주의 모델은 그 자신의 독창적인 것이며, 당대의 중산층이 채택한 사회에 대한 전형적인 정의를 반영한 것은 아니었다. 진보라는 것은 진화가 도달할 수 있는 도덕적으로 중요한 목표가 있을 때에만 정의할 수 있으며, 진화 자체의 실제적인 과정은 도덕적인 목표의 표현으로 볼 수 있다. 개인주의의 윤리적인 기준들은 다윈의 시대에는 아직 잘 정리되어 있지 않았다. 그러나 개인주의 신봉자들은 자신들이 전통적인 가치를 위한 새로운 토대를 떠받들고 있다고 확신하고 있었다.

다윈주의자 자신들은 그들의 이론이 사회 내에서 무제한적인 경쟁을 정당화할 수 있게 하는 면허증이라고 생각하지는 않았다. 『인류의 기원』에서 다윈은 문명 국가들은 자연 선택이 적응하지 못한 사람들을 도태시키지 않도록 하는 빈민 구제법, 의료 혜택이나 기타 가난한 사람들을 돕는 제도들을 운영함으로써 자연 도태를 방지한다고 밝히고 있다. 다윈은 이러한 인위적인 자연 도태의 방지가 육종가들이 자신의 바람직하지 않은 가축을 도태시켜야만 하는 것과 같은 이유에서 인류의 장래에 잠재적인 위험

요인이라고 생각하였다. 그렇지만 다윈은 우리 인간이 자연 선택에 의해서 우리 자신에게 축적시켜온 도덕이라는 사회적인 본능을 가지고 있기 때문에 가난한 사람들에게 자비롭다고 지적하면서, 부도덕한 사람은 후손을 남기지 못하고 도태되는 자연적인 경향이 있다고 주장하였다.

"도덕적인 척도에서 보면, 포악한 성격을 가진 사람들의 일부를 제거하는 사형 제도를 대부분의 문명 국가들은 지니고 있다. 죄인을 처형하거나 장기간 투옥함으로써 그들이 나쁜 자질을 자유롭게 퍼뜨리지 못하도록 하고 있다. 우울증 환자나 정신병자는 강제 수용되거나 자살하게 된다. 흉폭하거나 호전적인 사람은 비참한 최후를 맞기 십상이다. 차분히 일자리에 열중하지 못하는 사람들은 안정된 직업을 갖기가 힘들며, 이러한 사람들은 문명화에 상당한 좌절을 겪게 되어 새로운 개척지로 이민가서 스스로 가치 있는 개척자임을 증명하고자 한다."

이러한 관점에서 자연 선택은 비정함을 조장하는 것과는 전혀 거리가 멀고 오히려 우리 도덕성의 밑바닥에 깔려 있는 협동 본능을 개발하도록 도와주고 있다. 1860년 라이엘에게 보낸 편지의 추신에서 다윈은 이렇게 적고 있다. '나는 맨채스터 신문에서 내가 "힘이 정의이다"라는 사실을 증명하였고, 따라서 정복자 나폴레옹이나 교활한 상술을 쓰는 상인이 정의롭다는 것을 증명하였다는 웃지 못할 풍자를 보았소.' 그 풍자는 분명히 사회적 다윈주의가 어떻게 다윈설을 곡해하였는지 보여준다. 그러나 다윈은 '힘이 정의이다'를 진정으로 주장하고 싶은 사람처럼 반응하지 않았으며, 대부분의 독자들도 다윈설이 이런 뜻으로 해석되는 것에 대해서도 별로 관심을 보이지도 않았다.

다윈의 지지자들 중에서 월러스는 부의 축적 정도에 의해 결혼

상대자의 자연 선택이 왜곡된다는 생각에서 공공연히 자본주의에 대해 반대하였고, 사회주의를 옹호하였다. 헉슬리는 결국 사회진화론에 대한 자신의 지지를 철회하고, 스펜서의 철학에 대한 반대에 앞장을 서게 되었다. 1893년에 행한 『진화와 윤리』*Evolution and Ethics*라는 강연을 통해 헉슬리는 자연의 진화가 반드시 발전을 뜻하는 것은 아니며 따라서 인간사에 기준이 되는 지침이 될 수도 없다는 다윈설을 왜곡한 사회적 다윈주의를 비판하였다. 다윈설이 비정한 개인주의에 의해 자연 발생하였다는 생각은 다윈주의자 자신들이 우선 받아들일 수 없었다.

사회적 진화의 핵심이라 할만한 개인주의에 대한 스펜서의 항변조차도 비다윈주의적 사고에 근거한 것으로 받아들여질 수 있다. 자연 선택을 설명하기 위하여 적자 생존이라는 용어를 도입한 사람이 다윈이 아니라 스펜서이기 때문에 스펜서 자신이 사회적 다윈주의자로 생각되기 십상이다. 국가가 가난한 사람들의 불행을 경감시켜야 할 책임을 지지는 않는다는 극단적 방임주의에 대한 그의 옹호는 마치 사회적 진보가 이들 불행한 사람들을 도태시키는데 달려 있다는 생각에 기초한 것처럼 비쳐진다. 그렇지만 개인주의에 대한 스펜서의 주된 주장은 라마르크설과 공통점을 갖지만 매우 다른 이론에 근거한 것이다. 즉 투쟁의 목적은 적응하지 못한 자를 도태시키는데 있는 것이 아니라, 적응자가 되도록 비적응자에 압력을 행사하는데 있다는 것이다. 실패에서 오는 불행은 게으른 자를 교육시켜 장차 더욱 근면하고 진취적이 되도록 하는데 가장 가능성이 높은 길이었다. 선천적으로 우둔한 사람을 도태시키는 것은 단지 이차적인 문제일 뿐이었다. 대다수의 사람들은 노력하면 잘 살 수 있는 능력을 가지고 있으며, 속박되지 않는 개인주의의 장점은 자신들의 노력을 극대화하도록 하고 개인의 성취 동기를 유발하게 하는데 있다. 종의 진화는 개별적인 자기 개선이 여러 세대에 걸쳐서 누적됨으로써 나타나며, 스펜서는 이러한 개별적인 자기 개선이 교육에 의해 부모로부터 자손으로 전달될 수 있다고 생각하였다. 궁극적으로 자기 신뢰의 습관은 매우 깊게 각인 되어 본능이 될 수 있을 것으로 생각하였다. 따라서 스펜서의 사회적 다윈주의는 실제로는 '사회적 라마르크주의' social Lamarckism의 일종임을 알 수 있다.

다윈과 스펜서는 생존을 위한 투쟁이라는 개념을 서로 매우 다르게 사용하였다. 다윈은 자연 선택이 유전적 특성의 무작위적인 변이에 작용한다고 생각한 반면, 스펜서는 모든 개인이 고통의 위협을 받게 되면 유전된 형질의 한계를 극복할 수 있을 것으로 생각하였다. 그러나 두 사람 모두 진화가 도덕적인 목적을 가지고 있다고 확신하였다. 다윈은 자연 선택이 도덕성의 핵심에 놓여 있는 사회적인 본능을 향상시키는 압력으로서 존재한다고 본 반면에, 스펜서는 선택이 힘든 노동, 검약, 창의성 등을 자연스러운 인간성의 특징으로서 축적하도록 한다고 생각하였다. 스펜서는 적응하지 못한 사람들의 고통은 불행한 부산물이며, 적응하지 못하는 특성을 차세대에서 제거하도록 하는 것은 필요악과 같다고 생각하였다. 실제로 이와 같은 스펜서의 이론은 신교도의 '노동 윤리' work-ethic에 새로운 가치를 부여하였다. 형식적인 종교에 대한 그의 회의적인 생각 때문에 스펜서는 물질주의자로 비춰져 거부당하였지만, 그의 이론이 전통적인 중산층의 가치에 새로운 지침을 제공하였기 때문에 상당수의 신교도들이 그의 이론을 환영하였다. 다윈 자신의 것이건 스펜서의 것이건 간에 다윈설이 빅토리아 시대를 도덕적 허무주의의 시대로 추락시켰다고 하는 비판은 사회적 진화의 기초로서 진보가 불가피하다는 사실을 믿지 않았기 때문에 나온 것이다.

인간의 문제에 대하여 확고한 다윈주의자가 되기 위해서는 개성의 모든 측면이 모두 유전에 의하여 결정되며, 불행히도 하등한 특성을 갖고 태어난 사람은 도태되어야 인간의 진보가 이루어진다고 믿어야만 할 것이다. 다윈의 사촌인 갤톤(Galton, Francis)은 1869에 쓴 그의 저서 『유전의 천성』*Hereditary Genius*에서 사회적인 논쟁에 대한 이러한 유전론자적인 접근을 하고 있다. 갤톤은 유전은 어떻게 부모의 특성이 자손에게 전달되는가를 보다 엄격하게 결정하는 힘이라는 믿음을 가졌기 때문에 다윈의 범생설을 믿지 않았다. 그는 유전이야말로 인간의 문제에서 가장 중요한 요인이며, 우수한 지적 능력이 가계내에 널리 퍼지도록 한 유전이 현 상태를 실체화한 주된 요인이라고 주장하였다. 인간이라는 종족의 진보를 위한 갤톤의 제안은 사실은 인위 선택의 응용에 기초한 것이었다. 그는 전문직 계층의 우월한 사람들은 더 많은 자식을 갖도록 권장하여야 하고, 빈민가에서 근근히 살아가는 열등한 사람들은 어떤 방법으로든 단종되어야 한다고 제안하였다. 궁극적으로 그는 이러한 정책을 표현하기 위하여 '우생학' eugenics이라는 용어를 만들었으며, 인간의 유전적인 장래에 최대의 위협이 되는 하등한 인간들을 판별해 내고 그들을 일정한 곳에 가두어 둘 방법을 제안하였다.

다윈은 『인류의 기원』에서 갤톤의 이론에 대해 언급하였고, 그 제안이 사려깊게 인간을 진보시키는 유일한 현실주의적 제안이라고 믿은 것으로 보인다. 그러나 그는 단종해야만 할 사람을 판별하는 방법에는 여러 가지 장애가 있다고 보았다.

많은 어려운 점이 있음은 알지만 그 목적 자체는 훌륭한 것으로 생각한다. 당신이 유일한 가능성을 지적하였지만 나는 인간을 진보시키기 위한 그와 같은 유토피아적 계획에 대해 염려하지 않을 수 없다. 그러나 나는 무엇보다도 중요한 유전의 원리를 전파하고 주장하는 것이 옳다고 믿는다.

갤톤에게 보낸 이 편지에서 다윈은 진화론에 핵심적인 유전의 원리를 분명히 인식하였지만, 사람의 생식을 조절하는 생각에 대해서는 그리 달가와하지 않았다. 개인주의 시대에서 그는 강요가 아닌 설득이 진보의 유일한 길이라고 보았다.

1870년대와 1880년대에는 갤톤의 이론은 거의 무시되고 있었다. 빅토리아 시대의 사람들은 모든 사람들의 능력이 매우 엄격하게 결정되어 있다는 견해를 받아들일 준비가 되어 있지 않았다. 그들은 자연의 고난이 적응하지 못한 사람들을 스스로 향상시키도록 하는 좋은 도구가 된다는 스펜서의 이론을 더 좋아하였다. 19세기 말에 이르러서야 갤톤의 이론은 주목받기 시작하였으며, 20세기 초에 우생학의 추세는 정치 무대의 중요한 부분이 되기에 이르렀다. 우생학에 대한 극단적인 발호가 바로 나찌의 아리안족의 순수성 유지와 타인종 말살 기도였다. 우생학의 논리가 다윈의 이론에서 영감을 받은 것은 분명하지만, 훗날 인종 차별 정책으로 받아들여진 것에 대해 다윈이 사회적 다윈주의의 특정한 형태를 창시하였기 때문이라고 비난할 수는 없는 노릇이다. 마침내 갤톤의 이론이 대중에게 영향을 미치도록 한 과학적인 발전과 사회의 변화에는 대단히 많은 사건들이 일어난 수십년의 세월이라는 시간의 간격이 있다. 스펜서의 자유방임주의적 사회진화론은 제국을 방어하기 위한 국가의 긴급한 요구에 직면하여 믿음을 상실케 한 반면, 과학 쪽에서는 멘델의 유전 법칙 발견으로 유전의 역할이 더욱 주목을 받게 되었다. 우생학이 진정코 사회적 다윈주의의 한 형태라면, 우생학이 다윈 자신의 시대에 성공하지 못했다는 사실은 다윈의 자연선택설이 단순히 빅토리아 시대의 자본주의 정신의 소산이 아님을 확실하게 보여준다.

제11장
현대 사상에 미친 다윈의 영향

　다윈이 세상을 떠난 1882년까지 세계의 대부분의 과학자들은 진화론을 받아들였다. 진보주의 사상과 결합된 진화의 일반적 개념은 빅토리아 시대의 지배적인 사상의 하나가 되었다. 다윈은 이 시대의 새로운 문화의 창조에 기여한 중요 인물이 되었다. 그러나 진화가 어떻게 이루어졌는지에 대한 다윈의 설명은 상당한 논쟁의 대상으로 남아있었고 자연 도태론은 진화론 반대자들이 제기하였던 반론들을 해결하지 못하는 듯 하였다. 이에 따라 19세기말 무렵에는 점차 많은 생물학자들이 라마르크설에 귀를 기울였다.

　19세기 후반에는 다윈의 학설이 쇠퇴하면서 많은 과학자들이 스스로 자연선택설에 대하여 의도적으로 반대 입장에 서기도 하였다. 그러나 다윈은 대부분의 지지자들의 주장이 자신의 견해와 뚜렷한 차이가 있었음에도 불구하고 하나의 혁신을 이루었다. 빅토리아 시대 사람들은 자신들이 진화의 개념을 완전히 이해할 수 없었기 때문에 자연선택설을 받아들이는데 어려움이 있었다. 『종의 기원』은 진화론에 관련하여 진화의 일반적 개념을 탐구하는 입장에서 보면 관심을 집중시키기에 적절한 시기에 출판되었으나, 그의 지지자들은 진화의 과정에 있어서 자연 선택보다 더욱 확실한 원인으로 다른 무엇인가 있어야 한다고 생각했었다.

적응이나 생물지리학에 관한 연구 분야에서 다윈을 추종했던 모든 진화론자들 중에는 화석 기록에 의해 밝혀진 것처럼 인간에 이르기까지의 도약적인 진화에 관심을 집중하는 학자들도 있었다. 다윈이 죽은지 수십 년 후에야 자연선택설이 현대 진화론의 기초로 다시 재조명되었다는 것은 역사의 아이러니라고 아니 할 수 없다. 일찍이 멘델 유전학파들도 자연선택설을 받아들이지 않으려 했었지만, 그 후 바로 선택설만이 진화를 설명할 수 있는 가장 합리적인 이론이라고 인정하기에 이르렀다. 1940년대까지 다윈설이 새로이 조명되어져서, 현재는 대부분 생물학자들이 이를 의심없이 받아들이고 있다.

20세기에 들어서서 인류 문제에 대해 비관적인 사조가 우세해지면서 다윈이 제시했던 진화의 '무방향성 모델' open-end model의 논리를 받아들일 수 있게 되었다. 다윈을 등지면서 잃어버렸던 우리들의 신뢰를 탓하는 것은 대부분 그의 동시대 사람들처럼 다윈 자신도 어느 정도 전통적 가치를 보존할 수 있는 진화론의 바탕 위에서 우주의 원리를 찾기 위해 싸웠다는 것을 고려할 때 다소 지나친 감이 있지 않았나 생각되기 때문이다. 인류문화사에 한 획을 그은 사건인 다윈 혁명은 19세기 시대에 국한해서 다루어져야 할 것이다. 오늘날 우리가 매달리고 있는 문제는 다윈설의 심대한 영향을 받아 형성되었던 빅토리아 시대의 진보주의에 대한 믿음을 서구 문명이 거부하지 않을 수 없게 했던 시대적 상황의 산물이기 때문이다. 그러므로, 우리에게 다윈은 아직도 평가하기 어려운 인물로 남아 있다. 현대 생물학자들이 가장 혁신적으로 보고 있는 그의 학설이 당시대에는 억압을 당할 수밖에 없었고, 다윈 스스로도 더 이상 그 시대의 보수 세력과 대결한다는 것이 불가능하다는 것을 알고 있었다.

다윈의 혁명적 주장이 사회에 미친 영향을 뚜렷이 두 단계로 구별할 수 있는데, 하나는 빅토리아 시대의 사람들이 진화론의 지지자로 변화하는 것이고, 다음은 현대에 와서 자연선택설이 다시 부활하였다는 것이다. 다윈설의 진정한 의미는 무엇인가? 그의 이론은 현대 생물학자들을 그토록 흥분하게 만들었던 자연 선택에 의해 이루어지는 방향 없는 분기 진화의 이론인가, 아니면 다윈과 그 시대 사람들이 진화는 피할 수 없는 생물의 발전 과정이라는데 동의했던 하나의 절충인가? 이 같은 질문에 대하여 간단한 해답을 찾는 것은 불가능하다. 다윈은 적어도 그 시대에 맞게 그의 생각을 표현했을 뿐이다. 그러나 그는 몇몇 동료 생물학자들만이 인정해 주는 상황에서 진화학을 개척하였다.

다윈은 적어도 어떤 의미에서는 훗날 수십 년간 더욱 발전시켜야 할 가치 있는 이론을 창출해 나가면서 그 시대의 가치관을 뛰어 넘었기 때문에 과학사에 빼놓을 수 없는 중요 인물이 아닐 수 없다. 빅토리아 시대 영국의 보편적 사고를 그가 공유할 수밖에 없었던 것을 우리는 결코 잊어서는 안 된다. 그러나 만일 우리가 다윈이 이러하나 시대적 사고를 자연에 투영시킨 데 불과하다고 그의 업적을 폄하시킨다면, 우리는 자신의 이론에 불멸의 가치를 불어넣은 다윈의 탁월한 창의성을 놓치게 될 것이다.

다윈의 죽음

1870년대에 다윈의 건강은 점차적으로 호전되어서 제8장에서 기술했던 식물학에 관한 일을 계속할 수 있게 되었다. 진보적인 진화의 이론에서 나타나는 모든 깊은 관심거리에 대하여 다윈 자신은 자연 선택으로 인한 국지적인 적응에 대한 그의 이론으로 설명할 수 있는 적은 규모의 연구를 시도하였다. 다른 사람들은 새로운 생물의 '강'class의 기원이나 지구에서 생명의 근원을 탐색하는데 더 흥미를 가졌을 지도 모르지만, 다윈은 그 같은 거대한 문제들은 대부분 과학적인 진화론의 범위를 벗어나고 화석의 이용이 제한되어 있으므로 어렵다는 것을 인식하고 있었다. 다윈은 정원에서 키울 수 있는 식물을 연구해 나가면 자신의 이론의 핵심부에 자리하고 있는 적응의 과정에 초점을 맞출 수 있다는 것을 알았다. 자연 선택은 개체군이 주변 환경과 상호 작용하여 나타나는 복잡한 과정이다. 자연 선택은 자연을 질서 있는 체계로 만들었지만 동시에 매우 복잡하기 때문에 진화 과정에 대한 자세한 예측은 거의 불가능하다. 진화의 궁극적 진보 성향에 관한 다윈의 믿음은 어떠했는지 모르지만, 다윈은 이러한 진보적 경향을 확인하기 위해서는 오랜 세월이 필요하다는 것을 현명하게도 깨닫고 있었다. 적응의 문제에 대해 연구하기로 한 그의 결정은 그가 제안했던 이론의 종류를 반영한 것이며 이 같은 이론과 빅토리아 시대의 대부분 진화론자들이 선호하였던 뚜렷한 진보주의 사이에 차이점들을 설명하기 위한 것이었다.

지렁이에 관한 책을 1881년에 출판하였는데 이것이 다윈의 마지막 주요 저서이기도 하다. 그는 식물에서 곤충의 '충령'insect gall을 만드는데 관여하는 화학 물질에 관하여 일련의 실험들을 시작했지만 이 연구는 끝을 맺지 못했다. 그는 원고료로 근근히 살아가는 월러스에게 경제적인 지원을 하기도 했다. 월러스가 어려움에 처해 있다는 것을 알게 되었을 때 다윈은 그라드스톤(Gladstone)재단의 연구 장려금을 청구하는 진정서를 준비했었다.

그는 헉슬리, 후커, 그 외 다수의 권위 있는 과학자들로부터 진정서에 서명을 받았고, 이 결과 그라드스톤재단은 매년 200 파운드의 연구 장려금을 월러스에게 지급하였다. 죽음이 임박해오고 있음을 알고 다윈은 그 자신이 그 동안 축적했던 재산을 박물학자들이 가치 있는 연구를 할 수 있도록 하기 위해 기증하기로 결심했다. 후커를 통하여 그는 모든 동식물의 속과 종명의 목록을 만드는데 쓰도록 재산을 희사했으며, 이 자금으로 훗날 Index Kewensis란 사업이 탄생했다. 당연히 그는 수많은 명예를 추서 받았으며 수많은 저명한 외국 과학학회에 회원으로 추대되었고, 1877년에는 케임브리지로부터 법학박사(LLD) 학위를 포함해서 여러 건의 명예 박사 학위도 받았다.

그라드스톤재단은 그에게 대영박물관의 이사로 추대하였으나 그는 이미 건강을 잃어가고 있었다. 한때 공산주의의 창시자 마르크스(Marx, Karl)가 다윈에게 한 권의 『자본론』*Capital*을 헌정하려 했다는 소문도 있었으나 후일 사실이 아님이 판명되었다. 다윈은 말년에 종교적으로는 별로 변화가 없었으며, 그가 임종 때 기독교로 귀의했다는 것이 몇몇 정통파 기독교계에 떠돌았었지만 이 사실을 증명할 만한 증거는 없다. 그는 성경을 믿지 않았고 내세에 대하여 회의적이었다. 그는 물질 세계의 모든 사건들을 신이 감독하고 있다고 믿지 않았다.

‘유신론적 진화론’의 대표자였던 듀크는 그의 생애에 마지막 몇 년 동안 다윈과 함께 종교 문제를 주제로 다음과 같이 이야기했다고 상기했다.

“대화 중에 나는 다윈에게 난초의 수정과 지렁이에 대한 그의 훌륭한 연구에 관하여 그리고 그 외에 자연에서 그가 관찰한 것들에 대하여 이야기했다. 나는 말하기를 이러한 것들은 주님의 영향이며 표현이라는 시각으로 보아야 한다고 했다. 그때 나는 다윈의 대답을 결코 잊을 수 없다. 그는 나를 뚫어지게 쳐다보며 말하기를 "글쎄요, 그런 것이 자주 나를 골치 아프게 할 때가 있지요. 그러나 가끔 은……", 그리고 그는 모호하게 고개를 저으며 덧붙여 말하기를 "그 렇지는 않지요."

1879년 다윈은 편지에 쓰기를 "내가 가장 힘들었던 때는 신의 존재를 부정하는 의미로 무신론자가 된 것이 결코 아니라는 것이 다. 나의 심경을 정확하게 표현하자면 늙어가기 때문에 항상 그 렇지는 않으나 나는 불가지론자라고 생각한다."

그의 병세는 호전되었으나 기력을 잃어가기 시작했다. 그는 쉽 게 피로했고 마지막으로 월러스에게 보낸 편지에서 다음과 같이 썼다.

"우리들은 울스워터에서 5주 동안 지낸 뒤에 지금 막 집으로 돌아 왔습니다. 경치는 매우 매혹적이었으나 나는 걸을 수가 없었고 모든 것들이 나를 피로하게 했으며 경치를 보는 것까지도 그러했습니 다……. 나는 이제 남아 있는 생애의 마지막 몇 년 동안 무엇을 해야 할지 말씀드릴 수가 없군요. 모든 일들이 나를 행복하게 만들어 주었 고 논쟁도 하게 했지만, 지금의 생활은 나를 지극히 지루하게 만들고 있습니다."

1882년 초에 그는 심장 통증으로 고통을 받기 시작했다. 그해 4월 18일 밤에 그는 심한 심장 마비로 고통을 당했으나 겨우 의 식을 다시 회복할 수 있었다. 프란시스 다윈은 기록하기를 아버 지는 "나는 죽음을 조금도 두려워하지 않는다."라고 회상했다. 그 에게 어지럽고 토할 것 같은 증세가 아침까지 계속 되었으며 오 후 4시경 사망했다.

그림 15. 타계하기 1년전(1881)의 다윈의 모습

가족들은 그가 향리나 다름없는 다운에 묻히기를 원하는 것으로 추측했지만 러벅(Lubbock)은 그를 웨스트민스터 대사원에 안치하기 위한 캠페인을 시작했다. 러벅과 다른 19인의 하원 의원들은 서명한 탄원서를 웨스트민스터 대사원 원장에게 보냈고 러벅은 그의 가족들에게 서신으로 그의 제안에 동의해 줄 것을 요청했다. 다윈은 4월 26일 대사원에 묻혔으며 러벅, 헉슬리, 윌러스, 후커 그리고 아길 공작이 운구하였다. 그의 무덤은 뉴톤(Newton), 페러데이(Faraday), 그리고 라이엘과 가까운 북쪽 통로에 있다. 대사원에 묻힌 것은 국가로부터 다윈이 받은 명예였을 뿐만 아니라 그의 진화론을 국가가 인정하고 높게 평가한 상징이기도 하였다.

다윈의 진화론은 모든 전통적 가치를 파괴하기는커녕 이러한 가치들을 보호할 책임을 교회로부터 전문적 과학자에게 이전한 것이라 하겠다. 아울러 이와 같은 사실은 러벅이나 헉슬리가 물려받아야 한다는 메시지이기도 하였다.

다윈설의 재발견

다윈이 죽을 때쯤에 그의 자연선택설은 일시적인 쇠퇴기에 접어들게 되었다. 1900년초에는 진화의 기작에 대한 설명을 놓고 비다윈설에 대한 인기가 상승하기 시작하였고 스스로 다윈설에 반대한다는 학자들이 늘기 시작하였다. 물론 1909년『종의 기원』출간 50주년을 기념하기 위한 여러 가지 행사가 있었으며 윌러스와 후커는 그때까지 생존해 있었다. 다윈은 진화론의 창시자로서 칭송을 받았으나 많은 생물학자들은 그의 자연선택설을 신뢰하지 않았다. 1900년 이후의 멘델파 유전학자들까지도 자연선택설에 대립되는 학설을 제기하고 있었다. 그러나 멘델의 법칙은 라마르크설을 일축하였다. 결국 유전학자들은 환경에 의한 선택이 집단 내에서 유전자의 흐름을 조절할 수 있는 유일한 요인이라는데 의견을 같이하기 시작하였다. 다윈설은 빅토리아 시대의 진화학파의 핵심체인 진보주의자협회(progressionist association)에서 다시 태어나게 되었다.

다윈의 연구와 현대 다윈설을 연결하는 연속성이 결여되었다고 주장하는 것은 잘못된 생각이다. 19세기 다윈학파들은 다윈설의 본질을 높이 평가하고 있으며 생물학의 다양한 분야의 연구에 다윈이 미친 중요한 역할을 인정하고 있었다. 생물지리학은 월러스와 후커같은 진화론자들의 생애를 통하여 중요한 관심의 대상 학문이 되었고 다른 사람들은 자연선택설의 작용 범위를 축소시키는 국지 적응 현상을 연구하고 있었다. 1889년에 발표한 월러스의 다윈설은 다윈설과 생물학 관련 분야를 명쾌하고 폭넓게 제시해 주었다. 인간 심리와 본성의 경우를 제외하고는 극단적인 자연 선택의 신봉자였던 월러스는 다윈과는 달리 진화의 기작으로 자연 선택 외에는 생각하지 않았다. 그의 이러한 주장을 다윈 그 자신이 주창하고 지지를 받은 자연 선택과 구별하기 위하여 '신다윈설' neo-Darwinism으로 알려졌다.

그러나 다윈설을 발전시키는 방법에 있어서는 아직도 많은 세부적인 문제가 남아 있었다. 그의 초기의 생애에 있어서 갈라파고스의 경험은 다윈에게 지리적인 격리가 종분화에 결정적인 요인임을 가르쳐주었다. 그러나 그가 『종의 기원』을 쓸 때까지 그는 지리적인 격리보다는 생태학적인 특성화가 한 집단을 두 집단으로 분리할 수 있다고 확신하고 있었다. 그러나 그후 다윈학파들은 그러한 분리가 어떻게 일어날 수 있는가를 설명하기가 어렵다는 것을 알게 되었다. 단지 생물지리학에 대한 새로운 연구를 통하여 종간 잡종에 대한 물리적인 장애가 종분화에 필수적이라는 것을 확신하기 시작하면서부터 다윈학파의 후세대들은 종분화의 문제들을 해결할 수 있게 되었다.

1880년대와 1890년대에는 다윈설을 적용하기 어려운 고생물학에서 많은 생물학자들이 라마르크설, 정향진화설을 공개적으로 선호하였다. 우리는 이미 프란시스 다윈까지도 그의 아버지와의 논쟁을 무릅쓰고 버틀러의 라마르크적 아이디어에 동조하고 있다는 것을 알고 있다.

다윈설과 유전학의 현대적 접목을 제창한 T. H. 헉슬리의 손자인 헉슬리(Huxley, Julian)는 이 설이 19세기말 쇠퇴기에 있었다는 것을 인정함으로써 이 시대를 다윈설의 쇠퇴기로 보았다. 다윈설에 대한 신뢰성의 위기는 여러 가지 요인에 의해서 생기게 되었는데 그 중에 대표적인 예를 들어보면 다윈설의 신봉자들이 결정적인 문제들을 해결하지 못하였으며 비다윈설의 메커니즘이 고생물학의 분야에 쉽게 적용할 수 있다는 점, 그리고 신다윈설의 신봉자들이 반대 이론과의 타협을 거부하고 있는 독단적 태도 등을 견지했다는 점 등을 요인으로 꼽고 있다.

특히 논란이 되었던 주제는 유전이었다. 다윈은 형질이 부모로부터 자식에게 어떻게 전달되는지 하는 문제는 자식의 몸이 부모가 제공한 물질로부터 어떻게 생장하는지에 대한 보다 광범위한 문제에 속해 있다는 과거의 관점을 벗어나기가 어렵다는 것을 알았기 때문에 라마르크설에 대한 역할을 인정하려고 하였다. 19세기의 생물학자들은 이러한 형질들이 생장 중인 생물체에서 어떻게 발현하고 있는지에 대한 문제는 연구하지 않고 형질의 유전만을 생각하였으므로 당시에 유전의 본질을 파악한다는 것은 거의 불가능하였다. 이러한 상황에서 형질을 한 세대에서 다음 세대로 변하지 않고 유전되는 단위로 생각하기는 매우 어려웠다. 다윈주의자들까지도 발생이 변이가 어떻게 생기고 이전되는가를 알 수 있는 중요한 과정이라는 것을 인정하였기 때문에 라마르크설, 정향진화설, 도약진화설이 매우 유행하였다. 생장 패턴의 변화는 진화의 기본이기 때문에 생장을 조절하는 과정이 변이의 과정 즉 진화의 방향을 결정한다고 생각할 수 있다. 그리고 발생은 정의상 목표지향적인 만큼 진화도 미리 정해진 목표로 진행한다고 생각할 수 있다. 범생설에 대한 다윈설은 변이와 유전에 대한 발생모델의 산물이었다. 다윈은 이러한 모델에 정면으로 도전하는 대신에 이 모델 안에서 연구하였기 때문에 그는 현대 다윈학파들이 다윈설이 확증된 결과로 간주하는 것들을 볼 수는 없었다.

그는 자연 선택이 유전에 의해 온전하게 보전되고 있는 형질에만 작용한다고 생각하고 있었지만 그 형질이 생장중인 생물체에서 발현하는 과정과 독립적으로 유전될 수 있는 단위를 알지는 못했다. 만일 다윈이 1865년에 멘델(Mendel, Gregor)이 발표한 완두콩에 관한 유전 실험의 결과를 읽었더라면 자연선택설에 관한 유전학적 문제는 바로 극복하였을 것이라는 주장이 나오기도 하였다. 이러한 주장은 멘델의 실험이 현대유전학의 기초가 되었음을 알고 난 후, 다윈과 그 지지자들이 그 실험의 의미를 알았더라면 진화론의 논증에도 반영하였으리라는 후일담에 불과하다. 역사는 그 당시의 어느 누구도 멘델 법칙의 의미를 이해하지 못했다고 우리에게 말해 주고 있다. 실제 멘델 그 자신까지도 그의 법칙이 유전학의 새로운 이정표가 될 것이라고 믿지 않았다. 만일 다윈이 멘델의 결과를 알았더라면 그는 아마도 흥미로운 이상한 결과 정도로 간과해 버렸을 것이다. 단 한 번의 실험결과가 전혀 다른 사고패턴 아래 일생을 두고 닦은 전문적 식견을 뒤엎을 수는 없게 마련이므로 다윈은 여전히 범생설을 고수하였을 것이다.

다윈은 번식에 관한 실험을 통하여 변이는 무작위적이며 일정한 방향이 없다는 것을 알았기 때문에 발생학적 견해의 지나친 적용을 피하였다. 변이의 원인이 무엇이던 간에 그것은 진화의 이정표가 되지 못하였다. 이와 같이 그는 미래의 진화 과정의 예측을 불가능하게 만든 분기진화설을 발전시킬 수가 있었다. 그러나 범생설은 무작위적 변이와 획득 형질의 유전을 인정하였는데 이것은 다윈이 형질은 단위체로서 유전할 수 있다는 가능성을 부인할 수 없었기 때문이었다. 그와 같은 시대의 대부분의 사람들은 개개의 생장 과정에서 예정된 과정에 따라 직접적인 변이가 이루어짐으로써 자연 선택을 이차적인 기작으로 격감시키고 아울러 진화는 환경의 압력과는 독립적으로 개체내에서 설정된 방향으로 가고 있다고 믿고 싶어했다. 자연선택설은 유전과 변이의 일반적인 견해가 그러한 방향력의 가능성을 인정하고 있는 한 하나의 설로 남아있게 될 것이다. 다윈이 그 당시의 사람들에게 영향을 미치는데 있어서 과연 성공했는지 또는 실패했는지에 대한 정도는 그가 유전학의 발생학적 모델을 지지하는 것으로 보아 알 수 있었다. 그는 그 모델을 거부하지 않았기 때문에 그의 아이디어는 진화에 대한 진보론자의 견해에 한몫을 한 것으로 풀이할 수 있다. 이로 인해서 자연선택설은 진화론으로의 전환기에 촉매제로서의 중요한 역할을 수행하게 되었으나 그 설의 혁신적인 의미를 파악할 수 없게 하였다. 다윈 자신도 그의 학설이 진보주의의 논리를 강조할만한 잠재력을 갖고 있다는 사실을 어렴풋이 파악하고 있었다.

19세기후반기에는 멘델 법칙의 출현을 가능하게 한 유전학적 문제에 생물학계의 관심이 집중되었다. 두 생물학자들이 서로 다른 각도에서 유전 문제에 접근하기는 하였지만 매우 중요한 역할을 수행하였다. 독일에서는 바이스만이 새로이 발전한 세포학 즉 세포 구조의 현미경적 연구를 바탕으로 범생설을 비판하였다. 바이스만은 세포의 핵은 생장 중인 생물체의 구조를 결정하고있는 정보를 부모로부터 전달받을 수 있다고 주장하였다. 그는 생식 세포의 핵은 부모의 몸 즉 체세포에서 일어나고 있는 변화에 의하여 영향을 받지 않는다고 주장하였다. 그가 말하는 소위 '생식질'germ plasm이라는 유전 물질은 한 세대에서 다음 세대로 변화하지 않은 채로 전달된다. 이로 인해서 다윈설의 유전학적 의미가 날카로운 비판을 받게 되었다. 바이스만이 정확히 알고 있었듯이 생식질의 역할에 대한 그의 견해는 라마르크설을 무용지물로 만들었다. 즉 변이는 생식질 내에서 일어나고 있는 변화의 산물이며 자연 선택만이 새로운 형질을 집단 내에서 증가시킬 수 있는 방법이 될 수 있다. 바이스만은 신다윈설의 신봉자가 되었으며 자연 선택이 진리라고 선언하고 라마르크설을 신봉하고 있는 모든 생물학자들에게 생각을 바꿀 것을 강요하였다.

또 다른 중요한 공헌자는 다윈의 사촌인 프란시스 갤톤이었다. 우리는 이미 10장에서 갤톤이 인간의 개성이 철저히 유전에 의하여 결정된다는 사실을 어떻게 확신하게 되었는지를 알았다. 그것을 증명하기 위하여 그는 유전의 역할을 연구하기 시작하였지만 난자의 수정 과정을 연구하는 대신에 그는 대집단에서의 유전과 변이의 효과에 관심을 갖게 되었다. 그는 여러 세대에 걸쳐서 집단에서의 형질의 분포를 연구하기 위하여 통계적 방법을 개발하였다. 갤톤 자신은 종분화의 기작으로 돌연 변이에 관심을 두었고 다윈설의 기작을 설명하는데 일역을 담당하였다. 그 당시의 대부분의 사람들처럼 다윈도 유전과 변이를 상반된 과정으로 보려고 하였다. 즉 유전은 자손에서 부모의 형질을 정확히 복사할 수 있지만 변이는 이 과정을 방해하여 다른 형태를 만들어 낸다. 갤톤의 방법으로 만일 우리가 이들을 개별적이 아닌 집단의 차원에서 분석을 한다면 유전과 변이를 같은 과정의 현상으로 취급할 수 있을 것이다. 집단은 광범위한 유전적 요인들이 그 안에서 순환하고 교미에 의해서 재결합되기 때문에 집단은 변이를 창출해 낼 수 있다. 갤톤의 제자인 피어슨(Pearson, Karl)은 통계적 연구를 더욱 확대한 후 유전에 대한 새로운 관찰 결과가 다윈의 자연선택설과 일치한다고 결론지었다. 자연 선택은 집단내에서 유전적인 변이의 범위에 작용하여 이 범위를 적합한 방향으로 점진적으로 옮긴다. 그의 동료인 웰돈(Weldon, W. F. R.)은 야외 연구를 고안해서 하나의 집단이 변화된 환경에 노출되었을 때 작지만 뚜렷한 집단의 유전적 변화를 만들고 있음을 밝혀서 자연 선택의 작용을 보여주었다. 다윈설이 고전할 때에 피어슨의 생물통계학파들은 진화의 기작으로 자연 선택을 강력히 지지하였다.

바이스만이나 갤톤도 여러 세대의 잡종 실험을 거쳐 추적할 수 있는 구체적 단위로서의 유전인자들을 인지하지는 못했다. 피어슨은 집단의 변이를 대부분의 개체가 범위의 중간에 모이는 그러한 연속성의 범위로 보았기 때문에 형질이 불연속적으로 축적될 수 있다는 생각을 강력히 반대하였다. 그러나 19세기의 말에 이르러 멘델 법칙의 재발견으로 새로운 학문인 유전학이 정립되면서 생장중인 개체의 구조가 생식질 즉 유전자에 의해서 미리 결정되는가에 대해서는 논란의 종지부를 찍게 되었다. 동시에 변이의 잡종 실험에 대한 연구를 통하여 몇몇 생물학자들은 몇 세대를 통하여 변이의 형질이 축적될 수 있음을 보여 주었다. 1900년대에 이르러 바야흐로 세 명의 식물학자인 코렌스(Correns, Carl), 드 브리스(De Vries, Hugo) 그리고 체르마크(Tschermak)가 각각 독립적으로 멘델이 1865년에 발표한 결과를 재발견하였다.

새로운 과학인 유전학을 선도하며 멘델의 논문을 최초로 영역한 인물은 베터슨(Bateson, William)이었다. 그는 원래 진화형태학자로 훈련받은 생물학자로서, 현재 존재하는 하등한 종들의 발생학을 연구함으로써 척추동물의 유연 관계를 재구성해 보고자하였었다. 하지만, 화석의 기록들로는 도저히 그의 결론을 뒷받침할 수 있는 증거를 찾을 수 없음을 깨닫고는 결국 그러한 시도에 종지부를 찍을 수밖에 없었다. 아마 다윈이 살아있었다면 그런 종류의 진화 연구는 똑같은 이유로 피하라고 권했을 것이다. 베터슨이 이후에 다윈설에 반기를 들게 된 사실은 다윈설이라는 용어의 정의가 얼마나 그가 원래 의도했던 바와는 다르게 변모했는지를 단적으로 보여주는 것이다. 베터슨은 진화학을 실험 과학으로 바꾸고 싶은 희망으로 변이에 관해 연구하기로 했는데, 그는 곧 미세한 변화의 축적이 아닌 즉각적인 변화에 의한 새로운 형질의 출현에 관심을 가지게 되었다. 그는 선택 이론에 강력한 반론을 제기하고 '돌연 변이'에 의한 새로운 형질의 출현에는 환경은 아무런 영향력을 행사할 수 없다고 주장하였던 것이다. 돌연 변이에 의해 만들어지는 형질을 찾기 위해 그는 교배 실험에 열중하게 되었고 따라서 코렌스와 드 브리스가 멘델의 유전 법칙의 중요성을 재발견하였을 때 그는 즉각 이를 받아들였다.

이제 유전학이라는 새로운 학문으로 인하여 '진화란 새로운 형질이 출현함으로써 이루어진다'고 믿는 일군의 학파가 생겨나게 되었다. 드 브리스는 달맞이꽃에 대한 실험 결과를 토대로 진화의 기작으로 돌연변이론을 주창하게 되었고 베터슨은 다윈설에 더 이상 시간을 투자하지 않았다. 반면 피어슨은 생물통계학적 방법을 통해, 연속적으로 변하는 형질들이 자연 선택에 의해 유지된다고 믿고 있었으므로 멘델 법칙의 유전 형질 단위 개념을 진화와 무관한 것으로 생각하여 받아들이지 않았다. 하지만 멘델의 유전학이 정립되어 가면서 처음에는 다윈설을 지원해줄 것으로 여겨지지 않던 멘델 법칙이 점차 다윈설의 정당성을 입증하는 데 기여하기 시작했다. 이제 유전학자들은 연구의 초점을 특정 형질이 한 세대에서 그 다음 세대로 정확하게 전달하는 유전의 능력에 집중하였다. 유전학자들은 더 이상 어떤 형질이 개체의 발생에서 어떻게 발현되는가 하는 문제에 관심을 두지 않았고 따라서 생장 그 자체를 진화를 이끌어 가는 힘이라고 보지 않게 되었다. 유전학자들은 라마르크설과 정향진화설을 더 이상 받아들일 수 없었다. 왜냐하면 진화란 돌연 변이로 생성된 새로운 유전 형질에 의해 이루어지고, 돌연 변이는 배아의 생장 과정 동안에 변할 수 있는 것이 아니라는 점이 자명해졌기 때문이었다. 도약 진화라는 예외를 제외하고는 다윈설을 대체할 만한 다른 이론들이 다각도로 검토되었으나 유전학자들의 동의를 얻어낼 수가 없었다. 이제 진화학자들은 진화를 새로운 유전 형질이 개체군에 도입되는 과정으로 인식하게 되었다. 유일하게 남은 문제는 이 새로운 형질들의 규모가 얼마나 큰가, 그리고 환경에 의한 선택이 새로운 돌연 변이가 개체군 내로 확산되는 것을 제어 할 수 있는가 였다.

그 이후 수십 년 동안 유전학자들은 '규모가 큰 변이는 개체군에 대부분 유해하다'는 것을 점차적으로 깨닫게 되었다. 따라서 진화가 돌연 변이를 통하여 일어난다면, 세대를 통하여 전달될 수 있는 작은 변이에 의해 일어날 수밖에 없다. 피셔(Fisher, R. A.), 할데인(Haldane, J. B.), 라이트(Wright, Sewall)와 같은 생물학자들은 집단유전학이라는 학문을 개척하여 큰 집단의 변이성을 유지시키는 유전적 요소의 범위를 연구하였다. 피셔는 피어슨의 제자였지만, 생물통계학적 방법을 사용할 때에도 단위 형질의 전달에 필요한 유전적 과정을 고려할 수밖에 없음을 깨달았다. 그는 다윈학파들이 연구해 왔던 변이의 연속성이 사실은 수많은 유전 인자의 혼합에 의해 유지되며 이 인자들 각각은 각기 특정한 형질에 영향을 끼친다는 것을 밝혀냈다. 각각의 유전 인자들은 쉽게 구별되지 않는데 그 이유는 그들의 영향이 서로 섞여서 나타나기 때문이다. 피셔는 또한, 자연 선택이 특정 환경에 유리한 형질을 만드는 유전자의 재생산을 촉진함으로써 변이의 범위를 바꿀 수도 있다는 것을 증명하였다. 피셔가 『자연 선택의 유전학적 배경』 *Genetical Theory of Natural Selection*이라는 책을 발간한 1930년경에 이르러서는 유전학과 다윈설 사이의 간격이 사라지기 시작했다. 유전학은 진화에 대한 다른 가설들의 타당성을 배제시켰고, 젠킨과 같은 고전적인 반대론자들의 견해가 유전에 대한 잘못된 인식에서 비롯되었다는 것을 밝혔다. 결과적으로 유전학이 다윈설을 구원해 준 셈이다.

피셔와 할데인은 진화의 지리적인 차원에 대해서는 전혀 고려하지 않았다. 그들은 작은 그룹의 개체들이 새로운 장소에 이주하였을 때 일어날 수 있는 변화의 여지를 전혀 남겨놓지 않은 채, 큰 군집에서만 일률적으로 작용하는 자연 선택에 대한 공식을 가정하였다. 반면에 라이트의 선택 이론은 한 종이 작고 부분적으로 고립된 군으로 나누어 질 수 있다는 생각에 바탕을 두었다. 동시에 마이어(Mayr)나 헉슬리 같은 계통학자들은 생물지리학적인 문제에 관심을 갖게 되었고, 다윈이 갈라파고스에서 도출해낸 종의 유래에 관한 이론이 맞을 수도 있다는 심증을 갖게 되었다. 기존의 개체군에서 소수의 무리가 새로운 장소로 이주하여 생식적으로 고립된 개체군을 형성하게 되면 새로운 종이 생겨날 수 있다는 것이다. 이제 자연 선택이 각각의 개체군이 새로운 환경에서 적응할 수 있게 하는 원동력으로서 작용하여, 작은 변화들이 조금씩 축적되어 지리적 장벽이 제거되더라도 더 이상 원래의 종과는 유전자를 교배할 수 없는 생식적 격리 상태에 이르게 될 수 있음이 점점 명확해져 갔다. 1937년 발간한 도브잔스키(Dobzhansky)의 『유전학과 종의 기원』 *Genetics and Origin of Species*이라는 저서는 집단유전학의 추상적, 수학적 논리를 실험적으로 검증가능한 실질적인 결론으로 유도해 벌 수 있었다는 점에서 중요한 의미를 가진다. 마이어와 헉슬리도 1942년에 각각 『계통학과 종의 기원』*Systematics and the Origin of Species*과 『현생을 만든 진화』 *Evolution : the Modern Synthesis*라는 저서를 발간하였는데, 이들이 현재까지도 다윈설의 현대적 해석의 기초가 되는 고전으로 평가되고 있다. 심슨(Simpson, George Gaylory)은 『진화의 템포와 방식』*Tempo and Mode of Evolution*이라는 저서에서 이 새로운 모델이 고고학에도 그대로 적용될 수 있어서 19세기에 고고학의 주된 관점이었던 라마르크설과 정향진화설을 대치할 수 있다고 주장하였다.

다윈설과 유전학의 결합은, 최근까지도 그 정통성에 대해 약간의 도전은 있어왔지만, 진화론적 사고의 중추이다. 생물학자들은 이제 진화가 국지적인 요구에 대한 적응의 과정으로, 진화의 주된 경로가 이미 주어져 있는 것이 아니라 그 경로가 열려 있는 다양성이 있을 수 있는 과정으로 당연히 인식하고 있다. 또한 개체들로 하여금 발생의 높은 단계를 성취하도록 하는 어떠한 생물학적인 원동력도 있을 수 없다는 데 이견을 가지지 않는다. 헉슬리의 저서에도 조금은 남아 있던 19세기의 진보주의의 마지막 흔적이 이제는 사라졌다. 1940년도에 이르러 인간의 기원에 대하여도 다윈설의 견해가 받아들여지게 된 것이 우연이 아니다. 이는 진화의 과정이 어떤 형식으로든 약간의 지적 수준에 이르게 하는 방향으로 진행할 수밖에 없었다는 정향진화 가정과의 결별을 의미하는 것이다. 남아프리카에서 발견한 화석 '오스트랄로피센' Australopithecines이 뇌의 용량이 증가하기 전에 이미 직립하고 있었다는 다윈의 예측을 확인해 주었다. 인간이라는 부류의 분리는 적응에 의한 변화이지, 더 큰 뇌 용적을 향한 필연적인 방향의 진화가 아니라는 것이다. 우리는 이제 우리 자신을 진화의 예측 가능한 최종 목표로서가 아니라, 행운의 우연한 산물로 보는 것이다. 19세기의 모든 진화학자 중 다윈만이 유일하게 이러한 혁신적인 생각을 갖고 있었다.

현재의 다윈설은 두 번의 세계 대전을 겪으면서 고도의 기술적 성취가 정신적인 진보까지 보장할 수는 없을 것이라고 의심하게 된 문화적 배경에 의해 반진보주의적 성향을 띄게 되었다. 하지만 다윈의 진화론이 현대의 큰 특징인 믿음의 상실이라는 폐해에 어떤 영향을 미친 것일까? 창조론자와 같이 다윈설에 비판적인 사람들은 진화론이 모든 현대의 악의 근원이라고 비판한다. 그들의 주장은 인간을 단순한 짐승의 반열에 두고 진화의 개념을 적자 생존에 바탕을 둔다면, 필연적으로 전통적인 도덕관의 붕괴가 일어날 수밖에 없다는 것이다. 하지만 정말로 다윈의 이론이 '창조된 우주 속에서 목적을 가진 존재'로서의 인간에 대한 믿음을 상실하게 하는데 결정적인 역할을 했을까?

우리가 이미 살펴본 바와 같이, 다윈의 시대에서 진화론이 힘을 얻을 수 있었던 이유는 자연이 진보적이고, 따라서 방향과 목적이 있을 것이라는 믿음에 부합했기 때문이었다. 심지어 다윈 자신도 진보라는 믿음에서 탈출하는 것은 불가능하다고 생각했다. 단지 그는 그의 이론이 진보적인 힘에 바탕을 둔 어떠한 개념에 대해서도 심각한 문제를 제기하게 될 것임을 인식하고 있었다.

다윈설의 옹호자들은 이러한 발상을 도덕적 가치관의 재규정으로 보는 것이지, 그러한 가치관 자체를 파괴하는 힘으로 보지는 않았다. 오직 진화론의 반대자들만이 진화론이 종교적인 믿음을 파괴하게 될 것이라고 주장했던 것이다. 다윈설이 현대의 가치관에 진정으로 영향을 준 부분은 오히려, 실패에 대해 굴하지 않고 도전하는 자세를 고취하였다는 점에 있다. 물론 이러한 자세는 빅토리아 시대에서는 다윈이 없이도 출현했음직 하다. 이것은 스펜서의 사회에 대한 진화적 견해가 다윈의 원리보다는 라마르크설에 그 기초를 두고 있었다는 점에서도 확인할 수 있다. 하지만 자연 선택의 이론은 약자는 소멸되는 것이 지극히 '자연스럽다'고 주장하고 싶었던 부류에게는 분명히 좋은 구실이 되어 줄 수 있었다. 다윈과 스펜서는 이러한 점에서는 의견이 일치하였는데, 그들의 생각에 진보의 대장정에서 낙오되었다고 보았던 사람들의 경우에 특히 그러했다.

19세기말에 이르러서는 국가간의 '생존을 위한 투쟁'이라는 이념이 유럽 전역을 전쟁의 도가니로 몰고 가던 제국주의를 정당화시켜 주었다. 따라서 우리는 군국주의의 태동에 관여한 여러 가지 다른 요인들도 주의 깊게 살펴볼 필요가 있다. 자유주의자였던 다윈과 스펜서는 군대가 국가의 중요한 일에 중추적 역할을 수행하는 것에 대해 반대하였다. 스펜서는 빅토리아 후기에 유럽의 문화가 취하고 있던 방향에 대해 철저하게 반대하였다. 제1차 세계 대전이 일어날 즈음, 다윈설은 사양길에 들어서게 되었고, 이때의 선택 이론은 과학으로서는 가장 침체된 이론이었다. 제국주의의 이데올로기에 바탕이 되었던 개념들은 대부분 다윈설의 기본인 자유주의와는 상반된 것이었다. 다윈은 그의 이론을 진정으로 이해하지 못한 자들이 멋대로 악용한 '적자만이 생존'한다는 아전인수적 캐취프레이즈 때문에 비난받아서는 안된다. 한번은 반드시 거쳐야 할 진보의 필연성 때문에 인간의 존엄성에 대한 믿음을 상실하게 만든 유럽의 전쟁에서 다윈설은 기껏해야 자그마한 하나의 요인을 제공했을 뿐이었다.

우리는 요즘에도 '사회적 다윈주의'라는 용어를 듣는다. 하지만 이는 사회과학자들이 다윈 시대의 이데올로기와는 별로 연관이 없는 이데올로기에 적용할 따름이다. 유전학의 형질 유전은 다윈설의 본래의 이론과는 간접적으로 관계가 있음에도 불구하고, 인간의 본성이 부분적으로나마 유전에 의해 결정된다고 주장하는 사람들이 사회적 다윈주의자로 분류되는 성향이 있다. 서로 다른 인종은 그 정신적 능력의 수준이 차이가 난다고 주장하는 이들 중에는 비다윈주의자가 더 많았다. 다윈설은 '사회생물학'sociobiology이라는 새로운 생명과학 분야에 가장 큰 영향을 미쳤는데, 이는 자연 선택의 관점에서 동물의 본능을 설명하고자 하는 것이다. 윌슨(Wilson, E. D.)과 같은 사회생물학자는 인간의 행동이 유전적으로 각인된 본능에 의해서도 영향을 받는다고 주장하였다.

사회생물학의 가장 큰 성과는 겉보기로는 이타적인 본능을 다윈의 자연 선택의 이론으로 설명하였다는 것이다. '이기적 유전자' selfish gene의 개념을 이용하여, 자연 선택에 의해 한 개체가 다른 개체의 이익을 위해 자신을 희생할 수 있도록 하는 본능이 축적될 수 있다고 볼 수 있다. 이러한 본능이 인간 행위에 영향을 준다는 주장이 사회적 다윈주의의 한 형태일 수 있겠지만, 이는 격렬한 경쟁을 바탕에 둔 사회상과는 닮은 점이 거의 없다. 유전적 결정론을 반대하는 사람들에게 사회적 다윈주의라는 용어가 현대생물학에서 그들이 싫어하는 모든 것에 붙일 수 있는 유용한 딱지로 쓰이고 있다. 하지만 그들은 그들이 싫어하는 철학에는 다양한 근원이 있으며, 그들 중 대부분은 다윈의 시대에서 유래하지 않았다는 것을 알아야 할 것이다.

후기 빅토리아 시대의 진화학자들이 다윈을 과학의 영웅으로 칭송하게 된 데는 그들 나름의 이유들이 있었다. 러벅, 헉슬리 그리고 그외 많은 학자들이 다윈은 웨스터민스터 대사원에 묻혀야 한다고 주장하였고, 이러한 명예는 과학이 영원히 열려 있는 연구의 영역에 도전할 수 있도록 결정적으로 기여한 한 과학자에게 걸맞는 것이라고 생각하였다. 다윈설은 과학이 서구 문화의 정통성의 근원이 되도록 한 이데올로기의 중심에서 진보주의의 상징이었던 것이다. 다윈의 장례식에 참석했던 많은 사람들이 그의 자연선택설이 진화학의 중심에 이렇게 오래도록 자리하게 되리라고는 생각지 못했을 것이다.

현대의 생물학자들도 다윈이 웨스터민스터 대사원에 묻힌 것에 대해 적절하다고 생각하지만 전혀 다른 이유 때문이다. 현대는 다윈은 기억하였지만 스펜서는 망각하였다. 왜냐하면 다윈의 노력이 그로 하여금 당시대의 진보주의를 넘어 설 수 있는 이론의 창출을 가능하게 했기 때문이다. 현대 자연과학계는 다윈을 생물학의 중심이 되는 진화론을 확립한, 그리고 또한 진화가 어떻게 진행되는가 하는 문제에 대한 가장 그럴 듯한 이론을 제시한 원조로서 존경한다. 우리는 그의 이론이 그의 시대에 성공할 수 있었던 이유가 현재 우리에게 어필하고 있는 것들과는 다르다는 것을 이해하기 어렵다. 다윈을 그 자신의 배경에서 가시화하기 위해서는 그와 동시대에 살았던 사람들이 현재로서는 가장 중요하다고 생각하는 그의 이론의 정수를 제대로 깨닫지 못하고 있었다는 것을 우리는 기억해야 한다. 다윈은 그 당시와는 전혀 다른 가치관을 가진 후대의 과학자들이 응용할 수 있는 새로운 아이디어를 창조해 낸 사상가였던 것이다. 다윈을 제대로 이해하기 위해서는 그의 업적이 19세기와 20세기의 사상에 미친 다양한 영향들을 생각해야만 할 것이다.

■ 찾아보기

ㄱ

『종의 기원』 147~161
갈라파고스제도 71~73, 87~91, 103~104, 106
감정 121, 235
개인주의 ☞ 자유방임주의적 경제
갤튼 252~53, 267~68
격리, 지리적 88, 106, 137, 263, 271~72
고고학 241
고생물학 ☞ 화석 기록
곤충 155, 172~3
골상학 42~2, 114~5
공룡 49
과학계 92, 97~8, 125~27, 129, 167~69, 185~88
과학사학자들의 다윈에 대한 태도 17, 19, 23, 24~32, 54~6, 71~3, 103~4
과학의 전문 직업화 185
과학적 연구방법 20, 59, 97~9, 205
굴드 88, 95, 104, 106
그라드스톤 258
그랜트 38~40, 48~9, 62, 95
그레이 145, 199~200, 202, 219
글렌로이 97
기본 원형 50

ㄴ

남아메리카 75~86, 91

ㄷ

노예 제도 78, 91, 238
녹스 48
뇌, 진화 41, 235~7
뇌, 진화 ☞ 지적 능력
뉴질랜드 90

ㄷ

다운하우스 121~4
다윈, 가정 생활 56~60, 99~101, 121~26, 166
다윈, 결혼 99~101
다윈, 과학계 92, 95~7, 126~29, 167, 187~91, 194~95, 218, 259
다윈, 과학사학자 14~24, 30~1, 53~6, 93~4, 105
다윈, 런던 생활 94~99
다윈, 로버트(아버지) 56, 59, 69, 125
다윈, 무척추동물 61~2, 73, 83, 133~35
다윈, 병환 101~2, 124~25, 165, 257~58
다윈, 비글호 항해 68~70, 71~92, 94~7
다윈, 사회적 진화 64, 78, 105, 111, 112~14, 151, 227~29, 237~40, 246, 252~53
다윈, 생물지리학 87~90, 106, 129, 133, 157
다윈, 생식 105~6, 149, 169~71
다윈, 생태학 80, 151, 174~75

다윈, 수잔나(어머니) 56~7
다윈, 식물학 172~75
다윈, 앤(딸) 123
다윈, 에딘버러 시절 61~3
다윈, 에라스므스(조부) 34, 46, 56, 5
    8~9, 216
다윈, 에라스므스(형) 59, 95
다윈, 엠마(부인) 93~4, 99~102, 115,
    123~25, 132, 166
다윈, 인류의 기원 82, 115, 227~40
다윈, 자연 선택 102~18, 136~39,
    144~47, 148~53, 170~81
다윈, 조지(아들) 166
다윈, 종교관 58, 63~4, 99, 107~8,
    115~6, 138~9, 159~61,
    197~201, 259~60
다윈, 종의 기원 148~61
다윈, 죽음 260
다윈, 지질학 62, 67~8, 73~4,
    85~6, 91, 95~8
다윈, 진보관 110, 116~18, 132, 139,
    198~99, 242, 246
다윈, 케임브리지 재학시절 63~5, 94
다윈, 프란시스(아들) 54~6, 123, 134,
    166, 170, 172, 218, 264
다윈, 화석 80~1, 156~58
다윈설 ☞ 자연 선택, 사회적 다윈주
    의
다윈설, 19세기 무렵 26~29,
    167~69, 176~91, 212~14, 273
다윈설, 현대 24, 29~30, 268~72
덩굴식물 173~74
데스몬드 36, 49

도덕성 116, 225~27, 230~31,
    234~35, 237~38, 244~46,
    247~49, 251~52
도브잔스키 271
도약진화 28, 106, 168, 171, 180, 269
동일과정설 86, 91, 95~8, 104, 143,
    204~5
드 브리스 268~9
드비어 경 19, 21, 24, 30, 55, 102
따개비 133~36

ㄹ

라마르크 34~38, 216~7, 229
라마르크설 36~8, 44, 148, 149, 20
    9~21, 229~31, 243~45, 250,
    264
라마르크설 ☞ 획득 형질
라이엘 34, 70, 85~6, 91, 96~8, 106,
    139, 144, 233, 241
라이트 270
러벅 150, 242, 245, 262~3
런던 94~99
레아 79~80
로메인스 243~45
로브트럽 15, 25, 29
루나학회 57
루드윅 94

ㅁ

마르크스 259
마이어 24, 271~2
맬더스 22, 111~3, 248
멘델 264~66
멸종 108, 153, 246

목적론 29~30, 42, 107, 113~15,
　　160~61, 197~209, 210, 227, 245
목적론 ☞ 설계
무어 125
무척추동물 61, 73, 83, 91, 133~35
문화적 진화론 240~43
문화적 진화론, ☞ 도덕성, 진보, 사
　　회적 다윈주의
물질주의 17, 35, 39, 114~6, 211, 230,
　　251
물질주의 ☞ 자연주의
미바트 206, 215
밀러 49

ㅂ

바로우 54
바이스만 214, 218, 267
바준 25
바톤 82~3
진화재현설 42, 159
발생학 42, 159
방울새 88~90, 104
배비지, 찰스 98
배이트스 143
버클랜드 47
버튼 239
버틀러(교장) 60
버틀러(소설가) 34, 215~18, 264
범생설 169, 265
베터슨 268
벨 95
변이, 다윈주의적 견해 106~8,
　　135~36, 149~50, 169, 171~72
변이, 비다윈주의적 견해 180,

200~202, 208~9, 219, 263, 269
본능 155, 216, 229~30, 243, 249
분기 50~1, 132, 136~38, 145~46,
　　153~54, 157~58
분류 105, 127, 133, 135, 158, 178
분산 방법 133, 157, 179
뷰퐁 34, 216
브라운 98
비교해부학 48~50
비글호, 항해 71~92, 95

ㅅ

사육자 104, 110~11, 148~49, 265
사회생물학 275
사회적 다윈주의 17, 43, 112, 212~
　　14, 251~53, 274
사회적 다윈주의 ☞ 인종
산호초 91, 95
상동 50
생물지리학 73~4, 87~90, 106,
　　127~9, 133, 137, 157, 179
생식 ☞ 세대
생식질 267
생존 경쟁 21, 28, 82, 111~14, 136,
　　137, 150~52, 212~14, 246~48
생태학 58, 80, 136, 151, 154, 174~5
선택 ☞ 자연 선택, 성적 선택
설계, 논쟁 34, 43, 46, 48~50, 114,
　　158
설계, 논쟁 ☞ 목적론
설로웨이 72~74, 89
성적 선택 153, 239
세대 설 58~9, 106~8, 131, 169~70
세즈위크 42, 49, 63, 67, 92, 201

세커드 40, 126
세포설 170, 266~67
소설 124, 166, 216
쇼 211
슈웨버 60
스미스, 시드니 102
스미스, 아담 113, 136, 248
스터퍼 140
스펜서 43~4, 105, 113, 211~15,
    243~44, 247, 250~51, 273~74
슬론 61, 73
시조새 *Archaeopteryx*, 183
식물의 수정 172~4
식물학 98, 128~29, 172~74
식충 식물 173~75
식충류 61, 73, 83, 91
심리학 ☞ 감정, 지적 능력
심슨 272

ㅇ

아가씨즈, 루이 97, 219
아길 공작 208, 262
미국 219
아이즐리 24, 170~71
안데스 85~6
암석수성론 62
에딘버러 38~9, 41, 61~3
엑스 클럽 188
연속성 27, 48~50, 234
연속성 ☞ 동일과정설
영국 교회주의 63~4, 100, 114, 125
영국 교회주의 ☞ 종교
영국학술협회 168, 183, 223, 232
오스포바트 131

오웬 42, 48, 81, 95, 203~4, 233
우생학 252~53
워터하우스 G. R. 95, 104, 127, 129
월러스 33, 140, 141~47, 165, 171,
    179~80, 258, 263
월러스 선 180
월러스, 인류의 기원 233~4, 249~50
웨지우드 2세 69
웨지우드 57
웰돈 268
윌버포스 183, 197, 223
윌슨 275
유신 진화주의 138~39, 197~209
유인원 231~33, 235~37
유전 169~72, 195, 252~53, 262~63,
    264~671
유전학 262, 269~71
음악 64, 124
의학 39, 48, 101~2, 166~67
이데올로기 17, 22~3, 35, 41~5,
    112~14, 183~85, 194, 202~4,
    211~13, 220~21
이데올로기 ☞ 자본주의, 자유방임주
의적 경제, 인종
이주 ☞ 분산 방법, 격리
인구론 111~14
인니스 125
인류의 기원 42, 160, 223~40, 271~
    272
인류학 240~3
인종 237~40, 244~47

ㅈ

자본주의, 영향 21~2, 83~4, 112~4

자본주의, 영향 ☞ 관념, 사고
자본주의, 영향 ☞ 사회적다원주의
자본주의, 영향 ☞ 자유방임주의적경
　제
자연 발생 *37, 160*
자연 선택 ☞ 다윈설, 사회적 다원주
　의
자연 선택, 기원 *22, 26~7, 102~18*
자연 선택, 반론 *153~57, 170~72,*
　178~80, 206~8
자연 선택, 옹호 *130~32, 135, 139,*
　150~54, 157~60, 179~80,
　263~64
자연 선택, 인류의 기원 *230~32,*
　246~47, 275
자연신학 ☞ 설계
자연주의 *60, 186~87, 199~201, 210*
자연주의 ☞ 물질주의
자유방임주의경제 *22, 43~5, 57~8,*
　113~14, 211~13, 247~48
자유방임주의경제 ☞ 자본주의 ; 관념
　사고
잡종 *155~56*
재미슨 *62*
적응 *28~9, 37~8, 46~7, 80, 110~12,*
　135~37, 154~55, 172~74, 258
적응 ☞ 자연 선택
정향진화설 *208, 219*
제닌스 *68, 95*
제프리 세인트 할라리 *48*
젠킨 *170, 271*
종교 ☞ 영국 교회주의, 설계, 목적론
종교와 다윈 *57, 63, 78, 100~1,*
　114~15, 138~39, 160~61,
　197~201, 260
종교와 다원설 *14, 15, 195~97,*
　197~209, 214~15, 251
종교와 다원설 이전의 진화주의 *42,*
　43, 49
종분화 *87~90, 107~8, 137~38,*
　150~51, 154, 156, 263~64
종합론 ☞ 현대 종합론
지구, 나이 *205*
지구, 나이 ☞ 지질학
지렁이 *175*
지리학적 분포 ☞ 생물지리학
지적 능력, 진화 *115, 155, 216~17,*
　229~30, 237~38, 243~44
지진 *85*
지질학 *47, 62, 68, 73, 74, 85~6, 91,*
　95~8, 104, 143, 204~5
지질학 ☞ 천변지이설, 동일과정설
진보, 사회적 *113, 186, 242~43,*
　256~57, 273~74
진보, 생물학적 *28, 40~2, 48~50, 110,*
　116~18, 139, 198~99, 235~36
진화, 다윈 이전 *18~27*
진화, 다윈 이전 ☞ 문화적 진화론, 다
　윈설, 인류의 기원, 라마르크설,
　자연 선택, 정향진화설, 진보, 사
　회적 다원주의, 유신 진화론
집단, 진화 *27, 267~8, 269~72*

ㅊ

창조물 *17, 46, 129, 131~32, 138, 158*
천변지이설 *47, 67~8, 85, 95*

챔버스 *34, 40~3, 49~51, 132, 139, 143*
초 ☞ 산호초

ㅋ

카펜터 *208*
케슬러 *211*
케임브리지 *64~5, 94~5*
켈빈경 *204~6*
코렌스 *268~9*
코프 *219*
콘 *103, 115*
콤브 *41*
큐비에 *35, 46~7*
크라우스 *217*

ㅌ

타일러 *242*
타히티 *90*
톰슨 ☞ 켈빈경
통계적 연구 *267~8*
티에라 델 푸에고 *82~4, 228*

ㅍ

파웰 *43*
팔리 *34, 46, 64, 114*
포브스 *129*
폭스 *65*
폴크너 *129*
푸기인 *82~84, 228*
프리스트리 *57*
피셔 *270*
피어슨 *267, 269*
피츠로이 *68~70, 78~9, 228*

ㅎ

하이야트 *219*
할데인 *270*
허셸 *65, 98, 201~2*
헉슬리 *44, 129, 168~69, 178, 180~89, 206, 223, 232~33, 262~63*
헉슬리(손자) *264, 271*
헤켈 *182, 199*
헨슬로 *64, 65, 68, 70, 74, 83~5, 91~2, 104*
현대 종합론 *23, 270~2*
형태 천이 *81*
형태학 *41, 48, 133~34, 178~79, 182~83*
호주 *91*
호쥐 *55, 58, 107*
혼합유전 *170*
화석 기록 *46~50, 80~1, 132, 156~ 57, 182~83, 219, 272*
화학 *60, 62*
획득 형질, 유전 *37~8, 44, 107~8, 171, 266*
획득 형질, 유전 ☞ 라마르크설
후커 *127, 133, 144, 168~9, 179, 188, 259*
훔볼트 *66*
휴얼 *98*
흔적 기관 *159~60*
힘멜파르브 *25*

■다윈 연보

1809년 2월 12일 영국 슈롭시어주의 슈루스버리에서 출생

1817년(8세) 케이스 초등학교에 입학하여 1년간 통학함, 7월 17
일 모친 별세

1825년(16세) 10월, 에딘버러대학 의학부에 입학하였으나 의학에
흥미를 느끼지 못하고 박물학과 지질학에 열중

1827년(18세) 부친의 권유에 따라 목사가 되기 위하여 케임브리
지 대학 신학부로 전학

1831년(22세) 4월 학사 학위를 수여 받음. 8월 세즈위크 교수와
북웨일즈의 지질탐사에 참가, 12월 헨슬로 교수의
추천으로 학술탐사선 비글호에 박물학자의 자격으
로 승선

1831년 12월~1836년 10월 비글호 탐사(22세~27세)

1831년 12월 27일 영국 데본포트의 프리머스항 출항

1832년(23세) 1월 케이프 데 베르데 군도의 산 자고섬 정박, 열
대림에 경탄, 몬테 비데오에서 만각류의 화석을 발
견, 라이엘 교수의 『지질학의 원리』 제2권 받음

1833년(24세) 4월부터 라플라타강 기슭에서 동·식물 채집

1834년(25세) 파타고니아 조사, 6월부터 7월까지 마젤란 해협 부
근을 탐사, 대륙 남단을 거쳐 태평양으로 나옴, 칠
레의 발파라이소에 도착하여 안데스산맥의 산록부
탐사

1835년(26세) 발디비아 근처를 조사하다가 대지진을 만남, 4월
발파라이소에서 페루까지 약 900km에 걸친 육로
탐사에 참가, 9월 태평양의 갈라파고스 제도 탐사

1836년(27세) 오스트레일리아와 뉴질랜드 탐사, 4월 킬링섬에서 여러 동·식물 및 산호초의 성인 조사, 6월 희망봉, 세인트 헤레나섬 경유 10월 2일 영국에 도착-팔머스에서 비글호 하선, 10월 4일 슈루스버리의 고향집에 귀가, 5년간의 항해를 끝내고 고향으로 돌아와 수집해 온 표본들을 정리하며 항해기의 출판 준비에 착수함

1837년(28세) 3월 런던으로 이사『지질학적 관측』및『비글호 항해의 동물학』원고 준비, 7월『종의 기원』에 관한 제1 책자의 노트를 시작함

1838년(29세) 왕립 지질학회의 총무간사에 취임, 10월 맬더스의『인구론』정독

1839년(30세) 왕립협회 회원으로 피선, 1월 29일 조지 웨지우드의 막내딸 엠마와 결혼,『찰스 다윈의 일지와 관찰』,『어드벤처호와 비글호의 1826~36년 사이의 남아메리카 조사와 비글호의 세계일주 조사 항해담』3권 가운데 제 3권, 상기 보고서를 8월『비글호가 찾아간 여러 지역의 지질학과 박물학 연구』라는 이름으로 재발행. 흔히 말하는『비글호 항해기』로 1845년 2판, 1860년 3판

1840년(31세) 건강이 좋지 않아 가족과 함께 런던 교외 다운으로 옮김,『비글호 항해의 동물학』부문에 서문을 씀

1841년(32세) 2월 지질학회의 총무간사 사임, 항해보고의 어류 및 조류 부문을 완성

1842년(33세) 『종의 기원』초고 35페이지『1832~36년 영국 해군 피츠로이 함장 지휘하에 수행한 비글호 항해기』지질학 제1부「산호초의 구조와 분포」발간

1843년(34세) 『비글호 항해기』 지질학 제2부 「남아메리카의 화산
          섬과 화산지역의 지질학적 관찰」 발간, 1876년 2판
1844년(35세) 『종의 기원』에 대한 노트를 정리 230쪽의 수기로
          완성, 이는 다윈 사후에 『종의 기원의 기초』로서
          출판됨
1846년(37세) 『비글호 항해기』 지질학 제3부 「남아메리카의 지
          질학적 관찰」발간
1848년(39세) 11월 13일 부친 별세. 건강이 좋지 않아 장례식에
          불참.
1851년(42세) 「영국의 화석 만각류의 연구」, 「만각류아강 시리페
          디아 연구」논문발간
1854년(45세) 「영국의 화석 발라니대와 베루시대 연구」, 「발라니
          대 베루시대」논문발간
1855년(46세) 알프레드 월러스의 논문「새로운 종의 출현을 지배
          하는 법칙」발표됨
1856년(47세) 후커 및 라이엘 교수의 권유에 의해 『종의 기원』저
          술을 기획, 집필을 시작하여 12월에 제3장까지 씀
1857년(48세) 9월 『종의 기원』제8장까지 집필
1858년(49세) 6월 말레이 군도에서 탐사하고 있던 월러스로부터
          자연 선택으로 인한 생물의 유전에 관한 연구 보
          고를 받아 정독한 다윈은 자기 학설과 일치함에
          놀라 라이엘경 및 후커 교수와 상의하여 이미 기
          획한 『종의 기원』저술을 보류, 논문 「종의 변종 형
          성의 경향과 자연선택에 의한 종과 변종의 영속성
          에 관하여」를 알프레드 월러스와 공저하여 발표
          (『린네 학회지』2권9호, 18페이지) 당시 이 논문은
          별로 관심을 얻지 못하였음. 라이엘경과 후커 교수

의 권유로『종의 기원』저술 재개

1859년(50세) 『자연 선택에 의한 종의 기원에 관하여』흔히『종
의 기원』으로 알려져 있는 저서발간, 당일 매진.
1860년 2판, 1861년 3판, 1866년 4판, 1869년 5판,
1872년 6판

1862년(53세) 『영국 및 외국산 야생난에서 곤충이 매개하는 수정
에 관한 연구』발간, 1877년 2판

1864년(55세) 왕립협회로부터 코프레이 메달을 수여 받음

1865년(56세) 브륀의 자연연구회에서 멘델이 「멘델의 법칙」을
발표함

1868년(57세) 『사육, 재배하는 동물과 식물의 다양성』발간, 1875
년 개정판

1871년(61세) 『인류의 기원과 성에 따르는 선택』발간, 1874년 2판

1872년(62세) 『인간과 동물의 감정표현』발간

1875년(65세) 『덩굴식물의 운동과 생태』,『식충식물』발간

1876년(67세) 『식물계에서 타화수정과 자화수정의 영향』발간,
1878년 2판

1877년(68세) 『동일 종에 존재하는 다른 형태의 꽃』발간, 1880년
2판 케임브리지대학에서 명예박사 학위를 수여 받음

1880년(71세) 『식물의 운동력』발간, 아들 프란시스 다윈과의 공
동 연구

1881년(72세) 『땅속 벌레들의 활동에 의한 부식토의 형성』발간

1882년(73세) 2월부터 심장의 통증이 시작됨, 4월 18일 심한 발
작을 일으킨 끝에 4월 19일 오후 4시 서거, 웨스트
민스터 사원에 안장됨

챨스다윈

지은이　피터 J. 보울러
옮긴이　한국동물학회

초판　1999년　4월　15일
3쇄　2007년　3월　15일

펴낸이　손영일
펴낸곳　전파과학사
서울·서대문구 연희 2동 92-18
등록　1956. 7. 23.　제 10-89 호
전화　333-8877 · 8855
팩스　334-8092
Website www.S-wave.co.kr
E-mail S-wave@S-wave.co.kr

* 잘못된 책은 바꿔 드립니다.
ISBN 89-7044-202-2　　03490